山西省科技基础条件平台项目（2014091027）资助成果

山西省科技基础条件平台
资源共享服务模式研究

武三林　武翔宇 等◎著

科学技术文献出版社
SCIENTIFIC AND TECHNICAL DOCUMENTATION PRESS
·北京·

图书在版编目（CIP）数据

山西省科技基础条件平台资源共享服务模式研究／武三林等著. —北京：科学技术文献出版社，2018.2

ISBN 978-7-5189-3906-0

Ⅰ.①山…　Ⅱ.①武…　Ⅲ.①科技服务—公共服务—服务模式—研究—山西　Ⅳ.① G322.725

中国版本图书馆 CIP 数据核字（2018）第 019888 号

山西省科技基础条件平台资源共享服务模式研究

策划编辑：周国臻　责任编辑：赵　斌　责任校对：文　浩　责任出版：张志平

出　版　者	科学技术文献出版社	
地　　　址	北京市复兴路15号　　邮编　100038	
编　务　部	（010）58882938，58882087（传真）	
发　行　部	（010）58882868，58882874（传真）	
邮　购　部	（010）58882873	
官 方 网 址	www.stdp.com.cn	
发　行　者	科学技术文献出版社发行　全国各地新华书店经销	
印　刷　者	虎彩印艺股份有限公司	
版　　　次	2018 年 2 月第 1 版　2018 年 2 月第 1 次印刷	
开　　　本	710×1000　1/16	
字　　　数	253千	
印　　　张	15.5	
书　　　号	ISBN 978-7-5189-3906-0	
定　　　价	68.00元	

版权所有　违法必究

购买本社图书，凡字迹不清、缺页、倒页、脱页者，本社发行部负责调换

前　言

　　21 世纪以来，科技全球化深刻改变着世界，以科技实力为基础的竞争日益激烈。作为一种战略性资源，科技资源支撑科技创新和知识创新的任务极为艰巨，科技资源开放共享的必要性更加突出。科技资源是山西省科技创新活动开展的坚实基础，是提高自主创新能力的重要保障。山西省科技创新和核心竞争力的形成，很大程度上取决于科技资源配置优化和开放共享的效果。

　　山西省把科技基础条件平台建设和科技资源共享作为新时期科技创新重要任务来抓，从省情出发，围绕"打基础、谋长远、求突破"的科技思路，遵循科技发展规律，于 2005 年设立科技基础条件平台专项计划，启动了平台建设，实施了 8 个专业领域的平台项目研发和研究工作。平台以科技资源开放共享为核心，以资源整合为主线，以信息化建设为手段，以规范制度和人才队伍为保障，突出山西区域特色和优势，有效联盟科技资源单位，优化科技资源布局，开展跨部门、跨系统、跨地区的科技资源整合；建立健全以科技资源开放共享为前提的管理与服务机制；构建了基于网络环境为支撑的六大子平台（科技文献共享与服务平台、科学数据共享平台、大型科学仪器协作共享平台、自然科技资源共享平台、技术转移服务平台及专业创新公共服务平台），形成了以总平台为中心，各专业子平台、各服务站（网点）、参建单位及科技中介机构等组成的综合服务体系。

　　山西省科技基础条件平台坚持以人为本、服务至上，利用集成的资源为用户提供科技资源服务，虚拟联合参考咨询服务，提供联合攻关、委托开发、技术成果转让和专业创新等方面的增值服务。平台聚集和培养了大批优秀科技人才，产生了一批具有知识产权、原创性的新成果，为山西省科技创新和社会经济发展提供了强有力的资源支撑。

　　从 2005 年平台启动，到 2015 年平台科技资源整合与开放共享服务机制完善，平台从无到有，科技资源从封闭到共享开放，已经走过了不平凡的 10余年。经过这些年的发展，构建了集科技资源采集、整合、发布与管理功能于一体的公益性、基础性、战略性的山西省科技基础条件平台，科技资源开放共享服务体系日趋完善，有效展示了山西省科技创新的新环境，实现了山西省科技资源条件平台科技资源共享网络化、运行制度化、管理科学化、保障制度化、服务社会化。

为了系统地总结 10 余年山西省科技基础条件平台建设与科技资源开放共享服务的成就和进展，更好地开展科技资源开放共享的服务，进一步提高科技资源的利用效益，作者撰写出版了《山西省科技基础条件平台资源共享服务模式研究》。本书全面反映了山西省科技基础条件平台科技资源整合与开放共享服务的工作进展与主要成果，对平台建设的总体架构、平台系统与功能、平台资源整合框架、科技资源组织管理等进行了研究，建立了科技资源开放共享的服务模式，构建了平台科技资源共享服务评价体系，从社会环境、信息环境、用户环境的视角分析了科技资源环境的优化和保障机制，提出了实施措施，以便使科技资源更好地服务于山西省科技创新和社会经济发展。

本书共分十一章，第一章由武三林、赵永芬撰写；第二章由武三林、贾炜韬、高云平撰写；第三至第六章由韩雅鸣撰写；第七章至第十章由吴汉华撰写；第十一章由武翔宇撰写。其中，研究生刘静参与第七章的撰写，王琛参与第八章的撰写，姚小燕参与第九章的撰写，倪弘参与第十章的撰写，李雅韵参与第三章的撰写，马帅参与第四章的撰写，范晓萌参与第五章的撰写。武三林设计、制定了研究方案和撰写大纲，并负责本书的组织工作。武三林、武翔宇、贾炜韬负责全书的统稿工作。隗玲、张玉珠参与了资料搜集与调研工作。本书集中了撰写成员的系列研究成果，借此为付出艰辛的著者表示衷心感谢！

本书研究成果得到了山西省科技厅、平台管理办公室、总平台和各子平台等的大力支持，得到省内多位资深专家学者的支持和帮助，以及山西财经大学科技处的重视和支持，在此一并表示衷心感谢！本书在撰写过程中引用了许多专家学者的著述，在此致以诚挚的感谢！同时对负责本书出版的科学技术文献出版社编辑周国臻、赵斌表示感谢！

著者为撰写本书查阅了大量资料，付出了艰辛的工作，但由于研究涉及的内容广泛，掌握的资料有限，加之著者众多，难免有疏漏之处，希望同行专家和读者给予批评指正。

武三林

2017 年 11 月 15 日

目 录
Contents

第一章

国内外科技资源开放共享进展

1.1 国外科技资源开放共享进展

科技资源（科技基础条件）是支持科技创新活动（研究与开发活动）的物质和信息保障，主要包括研究实施基地、科技设施及科学仪器设备、科研试剂、实验动物、科学数据、科技文献、自然科技资源等[①]。

当今，国际科学研究和科技创新正发生着深刻的革命，科学技术发展规模、手段与社会各个领域人们生活结合日益紧密，科技全球化日益加快，国家间的科技活动日益深入，科技人员学术交流日益增多，科技创新已成为社会进步的直接动力及经济发展的主体，在这种情况下，以科技资源与科技基础条件开放共享为基础的科学研究和科技创新成为一种必然。尤其是网络技术和信息技术的迅速发展，使得科技资源在全球范围内得到更有效的开放共享，加速了科技进步，呈现出国际社会发展和科技创新的新局面。本节仅就国外（美国、英国、日本）的科技资源开放共享情况展开研究。

1.1.1 国外科技资源开放共享的政策与法规

（1）美国科技资源开放共享政策与法规

早在 20 世纪 70 年代，美国已清楚地认识到科技资源开放共享仅靠市场是不能实现的，必须依靠国家立法和国家政策支持才能实现，才能使本国的科技创新活动处于社会需求的最优水平。美国政府通过制定各种政策、完善各种法律制度促进科技资源开放共享。

1976 年，美国出台了《国家科技政策组织和优先法》，为了规定各个机构的权利和义务，先后颁布了《国家科学基金法》《模式营利机构法》。1990 年，美国科学数据平台以"安全与开放"共享这一国策为核心，颁布了《信息自

---

① 科技部，发展改革委，教育部，财政部 . 2004—2010 年国家科技基础条件平台建设纲要 [Z].2004.

由法》《版权法》《科技资源管理通告》等法规①，并针对美国公益科学数据实施了"国有科学数据安全与开放"国策②。在大型科学仪器设施方面，美国颁布了《联邦政府采购法》《关于对高等教育机构、医院及非营利机构给予资助的统一管理要求》，明确用联邦政府经费购置的仪器设备，有义务向其他研究项目开放。美国政府十分重视自然资源的共享，先后颁布了《联邦种子法》《自然资源保护法》《国家遗传资源保护法》及《国外遗传资源搜集指导依据》等。美国科技资源开放共享政策的制定与法规的颁布，为社会经济发展奠定了坚实的基础。

（2）日本科技资源开放共享政策与法规

为了促进国家在科技创新方面的进步，日本加强科技资源和科技基础条件的建设，于1995年制定了关于科技发展的纲领性文件《科学技术基本法》，明确了国家科技创新发展的宏观导向。以该法为依据，日本开展了以5年为一周期的三期国家科学技术基本法的实施。"第一期科学技术基本计划"（1996—2000年），提出加大政府对研究开发的投资，对研究开发基本条件给予必要的资金倾斜，促进尖端先进科学研究设施设备的广泛开放共享及国际合作交流，旨在建立一个以科技创造力为基础的日本③。"第二期科学技术基本计划"（2001—2005年），提出了日本未来发展的3个具体目标，即使日本成为通过创新知识、应用知识为世界做出贡献的国家；具有国际竞争力可持续发展的国家；安全、稳定、生活质量高的国家，旨在注重基础研究，明确体制改革议程，提高政府研发投资。"第三期科学技术基本计划"（2006—2010年），规划了生命科学、纳米技术与材料、信息通信、环境及其复合学科为国家科技发展的四个基础研究重点领域，确定了能源、制造业、社会基础科学和尖端科学4个推进领域，以引领世界，加强日本在国际社会中的影响力①。1950年，日本出台了《图书馆法》，有效地促进了文献共享。2006年，日本颁布了《关于促进特定尖端大型研究设施共同利用的法律》，完善了日本大型科学仪器设施的配备，促进了科技基础条件的开放共享。2002年，日本通过《知识产权战略大纲》，提出加强研究设施改善等环境建设。

① 岳晓杰.我国科技基础条件平台建设的现状与对策研究[D].沈阳：东北大学，2008.
② 国家科技基础条件平台中心.国家科技基础条件平台发展报告（2011—2012）[M].北京：科学技术文献出版社，2013：218-228.
③ 国家科技基础条件平台中心.国家科技基础条件平台发展报告（2011—2012）[M].北京：科学技术文献出版社，2013：231-232.

（3）英国科技资源开放共享政策与法规

英国在科技资源开放共享方面先后颁布了《2000 年信息自由法》《2003 年法定缴存图书馆法》，推动了科技资源的共享。英国对于研究会数据、基金数据、大学科学数据、政府部门科学数据等不同类别的科学数据进行分类管理，并制定了各自的数据共享政策，如英国研究理事会数据共享政策、英国 Wellcome Trust 慈善基金研究会数据共享政策、英国大学科学数据共享政策、英国政府部门科学数据共享政策等[①]。英国颁布的《数据保护法》和《环境信息法》也提到向社会和公众开放有关信息。作为欧盟的成员国，英国按照《欧盟条约》等参加了 1984 年欧盟实施的研发框架计划及 2011 年研发创新框架计划"地平线 2020"，促进了研究数据的公开获取，强化了本国的科技优势，协同创新，提高科技资源的利用率。英国参加了"欧洲研究区"的建立，促使本国与各成员国的科技人员、机构和相关企业加强互动、增进合作，提高了本国的科技水平、竞争力和创新能力。

1.1.2　国外科技文献开放共享

（1）美国科技文献开放共享

美国科技文献管理模式分为政府管理联盟模式与民间管理联盟模式，其科技文献共享的协作内容包括集团采购、合作参考咨询、异地书库、技术资料共享、合作馆藏建设、馆际互借、文献传递、信息检索服务等。这两种联盟管理模式都是由成员馆共同目标所形成的合作驱动，联盟馆共同协作，签订加以规范的协议章程，在互利互惠的基础上，实现科技文献共享。例如，美国国会图书馆 1994 年 10 月就推出了"数字化项目"，不仅将本馆的文献资源逐步数字化，还领导协调全国公共图书馆、研究型图书馆的文献资源整合，积极开发图书馆文献资源，通过网络对国内甚至世界范围的公众开放共享，在文献资源共享中发挥了积极的推动作用[②]。

在科技文献共享中，美国尤其重视科技报告的管理与共享。科技报告又称为灰色文件，其内容广泛、专业性强、技术数据具体，被广大科技人员、

---

① 国家科技基础条件平台中心.国家科技基础条件平台发展报告（2011—2012）[M].北京：科学技术文献出版社，2013：246–253.

② 武三林，韩雅鸣，等.基于技术融合的图书馆数字资源利用服务机制研究 [M].北京：科学技术文献出版社，2017：38–39.

工程技术人员视为优先的参考资源。美国科技报告占世界科技报告总量的 85%。目前，美国科技报告主要分四大系统，即美国能源部系统的 DE 报告、美国国家航空航天局的 NASA 报告、美国国防部和三军系统的 AD 报告、美国其他政府部门形成的 PB 报告。这四大系统报告具有相对完备的法规制度体系、组织机构和工作机制。美国政府科技报告实行集中与分散相结合的多层次收藏模式和分类分级共享交流服务模式，其服务模式分为三大体系，即公开报告交流使用、受限报告交流使用和保密报告交流使用。

（2）日本科技文献开放共享

日本政府及图书馆协会非常重视科技文献建设、管理与共享的规划，科技文献资源共享高度组织化、制定化和有序化。日本于 1950 年出台了《图书馆法》等一系列图书馆相关法律和政策，用法律形式保障了图书馆事业的迅速发展，目前已形成由各类图书馆及信息机构提供原文文献资源阅读、复印、借阅等服务的完善网络[①]。日本国立国会图书馆自 1952 年起开展科技文献的收集工作，并将科技信息基础建设纳入国家重点科技信息基础框架中，制定了《国立国会图书馆科学技术信息计划（1998—2003 年）》，推动了科技文献服务和数字图书馆的建设工作。为了适应新的数字资源环境，在实施《第二期科学技术基本计划（2006—2011 年）》的同时，强化原有的功能，重点推动数字图书馆事业，广泛搜集国内外有关科技数字信息，构建了综合科技电子信息资源系统。国立情报学研究所主要负责与提供全国大学图书馆收藏的学术图书与杂志的目录信息数据库，建设和管理各大学研究机构的学术信息网络（SINET）和研究网络（超级 SINET）。截至 2006 年，已有 709 个机构与 SINET 链接，在网上实现共同研究、共享资源。2003 年，日本又启动了国家研究网络"NAREGT"，进一步提高了科技文献资源的开放共享。日本科学振兴机构主要负责收集国内外科技文献，制作摘要等数据库；将全国科技领域的各学协会的杂志等数字化，建立综合检索系统，向本国及世界范围提供服务。日本经济产业省及农业水产省也将他们相关的科技信息和专利进行整理，建成数据库，向科技人员和研究机构开放共享。

（3）英国科技文献开放共享

英国图书馆科技文献资源共享主要是由图书馆联盟和英国联合信息系统

① 武三林，张玉珠，等.山西科技文献共享与服务平台管理及利用机制研究 [M].北京：科学技术文献出版社，2014：31-36.

委员会（JISC）管理，图书馆信息资源共享与研究基金来源是以政府为主导的各类基金会、欧盟、国际资助与合作项目资助等多元化来源。资金多元化来源主要有以下4个方面：①政府部门高等教育基金会。高等教育基金会是由英格兰高等教育基金会、苏格兰高等教育基金会、威尔士高等教育基金会和北爱尔兰教育部4个实体组成，80%的资金来源于这4个基金会。②政府部门专项基金。如文化传媒和体育部设立有博物馆、图书馆、档案馆委员会（MLA），负责管理图书馆事务，负责对图书馆文献共享的支持资金。③英国理事会。英国各个理事会负责向历史遗存项目、数字图书馆建设、技术环境信息检索及通信等项目资源共享提供资金支持。④其他。包括来自多个基金会、欧盟及国际合作项目的资助。

英国是世界上最早建立出版物缴存制度的国家，在共享方面，英国偏重于集中型模式，大英图书馆文献供应中心承担着80%的馆际互借和文献传递服务工作，地区图书馆互借系统承担着20%的馆际互借和文献传递服务工作。英国对于科技报告共享的方式有2种：①通过有关公共平台和渠道公开科技报告；②提供个案信息。

1.1.3　国外科学数据开放共享

（1）美国科学数据开放共享

自20世纪90年代以来，美国以法律和行政等手段协调科学数据管理，是世界上较早对科学数据资源开展管理和共享的国家之一。美国关于科学数据方面的立法相当完善，包括相关法律、法规和部门规章等。美国科学数据主要来源于依靠政府投资或者各级政府、大学、科研机构、私营企业等部门所产生的科学数据，这些数据从主体而言，分为国家投资的科学数据、部门投资的数据信息，以及民间投资建设获得的数据信息，从内容来看，有科学、技术、管理、政策等方面。

美国科学数据采集、管理和提供服务主要由国家级数据中心群承担，国家级数据中心群主要有：①美国国家航空航天局（NASA）分布式最活跃数据档案中心。它的数据来源是NASA的空间飞行计划，大部分数据集中在天文和空间科学领域，主要负责NASA数据的永久保存，提供天体物理学、空间物理学等科学数据。②美国国家生物技术信息中心（NCBI）。它的数据主要集中在分子物理学、生物化学、遗传学、疾病与健康等，数据来源于美国各实验室提交的基因序列数据库和国际基因数据库交换数据，并向用户提供科学数据资源网络服务。③美国国家大气研究中心（DAACS）研究数据归档中心。它们的科学数据集中在大气科学领域，主要有大气分析格点资料、卫星资料、长年代的气候资料、海洋资料等。目前，有 4000 多个观测和分析资料的数据集，并面向全美科学家、教师和学生提供网络数据共享。国家级数据中心群管理委员会对科学数据归档的步骤、检查的过程、数据格式的要求、数据存储要求及数据备份的具体细节做到标准化、规范化，对政府拥有的科学数据和政府资助下产生的数据采用"安全与开放"的政策。

（2）英国科学数据开放共享

英国对于研究理事会科学数据、基金会科学数据、大学科学数据、政府部门科学数据等进行分类管理，并将这些科学数据向社会与公众开放。英国研究理事会（RUCK）有 7 个理事会，除工程和物理科学理事会外，都要求制定科学数据管理计划，并有明确的存储和共享要求。如英国生物技术与生物科学研究理事会数据共享政策包括理事会立场、政策声明、数据共享领域的确定、实施指南等部分。

英国 Wellcome Trust 慈善基金会数据管理与共享政策从 2007 年 1 月开始执行，内容要求资助申请者不应设限，便于公众获取科学数据，在资助阶段应考虑项目产生数据的管理与共享问题，项目申请书中要有项目管理和共享计划，并进行项目的验收评估。

英国大学数据管理一般没有制定管理与共享政策，但有一些著名的大学，如剑桥大学、牛津大学、国王学院等，通过网管中心集中对科学数据进行存储、管理与共享。英国政府部门也有关于管理自己内部科学数据的政策，保障自己的数据资料向社会公众开放。英国科学资源共享网站（Intute）是英国政府资助建立的教育科研信息网站，链接 8 万多个专业网站资料，建立了社会科学类、工程、数学与计算机科学类、健康与生命科学类、物理科学类、人文科学类、工艺美术类、休闲娱乐体育旅游类和地理环境类 9 个学科信息门户，以及 4 个学科服务模块，即科学技术、人文艺术、社会科学、健康与生命。大英图书馆与美国能源部科技信息办公室合作，创建了全球科学资源网站，整合了 56 个国家公开的科研信息，为所有对科学感兴趣的人免费提供最新的科学研究数据，科技信息涉及能源、医学、农业和环境等领域，以供全球共享，促进科技创新。

1.1.4　国外大型科学仪器设施开放共享

（1）美国大型科学仪器设施开放共享

美国联邦政府对联邦经费购置的设备颁布了相关的管理法规与制度，如《联邦政府采购法》和联邦预算管理办公室颁布的《关于对高等教育机构、医院及非营利机构给予资助的统一管理要求》。美国联邦政府对研究和发展项目设备的支持通常是通过联邦政府各部门来进行的，各部门制定有相应的资产管理制度。美国政府为了提高大型科学仪器设施的使用率，出台了《美国联邦信息资源管理法》，规定了重大科学仪器的购买与审批、科研设施要共享和不能重复购置的原则；重大科学设施使用，在不妨碍承担方项目进行的条件下，有义务向联邦政府所从事的其他研究项目开放。也就是说，首先要满足购置该仪器设备的联邦政府部门的需要，其次满足其他联邦政府部门的需要。政府出资的大型仪器设施所有权归国家，项目研究部门只有使用权，5000美元以下的仪器设备所有权归项目承担方所有。由此可见，美国的大型科学仪器设施实现了对社会开放共享。

（2）日本大型科学仪器设施开放共享

日本科学技术厅下设的科学技术振兴团作为日本科技信息的中枢，多年来有计划、有重点地改进科技条件。20世纪70年代，日本开始集中兴建世界一流的尖端大型科学设施，并形成以此为据点促进共同利用与合作研究交流的体制。1986年，日本制定了《科学技术政策大纲》，将"加速科技振兴基本条件建设"作为推进科技政策的重要措施，有力促进了大型科学仪器设施建设及其开放共享发展。1996年，日本"第一期科学技术基本计划"，强调对研究开发基本条件给予必要的资金倾斜，从而促进尖端先进科学研究设施的广泛共享及国际合作交流。在"第二期科学技术基本计划"中，要求改善国立大学等研究机构基础设施。日本文部科学省也于2005年和2007年分别设立"尖端大型研究设施战略利用计划和尖端研究设施共用促进创新计划"，规定大型仪器设施要向社会开放。日本还出台了"设备共用，接受民间委托"等一系列政策，在对大型科学仪器设施投入的同时，也十分重视提高大型科学仪器设施的使用效率，保证了政府投入的大型科学仪器设施"物尽其用"。日本目前有相当多的企业及民间委托大学或国立研究机构进行开放试验，大大改善了企业的试验手段，提高了企业的竞争力，有效地促进了产学研的结合①。日本大型科学仪器设施开放共享分为 3 种体制：①国立大学共同利用体制；②大型尖端科研设施共同利用体制；③产业技术合作研究体制。

（3）英国大型科学仪器设施开放共享

英国政府在大型科学仪器设施开放共享方面制定了强有力的政策，积极推动科技界、公众及社会之间大型科学仪器设施的开放共享。英国现有的重大科学仪器设施均由政府资金资助建设，其产权归政府所有。英国贸工部下设科技办公室，是英国政府科技主管部门，负责制定政府投入的科技经费预算。国家实验室理事会（CCLRC）负责对国家重大科学仪器设施进行日常管理，负责向英国政府建议建设或购买何种重大科学仪器设施，以及所需要的费用额度，每年国家实验室的重大仪器设施运行费为 1.4 亿英镑。英国科技设施理事会（STFC）负责英国大型科学仪器设施管理，促进国内科研机构和科研人员对科学仪器设施的共享。英国在欧盟大型科学仪器设施开放共享方面一直是积极参加者，参与了全欧研究基础设施的建立，实现了大型科学仪器设施的开放共享。

1.1.5 国外自然科技资源开放共享

（1）美国自然科技资源开放共享

美国自然科技资源大致分为植物种质资源，动物、微生物、生物标本资源，人类遗传资源，岩矿石标本资源，实验材料资源，标本物质资源等。美国十分注重对植物种质资源的保护和利用。早在 1930 年就颁布了《植物专利法》，并于 1939 年、1969 年、2001 年及 2002 年分别颁布了《联邦种子法》《自然资源保护法》《植物品种保护法》及《国外遗传资源搜集指导依据》等法律规范，对植物的引进、搜集、保存、评价、发布和保护都是遵循这些法律。在动物、微生物、生物标本资源等方面，按照《国家遗传资源保护法》制定自身的共享规划，实现开放共享。

美国重视对人体遗传资源的研究与共享，分别颁布了《人体材料的保护》（1990 年）、《DNA 确认法案》（1994 年）和《涉及人体生物材料的研究：伦理问题和政策指导》。这些法律规范中虽没有明确规定，但是其对包括遗传学研究在内的涉及人体材料的规定，特别是一些例外规定，体现了对其信息共享的一些规定。美国在岩矿化石标本共享方面，主要由联邦政府岩矿化石管理

---

① 岳晓杰.我国科技基础条件平台建设的现状与对策研究[D].沈阳：东北大学，2008.

机关负责搜集管理并建立信息资源库，对外提供服务，各州也建立了规模不一的实物标本库。美国不仅在实验材料开放共享方面，主要以动物保护和实验动物保护为中心，而且依据现有的溯源性政策及标准物质分级模式，有效地对国内所有的标准物质进行管理，并为各州提供技术信息。

（2）日本自然科技资源开放共享

日本自然科技资源是指为实验、计划、分析和评估等研究开发活动提供物质支撑条件，并将自然科技资源称之为"知识基盘"，如生物遗传资源等研究用材料，各种计量标准，计测、分析、实验与评估方法及相应的先进工具，各种数据库等。日本 1955 年开始投资自然科技资源基本设施（知识基盘）第一期建设，2001 年的"第二期科学技术基本计划"中，政府加大投入，开始"知识基盘装备计划"，提出加强知识基盘的生物遗传资源等材料、计量标准、计测、分析、试验、评估方面及相关尖端仪器、相关数据库等领域建设，并在 2010 年前实现"达到世界最高水平"的目标，向社会开放共享自然科技资源。

（3）英国自然科技资源开放共享

在英国，皇家植物园伦敦丘园和西塞斯沃克哈斯特园共同负责英国植物种质资源的保存、管理和共享。目前已经收藏了来自世界各地的 35 万个物种共 700 万个标本，园中种植有 17.8 万种植物，拥有植物学藏书 15 万册，以及同等数量的植物学册子。它们拥有 20 万套植物图解，植物标本还在以每年 3 万个的数量递增。为了更好地开放共享这些丰富的植物资源，丘园建立了标本电子数据库，便于人们网上查用。丘园与 50 多个国家的 8000 多个机构建立合作，并于 2000 年发起了"千年种子库合作伙伴"计划。目前，丘园拥有世界上最现代化的存储植物种子的种子库。丘园丰富的植物资源对世界植物学者开放，每年有 2 万多名科学家到丘园开展研究，丘园还向世界各地提供植物标本，同时还向法医、园艺家、农学家和历史学家提供信息[①]。

1.1.6　国外技术成果转移与科技创新开放服务

（1）美国技术成果转移与科技创新开放服务

美国一向认为科技创新是国家最大实力的表现，尤其注重技术成果转移

---

① 国家科技基础条件平台中心.国家科技基础条件平台发展报告（2011—2012）[M].北京：科学技术文献出版社，2013：249—250.

领域的不断创新与改革，以适应新的发展趋势。在美国，技术成果转移和科技创新主体是企业、大学、政府科研机构、非营利研究机构及科技服务机构等，这些主体之间相互协调、相互合作，共同促进了美国科技创新的发展。美国对技术成果转移的主要做法：①制定法律与政策，为技术成果转移提供良好的法律环境和有力的物质支持；②制定和实施各种促进科技与经济合作的计划，并指导产业部门有计划、有重点、及时转化科技成果；③共建产学研合作机构，企业出资，大学与研究机构出技术；④建立成果转化服务机构和良好的社会环境，包括提供风险资本，鼓励新技术成果不断产生；⑤完善科技人才机制。

为了适应新时期科技发展趋势，美国提出了"集成创新"的构想，并开始实施"集体合作伙伴计划"。该计划是由形成合作伙伴关系的多个大学共同组建研究中心，也就是把原有优势学科的资源进行整合，形成更大的跨机构、跨部门的研究中心（即一种新的国家实验室的建设理念）。这项计划的实施不仅为科学家提供了最先进的仪器设备和长期、稳定、充足的经费支持，而且发挥了多学科联合研究的优势，取得了不少原创性成果，构建起产学研官之间的桥梁，推动了技术成果转移和科技创新，因此可以说，科技资源共享的结果就是科技成果的共享。

（2）日本技术成果转移与科技创新开放服务

日本实施以"自主创新"为精髓的"科学技术创新立国"基本国策以来，为了促进科技创新，加强了科技资源的开放共享，并以《科学技术基本法》为依据，开始实施以 35 年为一个周期的 3 期国家科学技术基本计划。日本政府非常重视石化、机械、生物制药、信息技术等重点行业领域关键性技术的研发和创新，由政府和企业共同出资，并与公共研究机构和高校合作成立"技术研究组合"，只要被认定为"技术研究组合"的结构，就可以被视为非营利性特殊法人，并享受如下税制优惠：①企业提供给组合的经费，可以计算作损失；②组合购买或制作的用于实验研究的设备仪器可以以 1 日元进行压缩记账；③实验研究使用的固定资产，3 年内按固定资产税收标准的 2/3 进行纳付。

如"超大规模集成电路（VLST）技术研究组合"组建及运行的主要模式：①选择重点企业；②明确重点项目；③建立开发促进补助金；④成立技术研究组合；⑤明确组织架构、课题选择、研究经费和研究方式；⑥政府适当扶持。项目实施 4 年获得了丰硕的研究成果，大约有 1000 项发明获得专利。项目"技术研究组合"的成功，开创了政府支持企业技术研究发展的新模式，而且日本通过集中科技资源对关键技术领域进行攻关，快速赶超了技术先进国家。

（3）英国技术成果转移与科技创新开放服务

英国是世界科研投入产出效率最高的国家。英国人口占世界人口的1%，科研投入占世界科研总投入的5%，产出9%的论文，论文被引次数占世界总被引次数的12%。英国的科研在G8国家中保持高产高效，英国的科研效率之高，表明了英国推动科技资源共享、技术成果转移及科技创新取得的成就[①]。

英国将科学研究成果最大可能地推向社会，纳税人及研究机构直接受益。纳税人获取科研成果的途径有两条：一条是商业途径，另一条是公益途径。就商业途径而言，英国规定公共资金资助研发活动产生的知识产权，归项目研究单位所有，国家则要求研究单位有义务促进对研究成果的商业化利用。公益途径则是指政府或其他公共部门直接将一些成果推向公众，或直接受益社会。英国政府科技办公室每年设立重大研究项目，就有关公众健康、重大疾病、食品卫生和供水管理等进行预测研究，并将研究成果尽量推向社会，直接受益公众等，在社会上引起了很好的反响，公众对科学技术成果转移与科技创新进展了解程度大幅上升，使科技资源得到共享。

1.1.7　国外科技基础条件平台建设成功经验

实践证明，许多发达国家在科技创新和科技资源开放共享方面的很多探索都是成功的，其特点主要体现在以下5个方面。

（1）政府投入力度大

从研发资金投入来讲，美国用于支持科学研究的资助计划均由不同管理部门管理，投资力度大、增长快，如2012年用于卫生的科研预算经费就达4410万美元，比1992年的880万美元增长了401%，美国国家卫生基金会（NSF）2013年度科研经费预算达到72亿美元，较2012年增加了5%。日本的科学研究经费投入力度也很大，就日本的国家科学技术基本计划的投入而言，1996—2000年"第一期科学技术基本计划"为自然科学投入438亿日元，而2001—2005年"第二期科学技术基本计划"投入1009亿日元，较"第一

---

① 国家科技基础条件平台中心.国家科技基础条件平台发展报告（2011—2012）[M].北京：科学技术文献出版社，2013：253–255.

期科学技术基本计划"增长 130%。英国仅重大科学仪器设施每年的运行费用就投资 1.4 亿英镑①。综上所述，发达国家政府对科技基础条件平台的投入力度大，资金足，保证了科技基础条件平台资源共享。

（2）科技资源共享形成共识

美国非常注重科技资源的共享，要求国有科技数据要"安全与开放"，大型科学仪器设施、自然资源、科技文献等均向社会开放共享。为了能使科技资源共享顺畅，通过制定各种法规、国家标准等，加强对科技资源的管理。日本将科技资源共享作为提升本国科技创新的重要条件和基础，在每个阶段重要的立法中，对科技资源共享都有明确的规定。日本为了进一步发挥高校创新资源的优势，不断强化高校面向全校、区域和全国科技资源的开放与共享力度，尤其是后来围绕产业和企业的创新薄弱环节，不断通过创新资源的共享，进一步强化共性技术的研发与创新工作。英国在政府的推动下，将科技资源推向社会与公众，人们可以无障碍地共享科技资源，科技资源共享得到了社会与公众的认可。

（3）利用国际合作提升国家核心竞争力

美国利用自己世界科技领先的地位，组织对外科技合作，设立了多个专门委员会和工作小组，如美中科技合作小组、美欧科技合作小组、美日科技合作小组，专门从事与各个国家及地区和各领域的科技合作与交流，开展了大量的科技合作项目。日本利用国内的大型尖端设施开展国际合作交流。日本利用研究网络"超级 SINET"连接国外的一些研究网络和民间机构的网络，实现共享研究、共享资源。日本的农村水平研究网络（MAFFIN）成为与国外进行农业研究信息交流的骨干网。英国遵循 2012 年通过的欧盟及成员国科技资源共享的决定，将进一步加速科技资源对国外开放共享的步伐，并开展部分科技基础设施向欧洲以外国家科技人员开放。大英图书馆是世界最大的文献提供中心，与美国能源部科技信息办公室合作，创建了全球科学资源网站，整合了 56 个国家公开的科研信息，为所有对科学感兴趣的人免费提供最新的科学研究信息，促进科技创新。

（4）法规与政策支持

美国为了开展科技资源共享，先后颁布了《联邦政府采购法》《信息自由法》《阳光法》《隐私法》《版权法》《联邦种子法》《自然保护法》等法律，

---

① 岳晓杰.我国科技基础条件平台建设的现状与对策研究 [D].沈阳：东北大学，2008.

同时颁布了相应的政策、条例，国家在物力、人力、财力上也给予了大力支持，保证了科技资源共享的实施。日本政府在科技资源共享方面，连续出台了《国立学校设置法》《科学技术政策大纲》《科技基本法》《图书馆法》《国立图书馆法》《共性技术研究法》等，不断推进科技资源共享，促进研究人员交流及研究仪器设备共用等。英国设有专门的科技资源共享法律法规，《2000年信息自由法》与《2003年法定缴存图书馆法》为英国的科技资源共享提供了法律依据，二者既包含科技资源在科研人员中共享，又包含科技界与公众、社会之间对科技资源的共享。英国还制定了《数据保护法》（1998年）和《环境信息法》，支持国家的科技资源共享。

（5）科技资源整合的创新优势形成

美国大学孵化器是高校成果转化的重要助推器，也为科学家和中小企业技术成果转化搭建了一个成长平台，有效地促进了高校研究成果的转化。政府支持资金，以及为孵化企业提供的技术咨询服务费，通过提供物理空间、基础设施一系列服务，使在孵化企业能够便利地利用学校实验室资源开展科学研究，降低了创业者的创业风险和创业成本，提高了实验室仪器设备的使用率，促进了科技资源的共享，提高了科学技术创新的成功率。产学研官结合，促进了科技成果的转化。日本科技资源共享，促进了尖端先进科学研究设施的产学研共同利用，开展国际合作交流，而且日本政府鼓励产学研的协作——"技术研究组合"，为了提供财政补助金，迄今为止累计成立过约120家"技术研究组合"，这种产学研合作，优势互补、利益共享，形成了创新的新优势。英国为了充分发挥政府的主导作用，统筹、协调与整合本国科技资源，建立了统一协调的项目全过程管理平台。通过这个平台，英国研究理事会可以对七大研究理事会资助的项目进行全过程管理，能够有效地协调各种事项，降低成本，提高服务水平，加快科技创新的速度。

1.2　我国科技资源开放共享进展

进入21世纪，以科技实力为基础的竞争更加激烈，我国正面临经济结构调整和发展方式转变的艰巨任务，提高自主创新能力，增强科技支撑引领经济社会发展的能力，已成为新时期科技发展和建设创新型国家的客观要求。作为一项战略性资源，科技资源支撑科技创新和战略性新兴产业发展的任务更加艰巨，科技资源自主创新和开放共享的必要性日益突出。

国家科技基础条件平台是我国政府公共服务系统的重要组成部分，是社会各种知识积累的载体，经过 10 余年的发展，已建成集科技资源采集、加工、整合、管理与服务为一体的科技基础条件共享服务平台，服务体系日趋完善，服务能力不断提高，为国家重大工程建设和重点科学计划项目研发提供了强有力的资源支撑，为社会各行各业和公众提供了全程的资源服务。

1.2.1 国家科技资源开放共享

科技资源是科技创新活动的基础，一个国家科技创新和核心竞争力的形成，在很大程度上取决于科技资源数量、质量、配置和开发利用的效果[①]。国家科技基础条件平台是在信息、网络等技术条件下，运用现代化技术手段，依托国家科技机构对研究实验基地、大型科学仪器设备、科学数据、科技文献、自然科技资源和科技成果转化基地等物质和信息保障系统，以及相关的共享制度和专业化队伍进行战略重组和系统优化，搭建的具有公益性、基础性、战略性的科技基础条件平台[②]。国家科技基础条件平台是服务于社会科技创新的数字化、网络化、智能化的支撑体系，是推动科技资源开放共享的重要载体[③]。

2002 年，科技部向国务院提交了《关于加强国家科技基础条件平台建设的意见》（国科发财〔2002〕177 号），得到了国务院的肯定。2003 年起，科技部同发展改革委、财政部、教育部等有关部门联合启动了科技基础条件平台建设重点领域试点项目，同年建立了由科技部和财政部牵头，16 个部委参加的"国家科技基础条件平台建设"部际联席会议机制，成立了第一届科技基础条件平台专家顾问组。

2004 年，国务院办公厅转发了科技部、财政部、发展改革委、教育部 4 部委共同制定的《2004—2010 年国家科技基础条件平台建设纲要》，2005 年，4 部委联合发布了《"十一五"国家科技基础条件平台建设实施意见》，对国家科技基础条件建设的目标和重要任务进行了整体规划和布局，为其平台建设指明了方向。

---

① 徐冠华. 加强科技资源研究，促进科技资源共享 [J]. 中国科技资源导刊，2008（3）：3–5.

② 科技部，财政部，发展改革委，教育部."十一五"国家科技基础条件平台建设实施意见 [Z]. 2005.

③ 国家科技基础条件平台中心. 国家科技基础条件平台发展报告（2011—2012）[M]. 北京：科学技术文献出版社，2013.

2005 年，科技部、财政部正式启动了"国家科技基础条件平台专项"，组织实施了研究实验基地和大型科学仪器设备、自然科技资源、科学数据、科技文献、科技成果转化、网络环境六大类国家科技基础条件平台建设。2006年，中央机构编制委员会办公室正式批准成立国家科技基础条件平台中心，具体承担国家科技基础条件平台建设和管理工作，以推动科技资源开放共享。2005 年年底，国务院发布了《国家中长期科学和技术发展规划纲要（2006—2020 年）》，有力地促进了科技基础条件平台的快速发展。

2008 年，科技部、财政部启动了一项针对国家重点科技基础资源信息的调查统计工作，由国家科技基础条件平台中心具体组织实施。通过调查，基本摸清了中央部委和地方所属高校与科研院所大型科学仪器设备、研究实验基地、微生物种质保藏、科技文献收藏、科技人员配置及科研产出情况，进一步推进了科技基础条件平台的建设，推动了《科学技术进步法》的贯彻落实，促进了科学资源的统筹协调布局，加快了中央和地方科技资源向社会开放共享的进程。

2008 年，科技部启动了集成电路、纺织和藏医药 3 个技术创新项目，得到地方政府和相关部门的高度关注和支持。根据中共中央、国务院《关于深化科技体制改革加快国家创新体系建设的意见》（中发〔2012〕16 号），国家科技基础条件平台中心积极推动科技创新服务平台和区域公共科技服务平台的培育建设，创新财政资金的支持方式，以奖代补，与其他科技工作衔接，将产业创新战略联盟作为创新服务平台的基础，创新扶植政策，鼓励地方搭建基层科技创新服务网站，形成一批拥有自主知识产权和自主品牌的成果，使企业获得竞争优势及可持续发展能力。

2009 年至今，中国科技资源共享网面向社会开放，已成为我国科技资源信息数据交汇中心及信息发布和成果展示窗口。网站以其资源丰富、运行稳定可靠、开放共享服务高效等特点，为广大科技人员和社会公众提供全面的科技信息导航和特色服务，为国家重大建设工程和科技计划项目提供了高效支撑。2010 年 6 月，科技部印发的《关于加强"十一五"科技计划项目总结验收相关管理工作的通知》，明确要求加强国家科技计划实施形成的科技文献，科学数据，研究实验报告，各类仪器设备，特殊实验动物、植株、菌种、病毒等科技资源或资源信息交汇国家级资源平台。平台中心研究制定科技计划项目资源交汇标准规划，组建了资源汇交与共享专家委员会，组织开发"国家科技计划项目资源汇交系统"，启动了已汇交科技计划项目资源开放共享，并按照"边汇交，边共享"的原则，稳步推进已汇交科技计划资源的开放共享和综合服务工作。

"十一五"期间，科技部联合有关部委、地方政府、科研院所和科技资源管理单位，以科技基础条件平台为抓手，持续加强科技基础条件平台建设，大力推进科技资源开放共享。"十二五"期间，通过国家自主创新能力建设、基础研究、科技条件发展、科技基础性工作等计划实施，科技基础条件平台建设力度加大，科技资源规范、质量及开放共享服务水平明显提升，对创新发展的支撑保障作用越发明显[1]。2011年，科技部、财政部通过验收，首批认证了23个国家级科技基础条件平台，通过对国家级平台的绩效考核和后补助，支持了一批国家级科技资源共享服务平台，推动了全国700多家高校和科研院所科技资源的开放共享，年均服务各类科技计划项目过万项。国家科技基础条件平台中心依托各省、市、自治区地方政府，建设了具有区域特色的地方科技基础条件平台或服务站。由于地方平台加盟，服务范围拓展，形成了多地区、多部门、多层次的开放共享服务平台。

总之，2005—2015年，国家科技基础条件平台坚持"创新机制、盘活存量、整合完善、开放共享"的方针，面向国家经济社会发展的重大需求，强化国家战略性科技资源的收集、保存和共享，不断提高科技资源标准化和数据化，突出抓好科技资源的建设、平台的认证和绩效考核、科技资源的汇交、平台政策法规制定等工作，推动科技资源的调查、标准规范的建设、平台门户系统建设和服务模式建立，体现了对社会发展的支撑服务及对企业和公众的公共服务作用。

1.2.2 我国科技资源开放共享的政策法规与标准

（1）科技资源开放共享的政策

随着财政投入的不断增加及我国科技资源存量的持续积累，为了加强对科技资源开放共享的高效利用，我国对科技资源的开放共享极为重视，相继出台了一系列的政策、法规及标准规范。

在政策方面，2004年国务院办公厅转发了科技部、财政部、发展改革委、教育部4部委共同制定的《2004—2010年国家科技基础条件平台建设纲要》，正式启动了国家科技基础条件平台项目建设。为了更好地强化国家科技基础

---

① 叶玉江.加强科技创新基础平台建设[N].学习时报，2015-11-12（7）.

条件平台建设，科技部等 4 部委于 2005 年 7 月发布了《"十一五"国家科技基础条件平台建设实施意见》。2006 年批准成立的国家科技基础条件平台中心，承担着平台建设项目的过程管理和基础工作，平台建设和运行步入了正轨。2006 年，国务院发布了《国家中长期科学和技术发展规划纲要（2006—2020 年）》。在国家的政策支持下，建立起一批能够承担国家经济建设和社会发展的科技基础条件平台，在实现实体资源与信息资源的整合与共享，以及科学研究领域中发挥了积极的作用，为各类科研团队和用户提供服务，支持了政府与企业重大专项的建设，支持了国家科技重大专项的研发。

在国家科技基础条件平台中心制定的"科技发展'十二五'专项规划"中提到："2015 年我国科技基础条件发展的总目标：科技条件规模和质量进一步提升，自主研发能力明显提高，基本建成布局合理、功能完善、运行高效的科研条件体系，支撑科技进步与创新能力显著增强。"[1] 2013 年，科技部、财政部颁发了《国家科技计划及专项资金后补助管理规定》（财教〔2013〕433 号），对国家级科技基础条件平台资源共享服务后补助做出明确规定。2014 年，国务院颁发了《国务院关于国家重大科研基础设施和大型科研仪器向社会开放的意见》（国发〔2014〕70 号），对促进我国大型科研仪器设施等科技资源开放共享做出了明确的部署[2]。

（2）国家科技资源开放共享的法规与制度

在立法方面，国家科技基础条件平台的建设推动了科技资源管理法规的制定与执行。2007 年，我国修订了《科技进步法》，从政府和科技资源建设和共享利用服务等方面做了明确的规定，保证了科技资源开放共享有法可依。在《促进科技成果转化法》《野生动物保护法》《种子法》《植物新品种保护条例》《森林法》《专利法》《著作权法》及《政府信息公开条例》中都涉及科技资源的管理与共享[3]。为了推动科技基础条件平台的建设和科技资源开放共享，起草完成了《国家科技基础条件平台运行管理暂行办法》《国家科技基础条件平台经费管理暂行办法》《国家科技计划项目所形成科技资源汇交与共享管理细则》《国家科技基础条件平台资源数据共享使用管理规定》和《国家科技资源管理工作暂行办法》等，积极推动科技资源开放共享立法列入科技立

---

① 国家科技基础条件平台中心.科技基础条件发展"十二五"专项规划 [Z]. 2011.

② 叶玉江.加强科技平台工作，推进科技资源管理 [J].中国科技资源导刊，2015（2）：1-6.

③ 陈志军，孙亮，马欣，等.我国科技资源共享立法策略研究 [J].中国科技论坛，2013（8）：5-8.

法规划。

（3）国家科技资源开放共享标准规范

在标准规范方面，国家科技基础条件平台专门成立了全国科技平台标准化技术委员会，积极推进平台标准化工作。平台标准化是对科技资源标准化工作进行总结研究、设计、部署的综合体系。平台技术标准规范体系建设，旨在围绕平台建设、管理和服务需要，探讨提出适合我国科技基础条件平台发展的技术标准体系及与之配套的管理体系架构，体系的建设、调整、变动直接作用于标准化工作阶段的发展方向、任务内容和工作重点，从而保证实现科技资源的整合、开放共享和对外服务[1]。2007 年，平台制定了《国家科技基础条件平台网络信任体系技术规范》和《国家科技基础条件平台统一身份管理系统技术规范》等。目前，平台有 9 项国家标准正式发布实施，52 项国家标准完成报批。这些标准规范已在科技基础条件平台建设、管理与服务工作中得到广泛的应用。实践证明，标准化是促进科技基础条件平台有序、规范、高效运行的基础性技术措施，是探索和应用平台管理经验的有效形式，是科技资源整合共享与服务的基本保障。

1.2.3　国家科技文献资源开放共享

国家科技基础条件平台先后支持了 2 个科技文献领域的平台项目，并使其通过认定进入国家科技基础条件平台体系，开展科技文献开放共享服务。这 2 个平台分别是由国家科技图书文献中心建设的"科技图书文献平台"和由中国标准化研究院建设的"国家标准文献共享服务平台"。

（1）国家科技文献资源整合

在资源整合方面，2 个平台均按照"扩充、集成科技文献资源，加强专利、工艺、标准、科技报告等文献资源建设，实现印刷版和电子版、网络版资源互补"的要求[2]，对平台科技资源进行了全面的梳理，逐条对科技文献资源进行审查，成立了专门的组织管理机构，制定了有效的工作方案，探索建立新的资源整合和加工模式，加强专业化、知识化、专题化的资源加工，围绕科

———————————

[1]　标准文献共享服务网建设项目组 . 国家标准文献共享服务平台研究与实践 [M]. 北京：中国标准出版社，2011：7.

[2]　科技部，发展改革委，教育部，财政部 . 2004—2010 年国家科技基础条件平台建设纲要 [Z]. 2004.

技创新需求和经济社会需求，不断扩充科技资源的整合内容。

科技图书文献平台利用联机联合编目系统实现文献的揭示和规范管理，克服了成员单位隶属关系不同带来的条块分割的制约，避免了资源重复建设，成员单位、镜像站、服务站联合运作，创新了联合协同的资源整合机制。国家标准文献共享服务平台通过签订加工协议的方式，联合平台共建单位共同参与资源整合，发挥平台共建单位的资源特色，与平台牵头单位形成科技文献优势互补，对中国国家标准、中国行业标准、中国地方标准、国际标准、国外国家标准、国外专业学协会标准、国内外技术法规数据库等进行整合，建设了中国强制性国家标准数据库、美国联邦技术法规数据库、日本现行法规全文数据库等。

科技图书文献平台和国家标准文献共享服务平台重视资源整合的质量，对资源质量标准规范进行了制定和完善，如《文献数据加工细则》《国家科技文献中心数据加工质量监督管理试行办法》《标准文献分类细则》《数据质量控制规定》等，强化了科技文献加工与整合的质量管理，提高了科技资源的质量。

（2）国家科技文献资源开放共享服务模式

在服务模式方面，科技图书文献平台和国家标准文献共享服务平台都注重科技文献资源的开放共享。科技图书文献平台积极主动地开展文献检索服务、文献提供服务、文献推送服务、文献定制服务、参考咨询服务。科技图书文献平台面向国家科技重大专项提供从文献检索服务、文献推送服务到情报研究一站式的专题服务支持。2012年，联合宁夏科技发展战略和信息研究所开展"科技信息西部阳光服务行动"，将国家科技图书文献中心资源和服务主动推送到宁夏科技教学等有关部门，让宁夏公众感受到国家科技文献体系的普惠服务。科技图书文献平台还联合中国高等教育文献保障系统（CALIS）、上海图书馆和地方图书馆与情报机构启动了"春雨工程"文献共享新疆活动，积极开展多层次的科技文献服务，提高了科技文献的使用率，增进了西部的协调发展。

国家标准文献共享服务平台通过资源与文献提供服务模式、服务站服务模式、特殊对象服务模式、跟踪服务模式等，向政府部门、科研机构、检测机构、企业等社会各界提供开放共享服务。国家标准文献共享服务平台"走出去""请进来"，积极开展服务。它们"走出去"，与专业委员会标准起草人和审查人交流，宣传国家标准文献共享服务平台资源优势和获取渠道，保证了标准的时效性和适用性。它们走进国家科技重大专项和重点工程，为科研项目和技术研发等提供有效的标准文献保障和支持，主要服务涉及产品技术认证、标准制定、技术研发、医药卫生、劳动保护等领域的科技研发和成果转化，为其提供标准文献检索、文献传递、标准翻译、标准查新动态跟踪分析、标准指标等，满足了社会对资源的需求，实现了科技文献开放共享。

1.2.4　国家科学数据开放共享

国家科学数据领域按照《2004—2010 年国家科技基础条件平台建设纲要》的"打破条块分割，对相关部门和行业长期持续积累的数据资源，以及国家科技计划项目的数据进行整理、汇交和建库，抢救濒临流失的重要科学数据，重要历史资源要尽快做到数字化"的要求，国家科学数据共享平台以政府资助获取与积累的科学数据为重点，整合相关的主体数据库，构建集于分布相结合的"国家科学数据中心群"，科学数据领域共有 6 个科学数据共享平台通过认证进入国家科技基础条件平台体系，开展科学数据的开放共享服务。这 6 个国家科学数据领域平台有林业科学数据共享平台、地球系统科学数据共享平台、人口与健康科学数据共享平台、农业科学数据共享平台、地震科学数据共享平台和气象科学数据共享平台。

（1）国家科学数据资源整合

在资源整合方面，这 6 个平台都有各自若干子平台组成的科学数据整合的工作体系，它们积极拓展本领域科学数据的范围，整合大量科学数据，制作了各自专业领域的科学数据库，增强了科学数据在本专业领域的覆盖面。为了保障科学数据资源持续整合、不断更新，重点加强了面向专业服务的跨领域、跨学科的科学数据资源的深度挖掘和整合集成，形成专题数据库和数据集。6 个科学数据共享平台整合了大量的科学数据，制作各自专业领域的专题数据库和数据集。例如，林业科学数据共享平台整合林业科学数据八大类数据库；地球系统科学数据共享平台整合地球系统科学数据 16 个大类 1047 个数据库 / 集；人口与健康科学数据共享平台整合医药卫生科学数据六大类 2000 多个数据库 / 集；农业科学数据共享平台整合农业科学数据四大类 736 个数据库 / 集；地震科学数据共享平台整合地震数据为 47 个数据库；气象科学数据共享平台整合气象数据 157 个数据库[①]。6 个科学数据共享平台结合国

---

① 国家科技基础条件平台中心 . 国家科技基础条件平台发展报告（2011—2012）[M]. 北京：科学技术文献出版社，2013：82–83.

家科技基础条件平台中心进一步加大平台科学数据质量管理力度，提升科学数据规范化管理水平，特别在资源整合、加工及信息化等方面，制定了 40 多项管理制度和 200 多项各类标准规范，建立了各自平台的理事会、专家咨询会、用户委员会和平台管理办公室 4 级管理体系，拓展了科学数据共享平台的支撑能力和管理能力。

（2）国家科学数据开放共享服务模式

在服务模式方面，6 个科学数据共享平台从自身的科学数据资源特点出发，形成了在线数据服务，离线数据服务，定制数据服务，技术支持、培训与咨询服务等模式。通过在线数据互动，及时了解用户的数据需求，实现主动推介服务。在离线审核服务方面进行了模式创新尝试，提高了数据提供者的积极性和服务的专业性。目前，6 个科学数据共享平台在在线数据和离线数据共享的基础上，坚持需求导向，围绕国家科技创新和经济社会的发展目标，开展专业化、知识化的专题服务。据 2012 年统计，科学数据共享平台年服务国家科技重大专项项目 12 项，服务国家重大工程项目 40 项，服务各级各类科技计划项目 1025 项。例如，农业科学数据共享平台组织中国热带农业科学院环植所、椰子所、橡胶所相关专家，结合中国热带农业科学院科技下乡活动，在海南省 12 个市县 30 多个乡镇举办热带经济作物及果树等栽培技术培训班，并发放技术资料，为当地热带经济作物种植与防病虫害及区域发展提供了支持。地球系统科学数据共享平台积极推动科学数据的开放服务，注重提升平台的服务能力，2012 年全年访问量达 230 万人次，为 312 项国家级、省部级重大科研项目、6 项重大工程项目、6 个民生工程提供了数据支撑服务[①]。

1.2.5　国家研究实验基地和大型科学仪器设备开放共享

国家对研究实验基地和大型科学仪器建设与开放共享方面极为重视，2011 年共有国家生态系统观测研究网络、国家大型科学仪器中心、国家材料环境腐蚀野外科学观测平台、国家计量基础标准（物理部分）资源共享基地、中国应急分析测试中心 5 个平台通过科技部、财政部联合组织的认定，纳入国家科技基础条件平台体系，开展科技资源开放共享服务。

---

① 国家科技基础条件平台中心.国家科技基础条件平台发展报告（2011—2012）[M].北京：科学技术文献出版社，2013.

（1）国家研究实验基地和大型科学仪器设备资源整合

在资源整合方面，几年间，5个平台持续开展资源的整合，取得了显著的成效。《科学技术进步法》对科研条件建设和共享做出了明确的规定，研究实验基地、科研设施不断加强，在重点领域新建一批重大基础设施、重点实验室、国家工程（技术）研究中心及省部共建重点实验室培育基地。据2012年的统计，国家级平台大型仪器设备整合情况为：1.6万台（套）单价50万元以上的科学仪器设备资源信息；47座风洞实验设备信息；11万条计量基础化资源信息；20多万条分析测试方法；2万多条分析方法、技术标准；9000多条应急数据。研究实验基地整合情况为：220多个国家重点实验室；80余个野外台站和实验站；170个国家工程（技术）研究中心；14个国家大型科学仪器中心；14个国家测试分析中心；4500多个质量检测中心[①]。为了有效地整合资源，平台开展大型科学仪器设备查重评议工作，从源头避免了科学仪器设备的重复购置，优化了重点研发机构的科技资源配置。平台利用资源调查数据和平台资源整合数据，开展了国家科技重大专项、重点实验室等新购设备查重评议工作，截至2014年年底，已累计减少重复购置大型仪器9500多台（套），节约国家财政经费约140亿元，优化了科学仪器资源配置[②]。

（2）国家研究实验基地和大型科学仪器设备开放共享服务模式

在服务模式方面，国家研究实验基地和大型科学仪器设备领域的5个平台，都是以仪器、样品、设备设施等实物手段为服务基础，服务模式主要有实地服务、网络远程服务、数据服务、技术培训及咨询服务。2014年，国务院发布了《国务院关于国家重大科研基础设施和大型科研仪器向社会开放的意见》，这是面向当前科技管理新形势发布的推动全国科技设施与仪器开放共享的纲领性文件。目前，我国已建成统一开放的国家网络平台，实现与省市和1500家高校及科研院所的对接，带动了358项重大科研设施和2.68万台（套）大型科学仪器的开放共享，科研设施与仪器开放共享体系初步建成。"十二五"期间，由建设转向开放共享服务以来，各平台服务量逐年提升，尤其是面向国家科技重大专项建设开展的一系列服务工作，取得了显著成效，得到了社会的肯定和科技工作者的认可。例如，国家材料环境腐蚀野外观测平台，为

① 国家科技基础条件平台中心.国家科技基础条件平台发展报告（2011—2012）[M].北京：科学技术文献出版社，2013：54–55.

② 叶玉江.加强科技平台工作，推进科技资源管理[J].中国科技资源导刊，2015（2）：1–6.

大型水利工程、跨海大桥、西气东输、运载火箭等基地及多项重大建设，以及钢铁、汽车、通信、电子、航空航天、石油、电力、新能源等行业提供了科技支持，形成了一批具有重要影响力的科研成果。再如，国家计量基础标准（物理部分）资源共享基地坚持计量检测服务、分析检测服务和技术诊断服务并重的原则，利用为企业和产品开放的过程进行跟踪监督检测。根据企业需求，派专业技术人员到生产现场提供检测分析和技术诊断服务等，为用户提供可靠的分析测试服务和系统完整的技术解决方案，积极开展与企业的项目合作，推进在线检测技术的应用。

1.2.6 国家自然科技资源开放共享

自然科技资源主要是指植物、动物种质资源，微生物菌种，人类遗传资源，标准物质实验材料，岩矿石标本和生物标本等资源。国家自然科技资源共享平台重点围绕自然科技资源，搜集、保藏、整合和完善国家种质资源库、国家实验材料和标准物质资源库、国家岩矿石标本和生物标本资源库（馆），按照统一规范的要求，提高资源加工、利用的数字化水平和管理水平，完善信息化、网络化的服务体系，推进自然科技资源开放共享和综合利用，形成体现区域特色、质量稳定、库藏不断增加、保存和利用水平持续提高的自然科技资源开放共享服务体系。国家自然科技资源领域 2011 年共有 8 个平台通过科技部和财政部组织的认定，纳入国家科技基础条件平台体系，开展资源开放共享服务。这 8 个平台分别是国家农作物种质资源平台、国家微生物资源平台、国家标准物质资源共享平台、标本资源共享平台、国家实验细胞资源共享平台、水产种质资源平台、国家林木（含竹藤花卉）种质资源平台和家养动物种质资源平台。

（1）自然科技资源整合

在资源整合方面，自然科技资源整合主要涉及实物的保存、管理、维护和共享，8 个平台采取"资源信息相对集中共享、实物资源分布管理服务"的原则，调动平台开展资源整合的积极性和主动性，建立起逻辑上高度一致、物理上合理分布的资源整合架构，自然科技资源整合持续推进，盘活存量见成效。截至 2012 年，8 个平台共整合农作物种质资源 42.1 万份、微生物 17.67 多万株、家养动物种质资源 576 品种、标本类资源 958.1 万份、标本物质资源 7254 种、实验室细胞资源 2009 株（系）、水产种质资源 6153 种、林木（含竹藤花卉）种质资源 68 108 份，这些自然科技资源有力地支撑了科学研究和社会经济的发展。

（2）自然科技资源开放服务模式

在服务模式方面，8个平台按照"突出需求导向、深化资源挖掘、主动跟踪服务"的原则，在日常开放共享服务的基础上，各自探索符合自身平台特色的服务模式，服务社会，见表1-1。

表1-1　自然科技资源领域8个平台资源开放共享服务模式

序号	平台名称	开放共享服务模式
1	国家农作物种质资源平台	1.日常性服务；2.展示性服务；3.针对性服务；4.需求性服务；5.引导性服务；6.跟踪性服务
2	标本资源共享平台	1.日常性服务；2.实物标本研究服务；3.专题信息服务；4.技术培训服务；5.引导性服务
3	国家微生物资源平台	1.资源信息检索；2.资源实物共享；3.菌种保藏；4.菌种鉴定和样品检测
4	家养动物种质资源平台	1.资源信息服务；2.对外服务研究；3.共享方式服务，一般性服务，展示性、需求性、引导性服务
5	水产种质资源平台	1.日常性服务；2.展示性服务；3.针对性服务；4.需求性服务
6	国家标准物质资源共享平台	1.共享信息服务；2.一般性服务；3.自助式服务；4.针对性服务；5.引导性服务；6.展示性服务；7.资源委托评价服务
7	国家实验细胞资源共享平台	1.信息服务；2.实物服务；3.技术咨询和个性化培训服务；4.资源交换服务；5.需求登记服务
8	国家林木种质资源平台	1.公益性共享资源交换性和合作研究；2.个性服务；3.需求性服务；4.引导性服务；5.实物资源有限共享

为了加强服务，8个平台建立管理规章制度107项，标准规范和技术规范448项，为平台规范整合资源、科学管理、有效开放共享服务提供了保障。自然科技资源量大，用户利用数量多，实物资源服务明显，为多项科技重大专项和重大工程建设项目提供了开放共享服务，提升了自然科技资源共享的创新动力。

1.2.7　国家网络支撑环境开放服务

在网络支撑环境领域，按照"推进大型科学仪器设备的远程应用，研究开发网络实验系统和远程仪器设备控制系统，选择若干重大科学领域构建网络实验环境，发挥高性能计算中心功能，构建数据网络、计算网络，实现计算资源共享；充分利用现代网络技术和公共网络基础设施，构建服务于全社会科技活动的跨地域、实时的网络协同环境"[①]的要求，建设了国家科技基础条件平台应用支撑系统、网络计算应用系统、网络协同研究与工作环境、全国科普数字博物馆等项目。2011年，中国数字科技馆和北京离子探针中心两个平台通过认定，进入国家科技基础条件平台体系，开展网络支撑环境开放服务。

（1）国家网络支撑环境资源整合

在资源整合方面，两个平台依据自身的特点，深化资源整合。例如，中国数字科技馆平台通过面向社会网上资源征集系统，选取了70余个机构的科普资源作为官方资源进行集成与整合，资源形式包括文字、图片、音频、视频、Flash及3D动画、手机科普等多媒体资源，共分为30多个栏目，面对用户分别推出公众版、儿童版、科普机构版、英文版等。通过网络征集、二级子站建立、与资源优势单位合作等方式集成优势资源，确保了内容的科学性。北京离子探针中心平台是由中国地质科学院地质研究所牵头，北京大学、南京大学、中国标准化研究院、台北中研院地球物理研究所、香港大学、巴西圣保罗大学、澳大利亚科廷（Curtin）理工大学、意大利米兰比柯卡（Bicoccoa）大学等国内外22家高校和科研院所组成的科学仪器共享服务实体。平台坚持"保证质量，适度增加"的资源整合原则，资源整合既注重数量又注重效益，所整合的大型仪器均为单价原值超过100万元的贵重仪器。这些仪器资源普遍具有地区分布相对集中、总量稀少的特点。平台通过先进的技术手段，跨地区、跨国整合共享多台大型仪器设备资源。目前，已完成对所整合全部大型科学仪器软硬件系统的远程共享性改造，仪器投入中心网络虚拟实验室，保证了用户授权后，可通过互联网实现对仪器的控制。

（2）国家网络支撑环境开放服务模式

在服务模式方面，两个平台强化服务意识，完善了开放服务模式。例

[①]　科技部，发展改革委，教育部，财政部.2004—2010年国家科技基础条件平台建设纲要[Z].2004.

如，中国数字科技馆设有 6 种服务模式，即网络浏览交互服务、在线资源下载服务、离线科普服务、电子邮件推送服务、手机应用服务、科普能力输出服务等。该平台在日常性开放共享服务的基础上，按照"突出需求导向，深化资源服务，主动跟踪服务"的原则，进一步围绕国家科技创新的需求开展综合性、系统性、专业性、知识性的专题性服务，举办"科技馆嘉年华""大学生科普创作竞赛"等，促进科普资源开放共享和网络科普工作的开展，全面提升了平台合作、开发、共享的深度和广度。北京离子探针中心平台的服务模式主要是以对外提供仪器测试为主，同时兼顾技术研发、成果推广及培训服务等，确立以质取胜，即通过"高、精、尖"仪器的共享共用，带动科学仪器共享模式的跨越发展。通过网络北京离子探针中心不仅服务国内外高校、科研院所和企业，还结合自身优势和国家需求，围绕矿产资源开发和地质大调查、全球气候变化、日岩年代学和科学仪器研发等前沿课题开展专题服务，坚持举办各类培训班，坚持每年 4 月 22 日参与国土资源部组织的"地球日"科普活动，举办地质年代学、地质找矿、自然灾害等科普讲座，免费向社会公众开放参观，为用户提供高质量的实物资源服务，取得良好的效果。

1.2.8 国家科技创新开放服务

国家科技基础条件平台将分散在高校、科研院所、企业及各地区、各行各业的科技资源，即科学实验基地、科学仪器设备、科学数据、科技文献信息、自然科技资源等融合起来，实现社会化服务，从而加速新知识和新技术的产生和应用。国家科技基础条件平台是国家创新体系的重要组成部分，科技资源是支撑科技创新的基石，科技创新服务平台是提高社会生产力和综合国力的战略支撑。《国家"十二五"科学和技术发展规划》中对科技创新服务平台进行了明确界定：科技创新服务平台是指"面向产业和区域发展的重大需求，通过有效整合高等学校、科研院所、科技中介服务机构及骨干企业等优势单位资源，面向企业技术创新共性需求提供服务的组织体系"[1]。

国家层面的科技创新服务平台是集国内外高水平创新资源，支撑重点产业及区域创新的载体，其平台建设紧扣国家战略需求，加强跨部门、跨地区的资源整合和开放服务，按照"分层建设、分级管理"的原则，采用"试点先行、逐步推进、组织认定和培育组建相结合"的工作方式，"择优、择重、

---

[1] 科技部 . 国家"十二五"科学和技术发展规划 [Z]. 2011 .

择需"遴选了一批国家科技创新服务平台试点，并对试点平台的科技创新服务能力和成效进行了评价，认定符合条件的纳入国家科技创新服务平台的行列，予以支持，如集成电路、纺织和藏医药等科技创新服务平台。平台发挥国家统筹协调、部门主要集聚和地方贴近用户、服务便利的优势，明确了国家引导、地方和行业部门联动、分层分级搭建科技创新服务平台的责权，国家重点开展顶层设计和统筹布局，研究制定政策激励措施，引导地方和行业各级各类科技创新服务平台的资源整合和开放服务，为企业发展提供全方位的支持。目前，科技创新服务平台已成为促进本地区、本行业产业结构优化升级的重要支撑，如上海公共研发服务平台、浙江新药创新平台等。

（1）国家科技创新资源整合

在资源整合方面，科技创新服务平台立足存量结合、适量引入增量。我国的科技资源大多分布在高校、科研院所和大型骨干企业，根据需求，跨地区、跨部门联合高校、科研院所及企业等优势资源单位，整合成熟的、适合平台的资源，将空间上相对分散的资源单位串接成高效便捷的服务网站，实体化与网络化相结合，实现区域、产业面上优势资源整合、合理配置、开放服务，避免平台内部资源重复浪费。

（2）国家科技创新开放服务模式

在服务模式方面，科技创新服务平台以"服务为本"，主要服务模式有信息与资源服务、技术研发服务、成果转化推广服务、产业技术人才培训与交流服务。科技创新服务平台以企业为主要服务对象，公益性服务较少，产权多元化和社会化，其运行服务多是产学研结合、专业化服务和市场化运作。产学研结合方面，平台由牵头单位、成员单位等实体机构联盟，形成以运行服务中心为核心、服务站（工作站）为节点，协同互补、高效便捷的网络服务体系。在专业化服务方面，平台采用"门户统领、虚实结合"的服务方式，通过门户系统和各资源服务站，实现需求网络提交和近距离受理相结合，能够高效准确地把握需求，快速及时地解决问题，有机联系服务网络，推进服务受理、服务实施、服务反馈等服务环节的衔接与规范，实现对服务过程的实施监督。在市场化运作方面，平台中心与资源单位和服务站点签订协议，明确责权关系，实现"收益与资本投入和服务成正比"，促进平台资源优势单位联合服务，积极从市场获取资金支持，遵循市场化运作的规则，保证平台的良性发展。

第二章

山西省科技资源开放共享进展

科技基础条件平台是山西省经济发展的重要基石，是提高自主创新能力的重要保障。自 2005 年起，山西省从省情出发，围绕"打基础、谋长远、求突破"的科技思路，遵循科技发展的规律，组织开展全省范围的科技资源整合与开放共享工作。经过 10 多年的建设与发展，已构建了集信息采集、加工、发布与管理功能为一体的科技资源共享平台，形成了具有较强能力的服务体系，资源开放共享机制日趋完善，有效改善了山西省科技创新环境，实现了山西省科技基础条件平台建设网络化、运行制度化、管理科学化、保障法制化、服务社会化。

2005—2015 年，山西省科技基础条件平台共实施 8 个领域平台项目 500多项，累计进行科研计划项目经费投资 14 776 万元。山西省科技基础条件平台充分调动各行各业的积极性，形成了由总平台中心、各专业资源平台、各服务站（网点）、加盟单位及科技中介机构等组成的综合管理服务体系，为用户提供资源检索、资源推送、定制服务、定题服务、参考咨询服务，还利用所集成的产学研机构的科技资源为用户提供联合攻关、委托开发、技术成果转移及专业创新等方面的创新服务，为促进山西省社会经济发展和科技进步提供有力的支撑。

2.1 山西省科技资源开放共享现状

山西省根据国务院办公厅转发的《2004—2010 年国家科技基础条件平台建设纲要》的精神，围绕山西省经济社会发展的关键问题、科技领域和现代化产业体系建设的重大问题，以建立开放共享机制为核心，以资源整合为主线，以体制创新为抓手，结合山西省实际，遵循"整合、共享、完善、提高"

的建设理念[①]，积极开展科技基础条件平台建设与共享服务。2005 年设立了平台建设专项资金计划，启动了山西省科技基础条件平台建设工作，有效地整合和优化配置全省科技资源，强化管理服务功能，建立健全以开放共享为核心的运行管理与服务机制，构建了以网络环境条件为支撑的六大平台（山西省科技文献共享与服务平台、山西省科学数据共享平台、山西省大型科学仪器协作共享平台、山西省自然科技资源共享平台、山西省技术转移服务平台、山西省专业创新公共服务平台），聚集和培养了大批优秀科技人才，产生了一批具有自主知识产权的原创性新成果，为山西省科技进步和经济发展提供了强有力的科技支撑[②]。

山西省科技基础条件平台坚持以人为本、服务至上，突出了山西省区域特色和优势，有效联盟科技资源单位，协调、组织、规范科技资源，优化科技资源布局，培育科技中介，发展专业技术服务机构，发挥基地的服务功能，促进产学研结合，调动各方力量，构建平台服务网络，促进跨部门、跨系统、跨地区的科技资源整合、开放共享与协调服务，提高了科技创新的效益和效率。

2.1.1　健全的平台领导管理体系

山西省把科技基础条件平台建设与资源开放共享作为完善科技基础设施、优化科技资源利用的重要举措，为了加强平台的建设与管理，专门成立了科技基础条件平台协调领导机构、专家咨询机构、平台管理办公室，并确定了 7 个专业平台项目牵头单位或部门负责制。

（1）平台协调领导机构

平台协调领导机构主要领导平台的全面规划工作，领导协调平台的建设、管理和资源开放共享工作，领导平台运行的法律法规的制定工作，领导平台各类标准规范的制定工作，领导并负责平台网络和科技资源的安全保密工作，负责年度项目计算的审核工作。

（2）专家咨询机构

专家咨询机构接受平台协调领导机构和平台管理办公室的领导，协助并

---

① 任军，张圣恩，姬有印. 山西省科技基础条件平台建设共享机制研究 [J]. 中国信息界，2010（5）：32–34.

② 吴汉华，姚小燕. 山西科技基础条件平台建设现状与社会环境分析 [J]. 晋图学刊，2016（5）：1–6.

参与平台的规划工作，参与平台管理办公室组织的年度申报项目评审及结题项目验收工作，协助领导机构对平台的建设、管理和资源开放共享服务进行全程的咨询和指导。

（3）平台管理办公室

平台管理办公室直接接受平台协调领导机构的领导，负责组织平台中长期发展规划的制定与平台方案设计工作，负责组织平台的建设、管理与资源开放共享工作，负责组织项目牵头单位和相关专家研究制定平台各类标准规范及管理制度工作，负责组织年度项目申报的评审、项目中期的监管及项目结题的验收工作，负责组织项目年度的计划执行及年终的总结工作，负责组织平台网络及科技资源在建设管理及利用中的安全保密条例的制定与执行工作，协调并及时处理项目实施过程中出现的相关问题，做好与国家科技基础条件平台的对接和协调工作与及时上传下达工作。

（4）项目牵头单位

项目牵头单位为 7 个，按照总平台的目标任务和责任制的要求，提出各子平台资源整合、管理与开放共享的相应方案，并根据整体框架和项目实施计划，联合相关单位，分解任务，明确职责，保证子平台项目的实施与科技资源开放共享服务的开展。

2.1.2　持续稳定的项目经费支持

自 2005 年起，山西省设立了"山西省科技基础条件平台建设专项资金"，主要用于平台科技资源建设、管理与开放共享。2005—2015 年，平台建设专项资金共支持平台各类相关项目 500 多项，财政累计总投资为 14 776 万元。其中，科技文献共享与服务平台项目 44 项，资金投入 1345 万元，占投入资金总数的 9.10%；科学数据共享平台项目 48 项，资金投入 1265 万元，占投入资金总数的 8.56%；大型科学仪器协作共享平台项目 68 项，资金投入 2115 万元，占投入资金总数的 14.31%；自然科技资源共享平台项目 59 项，资金投入 1820 万元，占投入资金总数的 12.32%；技术转移服务平台项目 63 项，资金投入 1915 万元，占投入资金总数的 12.96%；专业创新公共服务平台项目 150 项，资金投入 4090 万元，占投入资金总数的 27.68%；网络支撑环境项目 62 项，资金投入 2292 万元，占投入资金总数的 15.51%；制度体系等其他项目 8 项，资金投入 154 万元，占投入资金总数的 1.04%。持续稳定的平台项目资金支持，保障了平台的良好运行与科技资源的开放共享。

科技文献共享与服务平台、科学数据共享平台、大型科学仪器协作共享平台、自然科技资源共享平台四大平台 11 年累计投资 6545 万元，占投资总数的 44.29%；技术成果转移服务平台和专业创新公共服务平台两大平台 11 年累计投资 6005 万元，占投资总数的 40.64%，主要因为这两大平台的建设与服务难度大，因此，投资力度也大。

2.1.3　山西省科技资源共享服务网站开通服务

山西省科技基础条件平台采用多种手段和方式，在全省范围及更广阔领域实现科技资源优势互补，充分利用现代化和网络化技术，按照统一建设标准，开展本区域的特色科技资源加工、挖掘、整合，大力推进科技资源的公开力度，加强科技资源共建共享协作，探索建立了山西省科技资源开放共享的长效服务机制，强化了服务规范化和标准化，提高了科技资源的利用率，提升了山西省自主创新能力。

山西省科技基础条件平台加强各类科技资源的集成及数据的汇交，并于 2007 年 5 月开通了开放、便捷、高效的山西省科技资源共享服务网站（http://jcti.sxinfo.net）。山西省科技资源共享服务网站是山西省科技基础条件平台的综合展示窗口，是各类科技资源整合和集成应用的服务平台，是六大子平台的联合门户和统一入口，为整个平台提供了安全稳定、功能齐全、体系完备的开放共享支撑系统。网站主要设立了平台介绍、业务咨询、网上留言及用户使用栏目，并设有科技文献、科学数据、大型仪器、自然科技资源、技术成果转移及专业创新六大子平台的链接入口。在页面布置上，将用户中心、资源检索、个性化服务、科技创新、常用服务、数据库、特色资源及各平台资源目录等重要栏目在网站首页突出体现，便于用户利用。

总之，山西省科技基础条件平台建设和开放共享促进了科技资源的高效配置和共享利用，提高了企业自主创新能力，降低了创新创业的成本，优化了产业化的生态环境，为全面提升山西省科技竞争力提供有力支撑，保障了山西省经济的持续、快速、稳定发展。

2.2　山西省科技资源开放共享政策、法规及制度

党中央、国务院确立了自主创新的国家战略，提出了走中国特色自主创新道路，建设创新型国家的宏伟战略目标和战略任务，这为地方科技基础条

件平台建设指出了具体的建设任务、建设框架和建设思路。

2.2.1 平台科技资源开放共享政策

在政策方面，山西省非常重视和支持科技事业和自主创新工作，2005 年设立了"山西省科技基础条件平台建设专项资金"，启动了山西省科技基础条件平台建设，先后制定了《山西省科技基础条件平台建设方案（2006—2010）》《山西省科技基础条件平台建设实施方案》，要求到 2010 年基本建立起符合山西省经济社会发展战略要求的科技基础条件平台，建立能够成为实现开放、有序、高效运转的完整体系，形成具有山西省地域特色的科技创新支撑体系，实现平台建设网络化、运行制度化、管理科学化、保障法制化和服务社会化。山西省科技基础条件平台工作列入山西省"十一五"发展规划和"十二五"发展规划中，这两个规划对山西省科技基础条件平台的建设提出了具体的安排部署，进一步明确建设山西省科技基础条件平台的指导思想，指明了建设研发总平台和六大系统平台的总体目标和主要任务，使平台建设有政策可循，营造出平台有效运营和稳定发展的政策环境。

《山西省 2005—2010 年大型科学仪器共享服务平台建设规划》坚持以政府为主导，社会共建；以整合为主，新建为辅；以共享为核心，补贴为手段；以调控增量、激励存量的指导思想，贯彻"公平、公开、公正"的服务原则，围绕"规范化、标准化、现代化的建设目标"，设计山西省大型科学仪器协作共享平台建设总体框架，明确阶段性任务，确立以已有大型科学仪器实验室为基础，集中投入，建立山西省大型科学仪器应用公共实验室，形成以公共实验室为核心、以专业实验室为支撑，以分散的入网仪器为辐射的"向心型"共享共用模式，推动山西省科技创新体系的建设①。

2.2.2 平台科技资源开放共享法规制度

在法规和制度方面，山西省科技基础条件平台在确定平台政策环境的总体框架下，制定了与平台资源建设和开放共享相配套的、符合省情的、能与国家科技基础条件平台接轨的共享法规和管理制度，先后制定了《山西省科技基础条件平台建设项目管理办法（试行）》《山西省科技基础条件平台建设

---

① 山西省分析测试中心.山西省大型科学仪器共享服务平台项目研究报告[R].山西省科技厅，2008：4–7.

项目绩效评估办法（试行）》《山西省大型科学仪器协作共用暂行管理办法（试行）》《山西省科技基础条件平台信息资源托管与运行管理办法（试行）》《山西省自然科技资源共享管理办法（试行）》《山西省科技基础条件平台信息资源共享暂行管理办法（试行）》《山西省科技计划项目科学数据汇交办法》《山西省科学数据共享服务管理制度》《科技基础条件平台联合门户建设的几点意见》《条件平台资源集成与镜像服务管理办法》等，这些法规与管理制度保障了平台管理与服务工作的开展。

2.2.3　平台科技资源整合与开放共享标准规范

标准规范是山西省科技基础条件平台资源整合与开放共享的重要前提，制定相应的标准规范，形成其特有的标准规范体系，用于规范平台科技资源建设与管理，保证资源开放共享与服务，为平台科技资源的可持续发展奠定良好基础，为资源向知识转化服务。在平台标准规范方面，主要有科技资源加工组织标准规范、资源标准体系、元数据标准体系、数据管理规范体系、数据管理体系、数据汇交核心元数据参考格式[①]，还制定有《元数据标准制定与实施》《项目开发与部署规范要求》《山西省科技基础条件平台标准规范》《门户统一身份认证技术规范》《门户系统信息共享与互联互通技术框架标准规范》《大型科学信息采集标准》《科学仪器编码》《科学仪器分类编码》《大型科学仪器设备分类编码表》《山西省大型科学仪器协作共用软件系统合同书》《山西省自然科技资源分类编码系统》等。总之，平台标准规范的约束与限制，规范了科技资源建设、管理、服务的技术行为，保障了平台运行畅通、资源利用便捷。

2.3　山西省科技文献资源开放共享

山西省科技文献共享与服务平台，作为山西省科技基础条件平台的重要组成部分，是资源规模最大、资源分布相对集中、资源整合有基础的平台。平台的牵头组织单位是山西省科学技术情报研究所，加盟单位有 30 家，基本涵盖了山西省主要情报机构、高等院校图书馆、公共图书馆、部分科研院所

---

① 中国科学院科学数据库网站 . 科学数据库核心元数据标准 [EB/OL]. [2007–10–23].http://www.csdb.cn/prochtml/D.projects.standard/pages/0014.html.

等科技资源收藏单位或部门。山西省科技文献共享与服务平台 10 余年间共承担项目 44 项，项目投资为 1345 万元。平台根据科技文献建设与开放共享的任务，选择了具有文献收藏特色的情报研究机构、高等院校图书馆、公共图书馆及科研院所设立了 12 个子平台，已达到从综合到具体专业资源建设与服务的层次与水平，并建立了覆盖全省的科技文献资源保障体系和服务站点。平台还选择有条件的技术企业、工程及产业中心设立 10 个服务网点，为其提供服务[①]。

2.3.1　山西省科技文献整合

在科技文献整合方面，山西省科技文献共享与服务平台是对山西省科技文献资源、网络资源、信息加工与服务、信息与网络技术进行总体整合和建设的系统工程。在对科技文献资源建设与共享进行整体规划和设计的同时，以科技图书、科技期刊、科技成果、会议论文、专利、科技报告、技术标准、技术工艺与方法等科技文献资源、数据库资源和网络资源为基础，通过构建基于 Web 的共享平台，借助网络数字化生产、存储与传递技术，建立起科技文献资源保障体系，最大限度地实现和建立科技文献共建、共知和共享的数字化网络体系。目前，该系统已经形成以数字化为主、布局合理、高效开放的全省科技资源联合保障体系，以网络为基础的整合集成与快速响应服务体系，为广大用户提供便捷高效的服务，为科技创新活动提供重要的知识和技术保障。同时，平台以数据挖掘和深化服务为重点，加大对科技文献的深度开发，尤其是为优势产业技术开发专题知识系统，如低碳能源专题、装备制造专题等[②]。完备的科技文献资源保障体系提高了政府的决策管理水平，促进了山西省科技进步和经济发展。

2.3.2　山西省科技文献开放共享服务模式

在科技文献共享服务模式方面，山西省科技文献共享与服务平台是通过中心平台统一服务、子平台分布式服务及平台站点推广应用服务的响应联动方式，为用户获取资源与知识提供不同层次的文献开放共享服务。山西省科技文献共享与服务平台集成大量图文并茂、超文本链接的科技文献资源载体

---

① 郭茂林，等 . 山西省科技文献共享与服务平台建设研究报告 [R]. 山西省科技厅，2010.

② 刘军，等 . 山西省低碳发展情报网建设 [R]. 山西省科技厅，2017：16–19.

和网络载体，通过统一门户向用户提供多种类型服务，从而使用户能够更方便、快捷地获取科技文献资源。平台资源共享服务模式为文献检索、文献传递、个性化定制、参考咨询、科技查新、科技分析与科技评估服务[①]。

平台在服务过程中，基于元数据库的知识库，利用分析软件，为用户提供作者科技协作关系分析、机构科研能力分析、展示关键词所代表的知识点或概念在各年度研究发展趋势和研究的热点，及时关注学科领域专家和研究机构科研项目和研究的进展，并获得相关的分析报告，为用户需求提供创新及深层服务。为了提高平台资源的利用率，平台研发人员积极开展平台资源应用示范推广服务，并亲赴全省 11 个地市及高等院校、相关企业，有针对性地组织科技文献资源利用服务工作的宣传，对用户开展培训，提升了服务能力，提高了资源的利用效果。

山西省科技文献共享与服务平台以用户为中心，注重网络及数字环境下用户对文献资源使用行为、习惯需求特点，为用户搜索组织、推荐、提供科技文献利用的内容、系统和功能，开发专题知识服务系统，从而解决了专业用户对科技文献的需求，为科技文献的开放共享提供了新的发展空间。

例如，近年来，山西省全面贯彻落实中央的精神，贯彻山西省装备制造业调整振兴计划，改造提升传统的优质产品，支持培育新兴潜力产品。装备制造业分为 9 个行业，而山西省涉及金属制造业、通用设备制造业、专业设备制造业、电子设备制造业 4 个行业，占全省装备制造业的比重达 80% 以上。平台紧密结合我国装备制造业领域产业科技发展趋势，利用现代信息网络技术，科学有序地实现装备制造领域各类文献和行业信息优化整合集成，为装备制造科技管理部门、企业、科研机构和科技工作者提供科技文献、行业科技发展动态、科技政策、市场咨询等专题知识资源服务。装备制造专题知识库的资源包括装备制造领域的期刊、论文、专刊、标准、政策法规、科技成果、生产工艺与方法、新闻动态、市场信息、研究报告等。

装备制造专题知识库系统提供的服务有：信息导航、信息检索、行业动态、专题技术服务、行业会展、企业结构等[②]。专题知识库为从事装备制造领

---

① 武三林．张玉珠，等．山西科技文献共享与服务平台管理及利用机制研究 [M]．北京：科学技术文献出版社，2014：127-234.

② 刘军，等．产业专题知识服务系统的开发与平台的示范推广研究报告 [R]．山西省科技厅，2015：3-4.

域科研管理、技术研发及市场开拓人员提供一个高效、一体化的专题服务系统，为促进行业的科技创新、科技成果转化和产业决策提供有效的科技资源保障和知识服务。目前，山西省装备制造业实现工业增长值大幅增加，在工业经济中的比重明显提高。转型跨越几年间，作为山西省转型发展的重点扶持产业，装备制造一举闯入前三甲，成为山西省的第三大产业。

2.4 山西省科学数据资源开放共享

科学数据共享平台是山西省科技基础条件平台的重要组成部分，主要任务是整合集成山西省各类分散的科学数据，建设并开放多领域的数据中心；面向山西省支柱产业、重点行业、高等院校、科研院所及优势学科发展的需求，建立高效、便捷、开放的科学数据共享服务体系；针对不同科学数据的特点，建立高效数据标准、探索科学数据汇交的制度和实施办法，促进共享理念在全社会的传播和认同，实现知识财富不断积累和科技创新能力的持续增强。

山西省科学数据共享平台是由山西省科学技术情报研究所牵头组织实施的，加盟单位 24 家，获平台支持项目 48 个，累计投资 1265 万元。山西省科学数据共享平台建设与开放共享分为 4 个阶段：2005—2007 年为启动阶段，主要是选择了一批拥有数据资源，具有一定工作基础和科研实力的单位进行科学数据的采集、加工、整合，构建平台；2008—2009 年为推进阶段，吸纳适合山西省科技创新发展的科学数据拥有单位加盟，参与平台数据建设，完善平台框架体系，建立考核与评价体系，开展科学数据汇交、开放共享，平台运行畅通；2010—2011 年为提高完善阶段，建立健全科学数据管理与开放共享的各项管理制度，规范并完善科学数据管理与开放共享的安全服务体系，培养人才队伍，提高二次开发的能力，形成面向全省统一的科学数据服务体系[①]；2012—2015 年为深化服务成熟阶段，不断增强科学数据积累，深入企业、高新企业，开展科学数据专题知识库服务，促进科学数据在开放共享服务中增值，提高科学数据的利用，使服务更高效。

2.4.1 山西省科学数据资源整合

在资源整合方面，山西省科学数据共享平台围绕全面提升山西省科技创

---

① 余建明，等.山西省科学数据共享服务平台 [R].山西省科技厅，2011：1-4.

新能力，以推进和实现山西省现代化建设为目标，以需求为导向，以政策为保障，充分利用山西省各部门及单位的数据采集系统和各类国家级及省级科研项目产生与积累的科学数据资源优势，集成高等院校、科研院所、企业及其他机构所拥有的公益性、基础性的科学数据资源，参照国家有关政策和标准，统一规划出科学数据资源的框架体系，制定和完善科学数据政策、法规与标准规范体系。通过整体布局、资源重组、机制创新，构建了技术统一、管理规范、科学数据共享服务的保障体系。目前，科学数据共享平台以开放共享为服务基础，建立了一个总平台数据中心（网站），整合了国土资源、资源与环境、气象、空间管理、人口与健康、能源、化工、机械装备、城乡建设、农业、林业、水利等领域多个科学数据分中心（网），在线提供 10 个数据计算分析系统，专业数据库数量 100 多个，类型包括数值库、事实库和多媒体库，数据总量 6TB。为了增强科学数据的积累，制定了山西省科技计划项目科学数据汇交的相关规定和标准，形成了山西省科技计划项目科学数据有效汇交、管理和开放共享的新局面，实现了知识财富的不断积累和持续增长。

2.4.2　山西省科学数据开放共享服务模式

在服务模式方面，山西省科学数据共享平台以开放共享促进科学数据的利用，根据用户需求，建立了高效、便捷、开放的科学数据共享服务体系，最大限度地发挥科学数据的潜在价值，实现科学数据共享，充分彰显了对山西省科技进步和科研创新的支撑能力。平台数据中心门户面向山西省企业、高等院校、科研院所及其他机构，服务模式有：元数据查询、数据库委托建设、数据分析、专家咨询、数据挖掘、产品订购等服务。门户界面设有元数据查询、领域与应用系统、数据库产品发布、动态信息、标准规范、组织管理、技术研究、人才队伍等功能。用户除了可以在线按学科进行自助查询外，还可以在线申请各类数据服务。

例如，山西省科学数据共享平台为了更好地服务于煤炭行业，与加盟单位联合对煤炭领域的相关科学数据进行整合，建设了 5 个大类的专题数据库，即①煤炭领域政策法规库，涉及安全生产、资源开发、煤炭运销、煤炭进出口、资源整合等方面的政策法规；②煤田与基地数据库；③图表分析库，含山西省煤炭产量、库存、价格、运销统计及趋势数量等；④山西省煤炭进出口统计数据，含年产量、立井数、通风方式、排水等 78 个指标；⑤矿井煤质、煤种及储存量数据等。这些煤炭科学数据为山西省能源转型提供了全方位的服务，为政府决策提供了有力的数据支撑。总之，通过建立山西省煤炭科学数据资源，促进了煤炭科学数据资源在山西省的开放共享，促进了山西省煤炭行业的科学研究与决策，推动了山西省经济的转型发展。

2.5 山西省大型科学仪器开放共享

山西省大型科学仪器协作共享平台紧密围绕科技强省的目标，遵循市场规律，以推动科技创新、促进社会和谐发展为根本出发点，全面贯彻《山西省大型科学仪器资源共享管理办法》及其配套的管理办法，按照"政府引导、市场运作、优化投资、资源共享"的原则，应用信息、网络等现代化技术，坚持示范先行，以点带面，将分散在全省高等院校、研究院所、企事业单位的大型科学仪器和重要科技设施进行了战略性重组和系统优化，积极推动共享、共用、共管机制的建设与完善，推动了大型科学仪器资源的良性互动及优化配置，最大限度提高了大型科学仪器的使用效率，为社会提供公共服务和专业技术服务奠定了坚实的基础。山西省大型科学仪器协作共享平台项目是由山西省分析测试中心牵头组织实施的，加盟单位 123 家，获平台支持项目 68 项，累计投资 2115 万元。

2.5.1 山西省大型科学仪器资源整合

在资源整合方面，2005 年，山西省科技厅下发了《关于开展全省大型科学仪器现状及发展情况调查工作的通知》（晋科函〔2005〕42 号文件），2006年，科技部出台了《关于进一步推动科技基地和科技基础设施向企业开放的若干意见》，2007 年，山西省科技厅下发了《关于进一步开展山西省大型科学仪器设备资源调查的通知》（晋科财发〔2007〕57 号文件），根据文件精神，平台开展了针对全省科研院所、高等院校及大中型企业集团技术中心科学仪器资源的摸底调查，目的是为了更好地整合全省现有的大型科学仪器资源，盘活现有资源。2005—2007 年，在对大型科学仪器进行调查与信息资源整合的基础上，较准确地掌握了全省大型科学仪器资源的种类数量、分布、附件配件、运行现状、利用率及完好率的基本信息，建立了"山西省大型科学仪器资源信息库"，整合了 1007 台（套）10 万元以上的大型科学仪器及设施，可供共享。平台加盟单位有 123 家，其中，部属科研院所 5 家、省属科研院所 66 家、高等院校 29 家、企业 23 家，为全省提供大型科学仪器开放共享服务 [①]。

平台以大型科学仪器资源整合为主线，提高全省科学仪器设备的装备水平、共享应用水平和社会化服务质量，建设完成了以大型科学仪器公共应用实验室为窗口，整合太原市地区大型科学仪器资源共享保障体系；建设完成了以整合行业科技检测检验仪器为主体的共享服务体系；建设完成了以若干具有区域特色的专业技术检测检验仪器资源共享服务体系；建设完成了以高性能计算机集群系统为远程共享的大型仪器设备的大型科学仪器网络虚拟实验室，实现了大型科学仪器虚拟化远程共享；设计完成了山西省大型科学仪器协作共享平台门户网站；完成了与山西省科技基础条件平台和环渤海区域大型科学仪器共享协作网的对接和数据的传输工作；组织专家学者等专业人员制定了技术规范、标准规范，完成确立了山西省科学仪器信息采集标准和编码；建立了一支专业从事科学实验、分析检测方法研究的高水平人才队伍，基本建成了支撑全省科技创新的、多方位交叉的大型科学仪器资源标准体系。

2.5.2　山西省大型科学仪器开放共享服务模式

在资源服务模式方面，山西省大型科学仪器协作共享平台以点带面，推动大型科学仪器资源开放共享，形成了以公共实验室为核心、以专业实验室为支撑、以分散入网仪器为辐射的"向心型"开放共享服务模式。平台不仅注重大型科学仪器资源的整合，更重视资源的开放共享服务，改善服务环境，切实为用户提供高效的利用支撑。平台服务领域覆盖能源、化工、资源、环保、生物制药、通信网络、机械、冶金、新材料、农业、林业、水利等行业领域。服务内容为仪器设备信息查询、仪器设备租用、在线委托检测、远程控制测试、数据同步传输、在线咨询等。用户可以在线查询或在线直接申请使用仪器设备，部分仪器也可以通过网络直接远程使用。

2007 年，开通了山西省大型科学仪器协作共享平台门户网站，网站界面设有政策法规、科技动态、仪器设备、人才队伍、科技设施等栏目，包含了与山西省大型科学仪器资源相关的信息查询、仪器拥有单位相关信息查询、相关技术人才查询、仪器使用网络系统预约及虚拟仪器，涉及全省的主要技

---

① 山西省科技厅 . 山西省大型科学仪器协作共享平台研究报告 [R].2008：59.

术开发实验室、中试基地的设施信息简介功能及与其他相关平台的友好链接等，为社会提供有效的信息导航，使用户能方便及时地查询到合适的检测机构、适用的检测仪器。

为了更好地实现大型科学仪器的开放共享，平台编辑发布了《山西省大型科学仪器资源信息》专集，详细介绍了山西省企事业单位的大型科学仪器设备情况，通过广泛宣传，吸引了各大型科学仪器所需单位入网，创建了社会成员享有使用大型科学仪器和参与科技创新的公平机会，提高了资源的利用率。平台完成了《山西省大型科学仪器共享激励机制方案》和《山西省大型科学仪器共享运行考核监督机制》的制定，建立和完善了大型科学仪器使用的课题申请和费用补助制度及其他相关规章制度，从而调动大型科学仪器拥有单位和管理人员的积极性，激励专业人员努力提高测试水平，加速全省大型科学仪器协作共享，完善了资源开放共享服务体系。平台充分发挥仪器、场地及人才的优势，筹建了山西省大型科学精密仪器维修服务中心，形成集协作、维护、培训为一体的科学仪器服务机构，并成为平台重要组成部分，扩大了开放共享的力度。

几年来，山西省大型科学仪器共享率有明显提高，共享范围扩大到全省各类企业、行业，寻求样品检测与仪器使用的频次明显增多，同时也成为科技项目立项仪器设备购置查询的重要参考指标，避免了大型仪器设备的重复购置，节约了科学仪器设备的购置经费。

例如，2007年山西省环保监测中心承担了山西省土壤状况普查项目，该项目涉及面广（涉及全省土壤环境，需设立土地检测点2500个）、任务大（样品量8000余个，检测项目140万个）、任务时间紧迫（要求3个月完成），项目不但需要大量的人力物力，而且为保证检测检验的准确性，需要大量检测仪器设备（需要各类气液相色谱仪、原子吸收光谱仪、等离子发射谱仪、色质谱联用仪等50台（套）左右），仅靠自身力量难以完成。通过山西省大型科学仪器协作共享平台的帮助，该中心很快了解到山西省现有承担此项目能力的各检测检验单位和机构的情况，并通过平台门户网站迅速获取到这些单位的仪器设备、技术能力等基础信息。通过对这些单位进行调研、考察，以及对其技术人员短期培训和考核，最终确定山西师范大学测试中心、山西省农科院土肥所、山西省农科院综合利用所、山西大学环境学院实验室等单位共同承担此次普查项目的分析检测工作，为项目保质保量、按时完成任务提供了保障。

再如，山西省公安厅对于纵火案件分析样品，以前均送到国家刑侦技术研究所分析，通过山西省大型科学仪器协作共享平台了解到，省内就有一些高等院校具有能力和设备条件，如太原理工大学气质联用仪器机组可以进行样品分析，不但为及时侦破案件提供了时间保障，而且节约了费用。

2.6　山西省自然科技资源开放共享

山西省自然科技资源主要是指山西省境内的非涉密的自然数据资源，包括山西省本土资源、引进资源及通过科学手段与资源创新而产生的新资源。山西省自然科技资源共享平台承担着资源整合与开放共享的任务，即完成省内资源的跨部门、跨领域整合及与国家自然科技资源平台链接；完成山西省农林牧种质资源、中草药品种资源、微生物菌种资源、动植物标本资源、农业病虫害标本资源、岩矿化石及土壤标本资源的整合；建立起与自然科技资源收集、整理、保存和利用相适应的共享服务体系；开展共享过程中的标准化、信息化关键技术的研究，建立与平台管理相适应的制度规范，建成为用户提供综合查询、跨库检索、数据分析、用户培训及个性化服务系统，实现全省自然科技资源开放共享和可持续发展[①]。

山西省自然科技资源共享平台资源建设与开放共享分为 3 个阶段：2005—2007 年为探索或准备阶段。主要建立网络环境与软件环境，分析研究省内实际情况与自然科技资源的特点，设计适合地方特色的平台建设方案。2007—2010 年为资源整合与开放共享服务阶段。在前期资源整合与系统建设的基础上，进一步强化系统功能与资源的可扩充性、技术先进性及服务高效性共享平台。2008 年平台正式运行，平台自然科技资源及山西省农作物审定品种及谱系分析系统、山西草地、山西经济植物 3 个特色专题库向社会开放共享。2011—2015 年为扩充与完善阶段。在不断扩充原有平台系统功能与资源种类及数量的同时，进一步完善资源开放共享服务机制，突出特色资源，持续完善山西植物、山西农作物病虫害防治、山西中药材等相关专题数据库并开放共享，深化了平台的服务功能。

山西省自然科技资源共享平台由山西省农业科学院农业资源与经济研究

---

① 山西省农业科学院农业资源与经济研究所.山西省自然科技资源共享平台建设技术研究报告 [R].山西省科技厅，2014：2-3.

所牵头负责组织实施，加盟单位 19 家，获得平台支持项目 59 项，经费累计投入 1820 万元。10 余年间，平台围绕各类资源，按照一定的规范要求，提高资源加工与利用的数字化水平和管理水平，开辟资源信息与实物资源的利用渠道，探索资源开发利用的服务模式，推进资源开放共享，构建了特色突出、质量稳定、收藏不断增加、保护和利用水平持续提高的服务体系。

2.6.1 山西省自然科技资源整合

在资源整合方面，自然科技资源领域主要涉及资源信息及实物资源的整合、保存、管理与维护，量大、面广、种类多，受地域限制和保存条件影响较大。针对这些情况，作为牵头单位的山西省农业科学院农业资源与经济研究所组织有关单位和研究人员开展全省范围的资源调查与分析，并多次赴北京，走访国家自然科技资源平台、中国农业科学院品种研究所、中国科学院植物研究所、中国科学院动物研究所、中国林木菌种中心、国家标准研究所等国家自然科技资源相关单位，了解国家级平台建设的情况。在调研的基础上，提出山西省自然科技资源共享平台建设方案，制定出详细的平台项目实施计划，联合加盟单位，统筹安排、明确职责、分解任务、分工合作，及时沟通交流资源整合业务与项目进程。

平台立足山西省，收集自然科技资源信息与相关研究成果、规范标准与政策法规等，研究自然科技资源相关属性特点，以分散管理的实物库（圃、馆、室）为基础，将各资源单位的存量资源整理、鉴定、归类保存并数字化；以信息技术手段，将海量的资源信息有序组织并整合，整合的资源有植物种质资源、微生物菌种资源、标本资源、动物种质资源、实验材料、岩矿化石及土壤资源等，资源信息集中管理，实物资源属地管理，形成了主系统 + 子系统的整体性与分布式。平台现有资源 60 000 余条、资源库 50 多个，其中，具有山西省区域特色的专题库有山西植物专题数据库、山西省农作物审定品种数据库、山西省农作物病虫害诊断与预防系统、山西省中药材专题数据库、山西省土壤数据库等。平台在资源加工与整合中引入国家自然科技资源平台的数据标准，形成了包括植物种质、动物种质、微生物菌种、生物标本、农作物病虫害、岩矿化石标本和土壤等内容的"山西省自然科技资源分类编码系统"，有系统设计规范、数据采集与录入规范、资源描述规范、系统保密规范与安全规范等。平台与山西省科技基础条件平台、国家自然科技资源平台链接，为社会广大用户提供全方位的资源开放共享服务支撑。

2.6.2　山西省自然科技资源开放共享服务模式

在资源服务模式方面，山西省自然科技资源共享平台突出了公益性、基础性、支撑性、共享性特点。平台不断完善适合各类资源自身特点的服务模式，有效地推进了资源的开放共享服务。平台主要共性服务模式有信息服务、需求性服务、展示性服务、针对性服务、引导性服务、专题服务、跟踪服务、咨询服务、培训服务。对于动物种质资源和微生物菌种资源子平台还设有资源实物共享服务、菌种保藏、菌种鉴定与样品等特性服务。

山西省自然科技资源共享平台门户网站于 2008 年开通运行，主要设有平台资源，即资源体系、资源查询、资源专家、资源库、山西特色资源库、资源文献、资源单位、资源征集栏目，还设有平台介绍、通知公告、学术成果、政策法规、标准规范、资料中心、操作指南、联系我们等栏目，服务功能齐全齐备。网站重点围绕自然科技资源开放共享，持续完善平台服务模式，推进自然科技资源的综合利用。尤其是"十二五"期间，为了更好地促进平台从项目建设向共享服务转变，平台突出需求导向，主动开展跟踪服务，开展综合性、系统性、知识化的专题服务，推动平台由支撑科技创新向引领科技发展转变，使资源开放共享在各方面真正落到实处。

例如，在农业方面，农作物病虫害一直是影响山西农业生产的重要因素，如何认知、区分、诊断、预防是农业科研和生产一线面临的问题。为了能更好地服务于农作物生产，针对性地指导用户，平台研发了"山西省农作物病虫害辅助诊断及信息查询子系统"。

山西省农作物病虫害辅助诊断及信息查询子系统重点进行苹果、梨、枣、桃等果树病虫害辅助诊断及预防系统的研究开发，包括信息采集、整理、分析、入库及系统应用。因为不同作物各种器官的结构和功能有较大差别，以致病虫害种类、发生规模和预防方法都有所不同，因此，平台有针对性地将诊断分为多个部分分步实施：①从发病部位角度，将病虫害种类划分为叶片、枝干、花、果实、根茎，用户利用本系统进行病虫害诊断时，只需根据自己观察的角度选择某一发展部位进入即可；②田间症状，用户在田间实地观察所得到的病虫害情况，将病状按变色、斑点、腐烂、萎蔫、畸形等统一描述，用户只需把自己观察的情况与系统描述语言相对应，按照系统的语言选择数据；③症状描述，对各种病虫害的发生部位、各病时期症状表现等进行详细描述，通过症状的描述，可使用户对照田间实际症状进行诊断；

④虫害形态特征，将虫害按其生活史划分为卵、幼虫、蛹、成虫 4 个阶段，对其不同生活时期的形态加以描述，用户根据田间虫害的具体形态加以对比诊断；⑤诊断结果，如果用户所观测的病虫害症状在系统内能找到相应描述，最终会得到诊断结果；⑥防治方法，根据预防为主、综合防治的植物保护方法和无公害农产品的生产要求，对各种病虫害的防治方法进行整理。

山西省农作物病虫害辅助诊断及信息查询子系统面向农业科研和生产一线人员服务，将涉及主要农作物上的一些危害严重、普遍性大的病虫害信息进行分类整理，提供相应病虫害的预防方法。该子系统面向应用，包括有病虫害辅助诊断及预防方法查询、病虫害信息查询、病虫害空间分布、其他相关信息等。这种植物保护相关知识与信息技术相结合的专题服务，加速了相关基础信息的传递和科研成果的开放共享，促进了农作物的有效开发与利用，有利于病虫害辅助诊断及预防知识的普及，推动了区域农业生产的健康发展。

总之，山西省自然科技资源共享平台立足于本地区资源，充分发挥各资源单位的作用，发挥各自存量的优势，通过数据集成、整合、引进、交换方式等，汇集自然科技资源相关信息，整合资源，为社会提供资源开放共享服务，促进资源信息与实物资源的综合利用，为山西省科学技术研究和创新提供了有力的支撑。

2.7　山西省技术转移开放服务

技术转移是实现科技成果向生产力转化的过程，即促进科技成果商品化。技术转移本身不是提供终端产品，它是依靠先进的技术手段，现代化的管理办法、经营方式及组合形式，为生产者提供技术转移所需要的知识、技术、信息等中间投入，促进科技成果向生产的转移。从事技术转移的专业机构是各级各类科技中介服务机构，在当前经济快速发展的背景下，科技中介服务机构已经发展成为区域创新体系建设中的一支重要力量。

山西省技术转移服务平台统一集聚和发布技术转移信息，通过建设技术转移中介服务机构的联盟，实现科技中介服务机构间项目信息、资源和人才的共享，在促进科技中介服务机构协同服务，提供技术集成组织协调、技术推广应用，服务跟踪管理、评估考核、服务数据在线统计分析等方面，提供了有效地信息和服务支撑，发挥了重要作用。

山西省技术转移服务平台建立健全了适应社会市场经济发展的技术成果转化机制，完善了技术成果转化的基础设施，促进了资源共享和技术交流合作，建立并完善了科技成果转化的风险投资机制，建设技术转移基地，支持高新技术开发区、科技创业园区、科技孵化基地的科技基础条件建设，包括政策、管理、金融、人力资源专业化支撑等在内的综合性服务，鼓励企业与高等院校、科研院所开展产学研合作，通过多种形式联合实施技术成果转化[①]。

山西省技术转移服务平台以山西省生产力促进中心、山西省科技基础发展总公司、山西省高新技术创业中心、山西省技术产权交易所、山西省科技成果转移中心、山西省科技市场等 9 家单位为主共同组织实施，加盟单位有 41 家，2005—2015 年获平台支持项目 63 项，投资累计 1915 万元。10 余年间，平台项目投资主要集中在以提升自主创新能力为重点的科技中介服务体系建设，对风险投资体系、技术产权交易、科技企业孵化、技术推广应用、科技咨询与评估、信息咨询服务等科技中介服务体系重点支持，实现了以公共资源共享为主要形式的服务体系建设。

2.7.1　山西省技术转移资源整合

在资源整合方面，山西省技术转移服务平台主要将科技成果信息、知识产权信息、专利信息、科技创业孵化信息、技术产权交易信息、工程化中试条件信息、投融资信息、科技中介机构服务功能信息及专业人才信息等有关技术转移服务的信息进行整合，建立了一个统一的、覆盖全省各行各业和各地区的技术转移服务平台门户网站，2007 年，平台门户网站开通运行，各子平台也有自己的信息发布和宣传网站。平台结合实际需求，开展各类特色产业化培育基地建设，完善了高新技术开发区和技术园区的服务功能，实现了科技中介运行制度化、服务主体多样化、投资渠道多元化、服务程序系统化。通过对各类技术转移要素资源与信息的充分积累、互补共享，发挥了机构协同作战的最大效应，提升了中介服务机构的整体资源整合与服务能力。

---

① 山西省科技基础条件平台共享机制研究项目组. 山西省科技基础条件平台共享机制研究报告 [R]. 山西省科技厅，2009：60-62.

2.7.2 山西省技术转移开放服务模式

在技术转移服务模式方面，山西省技术转移服务平台主要功能有：①承担部分政府服务功能的延伸；②发挥技术转移的纽带和桥梁作用；③为中小型企业发展营造良好的环境；④开展技术贸易；⑤促进风险资本与技术成果的有效整合。针对这些功能，平台完善开放服务模式，开展了科技信息服务、科技培训服务、技术交易服务、风险投融资服务、科技交流服务、科技培训服务、技术合同登记服务等。在公共服务方面，还开展政策法规、中介服务机构、创新基金申请、技术转移新闻公告、专家咨询系统、人员队伍、联系方式等服务。这些服务模式进一步增强了产学研协同攻关能力，优化了产学研技术转移协同环境，加快了技术转移速度，实现了技术转移资源的综合利用。

例如，山西省科技成果信息服务子平台建设项目是由山西省生产力促进中心承担的，平台建设的目标是搭建公益性的成果信息服务平台，完善科技成果信息的采集体系，加速科技成果资源数据库建设，为政府决策部门、科研人员和产业界提供全面的信息保障。科技成果信息服务子平台分为两个部分，即成果信息网络服务和成果信息中介服务。成果信息网络服务系统整合了山西省项目、山西省与中国科学院合作推广项目、山西省科技成果登录目录、科技成果奖励项目目录、星火计划项目目录，平台兼顾了成果信息发布、资料交换等形式，实现成果信息共存。子平台从信息采集分析、发布，不断提高成果信息的服务质量。成果信息中介服务系统由资源采集加工中心、共性技术服务中心、省院合作推广中心、三农服务中心、引智服务中心、科技评估服务中心、科技咨询中心等科技中介机构组成，并开展了大量的服务活动。

又如，山西省农村数字查询系统 2007 年完成，共建成语言查询、生产指导、视频查询、决策支持和新农村建设 5 个数据库，并运用触摸查询系统进行浏览。该系统投入使用后，用户普遍反映这些数据库使用方便、快捷，对农民培训、村务管理，以及种、养、加工等生产发展有着独特的指导作用。

再如，山西省科技创新孵化基础平台由山西省高新技术创业中心承担，该平台主要面向高新技术产业、支柱产业和重要行业提供产业化、综合性孵化服务，为中小型企业创业提供政策法规、金融、人才资源、技术转移等服务。尤其是为初创科技型中小企业提供各种孵化服务，帮助企业降低创业风险和产品成本，促进科技成果转化，为区域产业结构调整及经济发展提供活力和动力。具体孵化服务模式包括政策服务、办公场地租赁、人员培训、专业技术及与企业经营有关的人才服务、投融资服务和咨询服务等。平台建设有企业孵化器信息数据库、孵化企业信息数据库、高新技术企业数据库、民营科技企业信息数据库等，综合了各类科技企业信息资源，开通了"山西科技创业网"，成为支撑科技型企业成长的创业"驿站"。目前，门户网站服务栏目有孵化企业、创业服务、创业指南、政策法规、高新技术认定、创新基金项目申报、孵化机构、创业投融资等。平台在开展创业孵化服务过程中，不断提升服务水平，创新服务模式，成为科技创业信息服务和技术成果转移的重要支撑。

山西省技术转移服务平台开放服务促进了山西省的科技创新体系建设，加快了科技成果的产业化进程，推动了科技中介服务体系、科技创业孵育体系、技术转移服务体系的建设，提高了其配套服务和工程化技术服务水平。

2.8　山西省专业创新开放服务

《国家"十二五"科学和技术发展规划》中对创新服务平台进行了明确的界定。创新服务平台是指"面向产业和区域发展的重大需求，通过有效整合高等院校、科研院所、科技中介机构及骨干企业等优势单位资源，面向企业技术创新共性需求提供公共服务的组织体系"①。

山西省专业创新公共服务平台是以现有实验室、工程（技术）研究中心和中试基地为基础，以实现资源整合、建设共性技术服务能力为目的的科技成果转化公共服务平台。

山西省专业创新公共服务平台从山西省优势产业、新兴产业的战略需求出发，直接为产业技术创新服务，是山西省科技基础条件平台的重要组成部分。近年来，在山西省人民政府、省科技厅、省财政厅的大力支持下，平台开展了产业及区域内企业技术创新需求的调研，坚持把解决企业当前实际问题和促进产业长期发展相结合，重点围绕产业发展的薄弱环节和企业技术创新中亟待解决的共性需求，凝练创新服务平台建设目标，确立工作重点，加强对企业需求的动态跟踪，注重对企业需求的收集整理，以及时调整平台发

---

① 科技部 . 国家"十二五"科学和技术发展规划 [Z]. 2011.

展方向和建设服务的任务，形成了一批科技创新、成果转化的产业基地。通过搭建专业创新公共服务平台，山西省逐步建立了以企业为主体、市场为导向、产学研相结合的技术创新公共服务体系，引导和支持创新要素向企业集聚。山西省专业创新公共服务平台已经成为产业结构优化升级的重要支撑、技术创新体系建设的基础工程和产学研的重要载体。

山西省专业创新公共服务平台 2005—2015 年共获平台支持项目 150 项，加盟单位 77 家，项目投资累计 4090 万元，其获得平台支持项目最多，投资规模最大，在平台建设计划中占有十分突出的比重。这种平台建设思路和投资格局反映出决策层对平台建设紧密结合地方经济社会需求，促进科技成果转化与技术创新的战略选择。

2.8.1 山西省专业创新公共资源整合

山西省专业创新公共服务平台从创新体系建设与服务的角度出发，充分考虑政府职能分工、非政府及企业公共资源的配置、专业创新平台的功能、区域产业结构等要素与环节，对平台布局进行科学研究和总体规划，科学构建专业创新平台体系的行业结构和层次结构，进行省内公共资源的整合集成与优化配置，按照分类指导、分步实施的原则，有计划地组织共性技术创新建设。

在技术资源整合方面，平台根据规划，"围绕省内高新技术发展和区域性主导产业、优势产业、特色产业发展的重要领域，继续引导和支持现代煤化工、装备制造业、新型材料工业、电子通信、生命科学、生物制药、农副产品加工、文化旅游、现代服务业等产业领域中具有提供技术开发、技术转化、技术检测、中间试验等公共服务能力的专业创新平台建设"来开展技术资源整合[①]。平台属于共性技术资源整合，其资源整合和优势配置体现在 4 个方面：①建立共建共享和有偿服务相结合的开放共享制度，实现平台成员单位之间仪器设备、科技数据等科技资源内部共享。②通过标准化、信息化等手段，汇交资源信息，构建信息门户服务系统，促进科技资源向社会开放。③建立仪器设备购置联合评议和协调机制，在最大限度发挥存量资源使用效益的基础上，统筹考虑新增资源配置，避免平台内部资源建设重复浪费。④平台与其他工作的衔接，即加强与各科研计划的衔接，支持平台服务能力

---

① 山西省科技厅.山西省科技基础条件平台建设方案（2006—2010）[Z]. 2006.

的提升；加强与重点实验室、工程中心、生产力促进中心、研究实验基地。科技中介机构建立各种衔接，并将它们作为平台服务体系中的重要节点；加强与创新企业、产业技术创新联盟工作的衔接，并将它们作为平台建设的基础。山西省专业创新公共服务平台主要建有中药现代化科技创新平台、镁及镁合金产业科技创新平台、表面活性剂绿色化技术创新平台、植物分子育种技术创新平台、生物工程专业技术创新平台、农药剂型创新平台、种质资源创新平台、高分子材料创新平台、现代设计网上合作创新平台等。

2.8.2　山西省专业创新开放服务模式

在开放服务模式上，山西省专业创新公共服务平台是一个整合共性技术资源载体，对产业内技术创新资源开展综合集成和系统整合，实现对已有资源合理配置，提高资源的综合利用率。同时，平台也是一个开放服务的载体，定位于对企业的开放与服务方面，通过服务向企业提供创新的要素，降低企业创新的门槛，支撑企业自主创新。

山西省专业创新公共服务平台的中心服务是依托重点实验室、企业研发机构、工程（技术）研究中心、高等院校和科研院所的专业实验室，选择具有共享基础的从事共性技术开发、产品测试、专业化标准实验室等方面的研究能力，以资源整合为手段，以提供技术开发、技术转移、技术检测等公共服务能力为目的，联盟构筑专业的共性技术研发系统、专业孵化器和中试基地，实现科技成果转化。因此，平台面向企业需求开放服务，推动多家资源单位形成协同互补的服务联盟，为支撑企业创新提供必要的人才、技术、设备、信息化等资源与服务，服务模式为：资源与信息服务、仪器设备开放服务、技术开发服务、成果转化与推广服务、产业技术人才培训与交流服务等。山西省专业创新公共服务平台开放服务有力地推动了资源共享，加快了创新要素向企业转移，提升了企业自主创新的能力和产业竞争力。在开放服务方面，平台主要在以下3个方面进行了积极探索。

（1）产学研联盟的专业创新开放服务模式探索

山西省专业创新公共服务平台面向特点突出的区域与企业群，加强科技信息和共性技术的利用共享，将平台服务作为强化科技服务工作的重要抓手，作为提升基层科技服务能力的重要载体，鼓励不同主体之间通过建立联合实验室、共建科研实体和组建产学研技术联盟等多种组织形式建设专业创新公共服务平台，研究产业发展的重大共性问题、关键共性技术和基础共性技术问题。骨干企业是产业共性技术研发的中坚力量，高等院校从基础研究转向共性研究，行业科研院所为共性技术研发提供服务和经验积累，产学研共同构成专业创新公共服务平台建设与服务主体。

产学研联盟是产学研结合的最高形式，是产学研各方为达到共同目标，在一定利益安排下形成的资金、技术、人才及资源的共享平台，不仅能够集成各方面资源推动研究进展和成果的产业化，而且有利于打破目前产学研之间的封闭状态，推动高等院校、科研院所与企业人员流动，推动产学研各方面形成一定的技术联盟。

例如，中药现代化科技创新平台是山西省专业创新公共服务平台的重大示范项目，也是突出山西省地方特色和新兴产业优势、突出产学研联盟的重大科技基础项目。该项目由山西省中医学院中药制剂工程研究院牵头，山西大学药学系、山西省医药与生命科学研究院、山西省中医研究院、山西省亚宝药业集团股份有限公司共5个单位以产学研联盟的协作方式联合承担。中药现代化科技创新平台分别设有：中药质量标准研究平台、中药现代化提取分离技术研究平台、现代中药制剂技术平台、中药新药临床前技术开发与服务平台和中药新药产品研究开发实验平台5个子平台。

中药现代化科技创新平台的框架设计，从中药材质量标准建设到中药有效成分的分离提取、中药制剂技术、临床前技术等，形成一个完整的中药现代化创新研究开发链条。在平台建设服务过程中，不仅注重具备研究开发实验条件的实验室建设，尤其注重中药创新的关键技术、基础性技术和共性技术的研究与开发，软硬并重，形成对山西省中药产业发展的有力支撑服务能力。该平台建设的中药材质量标准研究数据库已纳入"国家科技数据共享平台医药卫生科学数据系统"。

10余年来，中药现代化科技创新平台在充分分析山西省中药资源特色、继承中医药传统理论的基础上，积极引进新技术、新工艺、新设备，加强改善中药研究开发的实验条件和实现中药现代化技术手段，不断提高实验装备水平，有效地提高了中药创新的公共服务能力。

（2）行业研究机构专业创新与服务探索

山西省专业创新公共服务平台的开放服务能力体现在不断针对共性技术的研发能力上，体现在后台人员的技术创新上。发挥科研机构的研发优势，有针对性地为产业发展提供具有基础性的共性技术和生产工艺，有效提高企业技术水平和创新能力，是专业创新公共服务平台建设与开发服务的重点。

例如，表面活性剂绿色化技术创新平台项目由中国日用化学工业研究院承担，他们对技术创新平台的理解是对支撑产业发展的基础性、共性技术的开发与成果转移。在承担创新平台建设的 2 年时间里，研究开发了 5 个系列 6 个品种的新型绿色表面活性剂，3 种绿色清洁生产工艺的共性创新工艺技术，并建立了表面活性剂数据库，向企业推广。

再如，由太原科技大学承担的镁及镁合金产业科技创新服务平台，利用该单位现有的实验能力，研究镁合金凝固组织特征，确定成分—工艺—物相—性能等因素之间的关系；完善材料纤维分析与表征能力，建成了对山西省镁及镁合金产业较为全面的技术基础支撑体系。同时，研究开发了山西镁业企业迫切需要解决的关键性技术问题，即溶体净化与合金改性技术研究，并将研究成果通过工程中试后，向企业推广和扩散。

（3）基于现有资源的专业创新开放服务模式探索

山西省专业创新公共服务平台把建设与开放服务模式的探索选择在整合现有省级重点专业实验室基础上，进一步完善研究、开发、检测、实验条件，特别注重基础性、关键性与共性技术研究方面，把经过长期积累，已经获得丰富的基础技术资源和专业化的研究实验人才队伍的优势领域，在专业技术创新平台建设理念的指导下，突出行业、专业的技术服务功能，向社会开放，使专业化的技术创新平台实现新资源的社会化共享。

例如，山西省生物工程专业技术创新平台由山西大学"山西省生物工程技术研究中心"承担。1996 年，山西省计委、财政厅、科技厅、教育厅批准在山西大学建立"山西省生物工程开放实验室"。1999 年，整合山西大学生物化学与分子生物学科、山西大学生物技术研究所和山西省生物工程开放实验室的研究力量和科研成果组建"山西省生物工程技术研究中心"。2003 年，该研究中心被批准为"化学生物学与分子工程教育部重点实验室"。平台项目实施以来，对现有形成的成熟技术路线和软硬件条件进行进一步开发，重点从基因工程重组技术、蛋白质纯化技术、微生物发酵工程技术 3 个优势领域整合公共技术资源，建立平台运行机制，全部信息资源通过网站对社会开放。在研发条件上，对高等院校、科研院所和企业开放，利用该中心的研究基础、研究材料、研究方法和实验设备，为用户提供独立的或全程的技术保障、指导、培训和服务。

2.9 山西省网络支撑环境建设与开放服务

山西省网络支撑环境建设是山西省科技基础条件平台建设计划中的主要项目之一，包括山西省科技基础条件平台总平台和网络支撑环境2个部分的内容。总平台是整个平台建设的集中表现，它将平台的建设成果、各类资源、各种应用服务，通过科学规范整合，充分展示出来，为社会提供资源共享和应用服务。网络支撑环境是整个平台建设的基础部分，它为各子平台提供各种网络、硬件环境和软件支撑服务。

山西省科技基础条件总平台和网络支撑环境是一项规模大、时间跨度长、技术难度高、涉及较多政策和体制性因素的系统工程。总平台为山西省科技基础条件平台的建设提供安全稳定、功能齐全、开放高效、体系完备的支撑环境，为提高平台运行效率和质量提供保障。总平台通过统一标准规范，多方共建，进行有效的资源整合，实现科技资源持续增加、不断汇集，最终为科技工作者提供丰富的资源，支撑服务能力强大的一站式科技资源服务和应用服务开放式创新。也就是说，总平台建设与开放服务是实现在网络环境下，将科技资源共享服务平台的各种应用系统、数据资源和网络资源统一集成在门户之下，通过统一的访问入口，根据用户使用特点和角度，形成个性化的应用界面，并通过对事件和消息进行处理与传输，将用户有机联系在一起，提供个性化定制服务。

网络支撑环境是整个平台建设和运行的基础，是平台各个部分的信息网络和技术支撑，同时也是科技基础条件平台各个部分实现整合、共享、服务的基础平台。网络支撑环境通过网络将各子平台的信息数据及仪器设备等连接成一体，为广大科技工作者提供跨地区、跨学科的实时多媒体交互、网络实验、科学研究、资源共享的全方位网络协同工作环境[①]。

山西省科技基础条件平台利用先进的信息技术为科技工作者提供一个全新的平台环境，促进了科技进步和科技创新。平台几乎包含了现代科学技术研究、开发和知识生产的所有领域，因此，在对网络进行设计时，主要从实用性、先进性、综合性、灵活性、可扩展性、开放性、互连性、经济性和管理性等方面考虑。总平台设有门户、信息资源整合服务平台、科技应用服务

---

① 山西省网络科技环境项目组.山西省科技基础条件平台总平台暨网络支撑环境建设报告[R].山西省科技厅，2010.

支撑平台及平台资源整合和应用集成的标准规范体系。山西省科技基础条件平台由总平台和六大子平台组成，是基于互联网技术，满足平台建设需求，承担对平台科技资源进行访问、安全保护、交流畅通、查询检索、应用服务等方面的技术支撑。经过几年的不懈努力，总平台和网络支撑环境建设，对省内科技资源进行了重组和优化，四大基础性资源整合成效显著，技术转移和专业创新功能完备，已形成跨行业、多学科的资源共享与应用服务的科技创新支撑系统[①]。

山西省网络支撑环境建设是由山西省科技厅网络管理中心牵头组织实施的，加盟单位27家，获得平台支持项目62项，累计投入资金2292万元。山西省科技厅网络管理中心联合山西大学和太原理工大学等单位，深入调查和学习，不断探索总结和改进平台建设思路和实施方案，完成了总平台和网络支撑环境建设，全面向社会开放，实现了科技资源共享的协同工作和服务环境。

2.9.1 山西省网络支撑环境建设

在建设方面，山西省科技厅网络管理中心与加盟单位提炼资源接入，内容采集，信息整合、发布、共享和管理的通用方法，以网络管理中心为核心节点，研究元数据规范和科技资源元数据目录，建设平台系统数据中心，并与各子平台和节点单位相连，将科技资源拥有单位的成熟资源接入门户系统，实现科技资源及其元数据规范存储。从结构上看，网络结构分为省数据中心核心网站建设和各子平台与省级数据中心连接两层，整个网络采用全星型连接的拓扑平台。从功能上看，省级数据中心网络结构分为资源信息业务专网和公众服务网，两者之间逻辑隔离。

总平台和网络支撑环境建设共分为4个阶段：①启动阶段（2005—2007年）。主要对科技资源和网络环境进行全面的调查研究，初步制定相关的数据和技术标准、共享机制、隔离办法，搭建基层条件网络支撑环境，构建总平台门户系统，开发资源服务平台，2007年5月，门户网站正式运行。②推进阶段（2008—2009年）。完善平台体系框架，进一步提高科技资源开放水平及共享率，构建应用服务系统，为社会提供更高层次的科技应用服务。③完善阶段（2010年）。不断加强和充实总门户资源整合服务平台和应用服务平台

① 廉毅敏.科技资源共享服务平台构建技术研究[M].北京：中国科学技术出版社，2010：19-30.

支持系统的内容，建立较为完善的总平台各种标准，形成较为完备的安全可靠运行及维护模式，完成专业创新平台的建设，形成专业种类较为齐全、服务功能较为完备的支撑体系。④提高阶段（2011—2014年）。在平台稳定运行的基础上，继续挖掘和延伸开放服务功能，开展全方位的资源开放和定制服务，使科技资源得到更充分的利用，提高了网络支撑环境的支撑能力。

总平台门户网站建设遵循网站页面设计的原则和标准，采用高效率的先进技术和规模，以用户为中心，围绕用户的目标，结合网站的内容特点，保证了页面访问的速度和质量。2007年5月，门户网站开通运行；2010年3月，全新改版"山西省科技资源共享服务网"。门户网站与国家科技基础条件平台相连，形成了一个有效推进平台资源整合和开放服务的运行模式。

为了使平台建设能够快速高效进行，项目组在参考国内外相关标准规范的基础上，结合实际，制定出一系列平台建设的相关标准、规范和管理办法，形成了一整套平台建设的标准规范体系，使平台建设互相协调、有机联系。这些规范标准及管理办法有《山西省科技基础条件平台建设项目管理办法》《山西省科技基础条件平台建设项目绩效评估办法》《科技基础条件平台联合门户建设的几点要求》《山西省信息资源共享管理办法》《元数据标准制定与实施》《条件平台资源集成与镜像服务管理办法》《项目开发与部署规范要求》《山西省科技基础条件平台标准规范》《门户系统统一身份认证技术规范》《门户系统信息共享与互联互通技术框架标准规范》等。

2.9.2 山西省网络支撑环境服务模式

在开放服务模式方面，平台紧密围绕山西省的发展重点和社会普遍关注热点，尤其是培育战略性新兴产业的需求，结合科技资源的特点，开展科技资源的重组和优化，形成了一套针对科技资源开放共享的服务模式，即资源检索、资源导航、资源信息服务与评估检测，提高了科技资源的综合利用效益。为了使平台科技资源被用户熟知与利用，山西省科技厅网络管理中心组织相关单位制作了平台宣传页和宣传手册，以图文并茂的方式介绍平台建设的成果、服务内容及相关联系方式，将宣传手册以电子书集成在门户网站上供用户浏览，并充分利用专利宣传周、项目评审、各种会议及活动等，积极宣传平台成果，以扩大平台的社会影响力，收到良好的效果。

山西省科技资源共享服务网是科技基础条件平台的门户网站，是平台建设成果的展现和表现形式，是实现平台科技资源有效整合、共享和对外服务的窗口，是平台包括科技文献、科学数据、大型仪器、自然科技资源、科技成果及人才资源在内的各种科技资源统一的服务提供点。自 2007 年 5 月正式运行以来，山西省科技资源共享服务网坚持"用户至上，服务为本"的原则，经过几年的开放服务，已成为科技资源丰富、运行稳定可靠、共享服务高效、具有品牌效应的科技资源信息服务门户，成为特色鲜明、功能强大、具有一定影响力的科技资源共享服务中心。山西省科技资源共享服务网向科技用户和社会公众提供了全面的信息导航和专业化的资源检索，用户互动、专业咨询等信息服务，促进信息共享带动实物共享，为科技创新和科学研究提供便捷的服务，实现了科技资源的开放共享。

第三章

山西省科技基础条件平台建设

山西省科技基础条件平台建设以全面提升山西省科技创新能力和增强区域竞争力为目标，以建立共享机制为核心，以资源整合与集成为主线，坚持以人为本，遵循市场经济规律，充分运用现代信息技术和利用一切可利用的资源，搭建具有公益性、基础性、战略性的科技基础条件平台，以便有效改善科技新环境，增强持续发展能力，为科技长远发展与重点突破提供强有力的支撑。

科技基础条件平台是指由大型科技基础设施及基地、自然科技资源、科技数据和文献资源、科技成果转化基地、网络支撑环境等物质与信息保障系统及相关的共享制度和专业化人才队伍组成的数字化、网络化、智能化的基础性支撑体系，目的是为社会的科技创新活动提供有效、高质、公平的服务。科技基础条件平台是社会公共产品，要求对全社会开放共享，为所有科技创新活动成员共同使用，由政府主导投资，具有公益性、战略性、非竞争性特点。科技基础条件平台是在信息、网络等技术支撑下，由研究实验基地、大型科学设施和仪器装备、科学数据与信息、自然科技资源等组成，通过有效配置和共享，服务于全社会科技创新的支撑体系。科技基础条件平台建设重点是：研究实验基地，大型科学工程和设施，科学数据与信息平台，自然科技资源服务平台，标准、计量和检测技术体系。

3.1 平台建设指导思想与目标

山西省科技基础条件平台建设项目的总目标是通过搭建公益性、基础性、战略性的科技基础条件平台，有效改善科技创新环境，增强持续发展能力，为科技长远发展与重点突破提供强有力的支撑。其目的是要强化科技创新的公共服务供给、优化创新资源品质、降低企业和个人创新创业成本，是科技创新创业不可或缺的基础条件，属于全社会通用和共享的公共产品范畴。科技基础条件平台的建设，对增加科学技术知识的供应量，促进现实世界与人类未知世界之间的信息流动，增强人们对未来科学技术主攻方向的准确判断，具有重要的意义。

信息化的最大效益来自对信息最广泛的共享、最快捷的流通和深层次的挖掘，科技资源是信息化的源头。科技资源本身只有在信息化的过程中逐步标准化，获得广泛的一致性，才能实现真正共享。在这方面，要学习国内外的先进经验，研究其信息标准化体系，加快国际标准的转化速度，结合山西的基本省情，优先制定出符合山西信息化需求的基础平台建设方案，加强宏观调控，改革现行的标准制定模式，加快信息类标准的制定周期。建立对颁布标准的指导、监督和执行机制，推动标准的实施。加强对科技资源标准化、规范化的评价，建立科学的科技资源标准化测评体系，提高对科技资源的开发利用水平。

3.1.1　平台建设的指导思想

①强调整体目标。山西省科技基础条件平台包括 6 个子平台和众多节点单位，构成复杂，涉及领域广泛，是一个非常庞大的系统。各子平台的作用、特点、范围各不相同，对科技创新活动有不同程度的支撑。但是，作为全社会科技创新活动的重要基础支撑，山西省科技基础条件平台建设必须坚持整个平台的系统化和体系化，必须是以一个整体、一个系统出现，才能全方位、多层次支撑科技创新活动。因此，山西省科技基础条件平台特别强调整体目标，按照功能、效率、信息、队伍、制度的综合角度整体考虑平台的建设。

②突出国家利益。平台建设从国家利益的层面上正确处理部门、单位和个人的利益，将国家和社会的总体利益始终放在首位，强调全局观。在坚持共享原则的前提下，提高认识，增强科技大战略意识，进行制度、管理模式和运行机制创新。在整体目标下，处理好共享与获益的关系，达到共赢。

③坚持平台资源的充分共享，实现对科技创新活动可持续发展能力的支撑。平台建设以实现资源的共享和具备良好的服务功能为核心目标，使所有参与平台建设的各级行业管理部门和广大科技人员逐步形成一种共识：科技资源共享性的优劣对科技创新效率和科技竞争力起到至关重要的作用。

④强化服务功能，实现资源共享服务。平台建设就是服务于科技创新实践，适应广大科研工作者及社会公众科技创新活动的需要。在平台管理制

度、相关技术手段和设备功能上确保实现更优质、快捷、周到的服务，向包括研究者与社会大众在内的不同用户提供具有多样性、差别化和亲和力的服务。

⑤充分利用现代技术构建先进的科技基础条件平台，有效积累科技资源，实现可持续发展。对各类公共科技资源的收集、整理、加工、共享、传送及采用方法充分运用各种现代先进技术，特别是信息技术手段，使平台具备较高的技术水准，在整体上达到或接近国际先进水平，切实满足全社会科技创新活动不断增长的多元化需求，为提升山西省的自主创新能力和参与国际科技竞争能力提供重要的支撑手段。

3.1.2 平台建设组成部分

山西省科技基础条件平台的建设以建立共享机制为核心，以资源整合为主线，充分利用一切可利用的资源，调动一切可调动的力量，突出共享，坚持共享制度先行，最终达到预期目的。平台推动隶属于各部门、各行业、各单位的各类科技资源的整合，以激活科技资源存量、优化增量，从而将科技基础条件平台建设规划真正落到实处，避免造成"见台不见物、有物不服务"的局面，实现科技资源的战略重组和系统优化，发挥政府投入的科技资源的乘数效应，促进全社会科技资源高效配置和综合利用，提高科技创新能力。

根据科技资源目前的分布状况，平台建设组成部分为：

①山西科技厅信息中心设总平台的交换中心，提供基础网络支撑环境服务；总平台联合门户提供统一的资源访问入口，单点登录一站式跨平台个性化服务，统一用户认证管理服务；组织协调各平台的资源整合和标准制定。

②子平台牵头单位要做好本平台资源节点单位的组织管理、信息资源标准制定、上传下达等协调工作；同时，要配合好总平台的工作，尽可能地减少信息资源汇聚的中间环节，保证大平台中科技资源的连续性、动态性、相对完备性，形成长久的服务体系。项目承担单位要积极与本平台牵头单位联系，如果牵头单位没有明确要求，要直接与总平台联系，相对独立性强的项目承担单位也要直接联系总平台，沟通各自的计划和要求。

③拥有大量科技资源的单位，一般都具备网络环境，并建有自己的网站。鉴于这些资源点拥有的数据规模很大，平台采取分布与集中相结合的方法：大量原始数据分布在各资源单位，由本单位进行资源数字化和日常管理维护；分层次的目录和摘要数据要集中在大平台，以便进行统一的检索部署，规范的信息抓取、更新，保证提供 24 小时不间断信息服务。

④拥有少量科技资源的单位（原则上是除文献和图书馆资源以外的单位），如果目前不具备，且还没有建立网站的，不能建设新站点及进行设备的重复置购，应当集中利用大平台已有的网络，设备环境及运行、维护条件。总平台在平台建设阶段，免费为项目承担单位提供服务器托管、Web服务器、磁盘阵列、二级域名等服务。数据维护权属于资源拥有单位，总平台提供远程维护入口。同时，对于这些科技资源拥有量不是很大的节点，应当首先将实物科技资源进行规范数字化，并将信息资源数据按照标准要求提供给大平台，协助大平台实现科技资源共享，服务于整个社会。

⑤加入平台的所有单位是平台资源的提供者和维护者，同时也是整个平台资源的主要用户，并且可以通过适当运营机制漫游到各子平台，享用整个平台资源。社会上的科技人员可以在门户系统中开户，经授权享用平台内资源。拥有设备、标本、专利技术等实物资源的单位要对平台用户分层次无偿、有偿开放。平台建设中，科技资源是基础，分为科技资源实物体系和信息化的科技资源。科技资源实物体系要通过信息体系才能实现基于现代网络信息技术基础上的共享，因此，科技资源必须先进行数字化，建立相应的数据库，为共享奠定基础。同时，在此基础上，通过开发网络化管理信息系统，提高科技资源管理的现代化水平，是实现共享的有力保证。

总之，山西省科技基础条件平台的建设，要坚持充分利用现有网络设备资源，减少重复投资，最大限度发挥各节点自身优势，集中力量，打破资源分散、封闭和垄断状况，真正实现科技资源的全方位共享和整合。

3.1.3　平台建设目标

山西省科技基础条件平台在充分利用国家科技基础条件平台的基础上，基本建成符合山西省经济社会发展战略要求的科技基础条件平台，建设成为能够实现开放、有序、高效运转的完整系统，形成具有山西省区域特色的科技创新支撑服务体系，实现平台建设网络化、运行制度化、管理科学化、保障法制化和服务社会化。

山西省科技基础条件平台的建设是通过项目的实施，以建立共享机制为核心，以资源整合为主线，加强科技基础设施建设，完成对现有各类科技基础条件资源的整合。彻底改变科技资源的独占模式，打破部门、行业界限，使分散的科技资源和科技基础设施融合起来，通过优化配置，构建一个开放共享的、高水平的、完整的科技基础条件平台，使科技基础条件大幅改善，为知识和技术的生产、传播和应用提供量大面广的科技资源和先进的科技基础条设施，为整个创新体系的研发活动和成果转化活动提供基础性支撑，实现社会化服务，从而促进科技创新和科技成果转化，有效改善科技创新环境，提高科技创新效率和创新能力，增强持续发展能力，为科技长远发展与重点突破提供强有力的支撑。

山西省科技基础条件平台的建设目标是为科技资源共享提供安全稳定、功能齐全、开放高效、体系完备的支撑环境，为提高科技基础条件平台运行的效率和质量提供保障。通过统一标准、多方共建、信息规范等方式进行有效的资源组织和整合，在系统平台接口稳定的情况下实现科技基础条件资源持续增加、不断汇集。最终为科技工作者提供越来越丰富的一站式、综合、全方位的科技资源服务和应用服务，为管理部门提供全局性的资源整合和应用服务的稳定安全运行平台。通过政策引导、机制创新，促进高等院校、科研院所的科技资源向社会开放，营造科技创新的支撑环境，为山西省经济建设服务。

网络支撑平台建设的目标是利用先进的信息技术，特别是网格技术、集群技术，通过高速信息网络将其他各平台的信息、数据及仪器连接成一个整体，为广大科技工作者提供大规模、跨地域、跨学科的实时多媒体交互、网络实验、科学研究和资源共享的全方位网络协同工作环境。

3.2 平台建设的内容与任务

3.2.1 平台建设原则

①综合性。具体表现在内容和服务提供的非单一性、整合性，也就是说，总平台要尽量提供子平台不能提供的内容与服务，而不是仅仅简单地把各子平台所能提供的内容和服务在总平台上再展示一下。总平台要着重提供子平台无法提供或难以提供的跨平台、跨行业、跨类别的资源检索、查询和应用服务的支撑。

②全面性。主要表现在总平台所能提供的科技资源种类更全、内容更丰富，应用服务更多更强，要做到尽可能的全而精。

③多样性。能够对平台用户的需求提供多角度、深层次、多剖面的服务，使用户对所研究的课题能有更加深刻、更具立体性的认识，为用户的科

技创新提供确确实实的支持。

④普适性。总平台应该重点解决一些整个平台建设过程中具有普遍性和共性的技术问题，并组织制定相关的技术标准或规范。

⑤服务性。总平台为用户提供的不是固定不变的科技资源，而是可交互的、灵活多变的资源整合和应用服务支撑，要拥有专业精通的各领域专家的支持队伍。

⑥先进性和成熟性。总平台能够提供更先进、更及时的平台网络技术支持，拥有更高水平、更新技术的技术支持队伍，能够帮助用户解决更为复杂的网络技术问题。采用已经形成的标准，并得到广泛应用的成熟技术，在此基础上尽量选用当前国内外的先进产品，构建先进、稳定的系统。

⑦稳定可靠性。山西省科技基础条件平台信息的提供点和汇聚点一般都在省数据中心或者相关数据资源提供节点处，因此，对于这一节点设备的稳定性非常重要。从过去各行业网络的核心汇聚设备运行情况来看，随着网络用户和业务的增多，其核心汇聚路由设备性能往往会急剧下降，因此，在网络建设之初，就必须考虑从全网各层次设备架构上保证核心、汇聚节点路由设备在多业务进程情况下，保持性能稳定，从而实现业务信息的稳定安全运行。另外，对网络结构、通信线路、核心设备等各个方面进行可靠性设计和建设，并采用硬件备份、冗余等技术来保证。

⑧经济性。力争节约，避免重复建设。以较低的成本、较少的人员投入来维持系统良好的运转，提供高效能与高效益，对现有的信息系统及设备要充分利用，发挥其应有的效益。

⑨可管理性。通过先进的策略管理和管理工具提高网络运行的可靠性，优化网络的维护工作。

⑩灵活性与可扩展性。山西省科技基础条件平台系统建设立足于现行体制，同时为将来发展提供良好的可扩展性。

⑪安全性。整体系统设计选择的软件、硬件和网络产品要具有较高的安全性；提供较强的管理机制、控制手段、故障监控和网络安全保密等技术措施。充分保证应用系统、网络和资料的安全，确保整个平台系统的安全。

3.2.2　平台建设内容

（1）总平台建设内容

①总体设计：包括平台概念设计、功能框架设计、体系结构设计等。

②资源整合与数据集成。在制定统一标准规范及元数据基础上，对各子平台资源与数据进行整合和集成，实现子平台与子平台间、子平台与总平台间的数据交换，以及跨学科与跨子平台的各种支撑服务。

③系统集成与总门户系统的开发。山西省科技基础条件平台要形成一个整体、一个系统，实现一站式的全方位、多层次服务，总平台与各子平台不仅互联互通，而且要整合与集成为一个系统、一个大平台。

总门户作为科技基础条件平台的统一入口，提供统一的身份认证等功能。如果用户要求的服务仅为单一的支撑条件或工具，则由相应的子平台提供服务（如仅进行文献检索，就转入文献子平台）；如果用户要求跨支撑条件的服务，则由总平台提供基于网格技术的全方位的综合服务。

④开发各种应用服务软件，建设应用服务支撑系统，以便为社会提供支撑科技创新活动的服务。开发的应用服务软件与支持系统主要包括用户认证系统、目录系统、导航系统、检索查询系统等，以及各种相关的支持软件与应用服务系统。

⑤建立服务于平台建设与运行的支撑软件、管理系统、运行维护系统、安全服务系统等，建立较为完整的总平台各种标准，建设全系统的网络体系、存储体系、应用服务体系，形成较为完备的总平台安全可靠的运行、维护模式。

（2）网络支撑平台建设内容

从总体上说，科技基础条件平台是一个集中与分布相结合的网络系统，具有完备的软件、硬件支撑环境。

网络环境：网络带宽、路由器、交换机、通信服务器等；

负载均衡服务器集群系统：Web 服务器、FTP 服务器、E-mail 服务器、访问与控制服务器、流媒体服务器等；

海量存储体系：存储管理控制系统，各类数据库系统，包括文献数据库、科学数据数据库、自然资源数据库、大型仪器数据库、专业领域数据库、多媒体数据库、综合数据库、元数据库等；

网络与信息安全体系：防火墙、防病毒系统、入侵检测系统、访问控制系统、CA 认证系统、备份系统、应急系统等；

环境支持系统：双路供电与不间断电源系统、温湿度控制系统、门禁系统、防火防灾系统、监控系统等；

系统支撑系统：操作系统、数据库管理系统、全文检索系统等；

网络管理维护队伍：管理和维护大型网络系统及中心节点的专业人员队伍。

3.2.3　平台建设任务

平台建设任务包括以下几点：

①宣传党和政府的科技基础条件平台建设政策，采集、整理、整合和发布有关与科技基础条件建设相关的法律法规、行业标准、规章制度和政策措施，传播普及科学技术知识。

②提供科技文献、科学数据、自然科技资源、大型仪器资源信息及科技创新服务体系。

③为广大的科技人员服务，为全社会的科技创新服务。

在对省属科研院所和高等院校的科技资源进行调查与整合的基础上，通过对全省科技资源的调查、整合、完善、提高和有效利用，逐步建立和完善山西省科技资源共享平台、专业科技创新平台、技术转移服务平台，基本形成共建共享的管理体制和运行机制，以此强化山西省科技开放服务功能，改善科技创新环境，最大限度地发挥科技促进经济建设和社会发展的作用。山西省科技基础条件平台主要是建立科技基础数据与网络支撑环境、科技文献资源共享服务，大型科学仪器协作共用、自然科技资源保护利用、实验动物规范化服务等科技基础服务平台；专业科技创新平台主要是以重点实验室、科研中试基地、工程（技术）研究中心为基础，根据山西省学科优势和经济社会发展需要，建立重点专业科技创新平台，为突破一批共性关键技术创造条件；技术转移服务平台主要是围绕科技成果转化，建立科技成果与技术需求信息、科技企业孵化、技术产权交易、科技风险投资、科技评估咨询、知识产权和人才中介等科技服务平台，保障科技信息交流，促进科技成果的推广应用。

平台建设任务包括三大核心体系，即物质与信息系统、以共享为核心的制度体系、服务于平台建设与管理运行的专业化人才队伍。物质与信息系统是平台资源整合的主体，包括网络支撑环境、科技文献资源、自然科技资源、科学数据资源、科学仪器设施、技术转移与产业创新基础条件等，是平台构成的物质基础。以实现资源共享为核心的机制建设是平台运行的保障，加强共享管理体制与运行机制相关政策的研究，建设平台运行的制度体系是平台建设的主要任务。注重培养和造就一支支撑平台运行和实现共享服务的专业化人才队伍，并持续提升专业化服务能力，是平台充分发挥效能的有力保障。通过三大核心体系的建设，逐步建立和完善科技资源共享服务体系、技术转移服务体系、产业创新公共技术服务体系，基本形成资源共享的管理体制和运行机制。

科技资源共享服务体系主要是建立科技文献资源共享服务、科学数据资源共享服务、大型科学仪器协作共用、自然科技资源保护利用、实验动物规范化服务等科技基础条件平台及网络化的科技支撑服务环境。技术转移服务体系主要是围绕科技成果转化，建立科技成果与技术供求信息、技术产权交易、科技评估咨询、知识产权和人才中介等科技服务体系，保障科技信息交流，促进科技成果的推广应用。专业创新公共服务体系主要是以重点实验室、成果转化中试基地、专业科技企业孵化器、企业或行业工程（技术）研究中心、科技风险投资等形式为基础，根据山西省支柱产业和新兴产业发展需要，建立重点产业领域的创新服务体系，为突破共性关键技术和提升产业持续创新能力提供服务与保障。

3.2.4　平台建设重点

紧密围绕山西省科技总体发展战略，用 5 年左右时间，着重构建和完善科技基础条件平台的六大支撑服务体系及网络支撑环境。

（1）科技文献共享与服务平台

科技文献共享与服务平台如图 3-1 所示，建设重点是：

①扩充、集成科技文献资源，建成以万方、维普、国家科技图书文献中心（NSTL）及专业联机检索系统为主要外购文献资源，以山西省高校学位论文、高校图书馆及情报机构的馆藏文献，山西省各领域相关特色文献等为主要资源组成的科技文献共享与服务平台。其中，主要外购文献包括中外文科技期刊、中外学术会议论文、中国国家标准全文、中国与世界主要国家及地区机构专利全文、科技与商务信息、国外大型专业数据库等。

②加强科技文献共享与服务平台的数字化关键技术的研究及应用开发，主要包括数字化加工技术、资源整合技术、全文检索技术、异构数据库检索技术、用户管理系统、信息推送技术等诸多方面，最终形成为用户提供网络化、集成化、个性化、可订制的文献信息服务的能力。

图 3-1　科技文献共享与服务平台

（2）自然科技资源共享平台

自然科技资源共享平台如图 3-2 所示，建设重点是：

①实现省内自然科技资源的跨部门、跨领域整合及与国家自然科技资源的链接。完成对山西省农林牧种质资源、中草药品种资源、微生物菌种资源、动植物标本资源、农业病虫害标本资源、岩化矿物及土壤标本资源的整合。

图 3-2　自然科技资源共享平台

②建立起与自然科技资源收集、整理、保存和利用相适应的共享服务体系。加强资源收集、保存、利用和共享过程中的标准化、信息化等关键技术研究。建立与平台建设和管理相适应的制度规范，建成为用户提供综合查询、跨库检索、数据分析、用户培训及个性化的服务系统，实现山西省自然科技资源的可持续发展。

（3）科学数据共享平台

科学数据共享平台如图 3-3 所示，建设重点是：

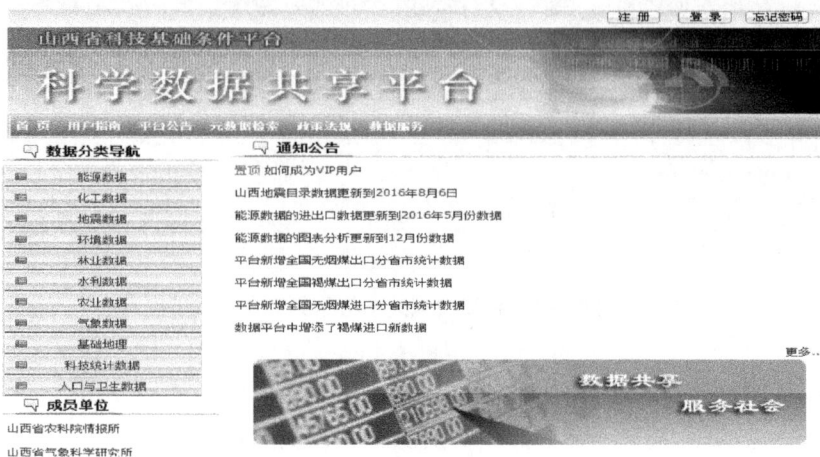

图 3-3　科学数据共享平台

①集成科研机构、高等院校和其他技术机构所拥有的公益性、基础性科学数据资源，通过整体布局、资源重组、机制创新，构建资源体系完整、结构合理、标准统一、管理规范、服务能力强的科学数据共享服务体系。在国土资源、资源与环境、气象、空间地理、人口与健康、能源、化工、机械装备、农业、林业、水利等领域构建多个科学基础数据网，并通过元数据技术与相关网络链接，形成面向全省的科学数据资源服务体系。

②参照国家有关标准和政策，统一规划科学基础数据资源共享的技术框架，制定和完善科学基础数据共享政策、法规与标准体系，确保平台的高效运转和持续建设。

（4）大型科学仪器协作共享平台

大型科学仪器协作共享平台的建设重点是：

①以完成大型科学仪器资源整合为主线，提高山西省科学仪器设备的装备水平、共享应用水平和社会化服务质量，建设一支专业从事科学实验、分析检测及方法研究的高水平人才队伍，基本建成支撑山西省科技创新的大型科学仪器资源共享网络体系。

②建设以大型科学仪器公共应用实验室为服务窗口、整合太原地区大型科学仪器资源的共享服务体系；建设以整合高校实验室资源为主体的大型科学仪器资源的共享服务体系；建设以整合各类农业科技检测检验仪器资源为

主体的共享服务体系；建设若干具有区域产业特色的专业技术检测检验仪器资源的共享服务体系。

（5）技术转移服务平台

技术转移服务平台的建设重点是：

技术转移服务平台建设的主要内容包括科技成果信息服务系统、知识产权信息服务系统、科技创业孵育服务系统和技术产权交易服务系统。

（6）专业创新公共服务平台

专业创新公共服务平台建设的主要内容包括由企业研发机构、工程（技术）研究中心、高校和科研机构联盟构筑的专业实验室研发系统、专业科技企业孵化器系统和研究与开发中间试验系统。

（7）网络支撑环境

网络支撑环境是科技基础条件平台的重要组成部分，是平台各个部分信息和技术的网络化依托，同时也是科技基础条件平台各个组成部分实现整合、共享、服务的基础平台。网络支撑环境平台建设的目标是利用先进的信息技术，特别是网络技术、集群技术，通过高速信息网络将其他各平台的信息、数据及仪器连接成为一个整体，为广大科技工作者提供大规模、跨地域、跨学科的实时多媒体交互、网络实验、科学研究、资源共享的全方位网络协同工作环境。

3.3　平台建设的总体框架

山西省科技基础条件平台建设主要包括三大核心体系，即物质与信息系统、以共享为核心的制度体系、服务于平台建设与管理运行的专业化人才队伍。物质与信息系统是平台资源整合的主体，是平台构成的物质基础，包括网络支撑环境、科技文献资源、自然科技资源、科学数据资源、科学仪器设施、技术转移与专业创新基础条件等。以实现资源共享为核心的机制建设是平台运行的保障，加强共享管理体制与运行机制相关政策的研究，建设平台运行的制度体系是平台建设的主要任务。注重培养和造就一支支撑平台运行和实现共享服务的专业化人才队伍，并持续提升专业化服务能力，是平台充分发挥效能的有力保障。山西省科技基础条件平台建设示意如图3-4所示。

根据国家科技基础条件平台建设的规划与指导方针，结合山西省的实际情况和特点，山西省科技基础条件平台的建设，紧密围绕山西省科技总体发展战略，用 5 年左右时间，着重构建和完善山西省科技基础条件平台及其网络支撑环境体系。

2005 年，研究制定平台建设方案时，包括六大平台（科技文献、科学数据、自然科技资源、大型科学仪器、技术转移、专业创新）。经过 3 年的建设实践，对平台建设的总体框架有了新的认识。从各平台的功能和属性来分析，平台总体框架分为三个部分：

第一部分是总平台及其网络支撑环境，总平台是纲，网络支撑环境是支撑总平台纲举目张的物质与技术保障。

第二部分是四大基础性资源平台及其支撑服务体系，这四大平台是面向社会开放的公共服务平台，其资源的社会属性鲜明，具有公共性、公益性的特征。

第三部分是技术转移服务平台及其专业创新公共服务平台，与四大基础性资源平台相比，技术转移服务平台的资源规模化、信息化、社会化特征不明显，而是具有强烈的区域与产业针对性。从资源社会属性与服务功能的特征分析，又可以分为两个大类：一类是以技术转移供给与经济社会需求为背景，促进技术转移的科技中介服务资源，具有较好的社会性与公共性；另一类是以促进产业或行业科技进步为背景，支持专业技术创新的公共技术服务资源，既具有平台应有的基础性和公共性，又具有极强的专业性和技术性，而且投资较大，在产业或行业技术创新中具有共性的基础性技术支撑功能。

3.3.1　山西省科技基础条件总平台及其网络支撑环境体系

山西省科技基础条件平台的建设工作主要包括山西省科技基础条件总平台和网络支撑环境两部分内容。山西省科技基础条件总平台是要将整个平台的建设成果、各类资源、各种应用服务，通过科学规范整合，充分展示出来，为社会提供共享服务的平台窗口。网络支撑环境是整个平台建设的基础部分，是一个滚动式的发展过程，其建设目标是为总平台和各子平台提供各种网络硬件和软件技术支撑服务。

（1）山西省科技基础条件总平台

1）总平台的结构组成

根据国家科技基础条件平台建设的规划与指导方针，结合山西省的实际情况和特点，山西省科技基础条件平台由总平台和 6 个子平台构成。

"总平台"是一个宏观抽象的概念，所体现的是科技基础条件平台系统化的物质与信息系统的整体。"总平台"的设计、实施、评价等都是从整体目标和功能出发，以科技基础条件平台的战略目标为出发点与落脚点，它不仅整合和集成所有的子平台，而且要实现 1+1>2 的总体效应。

"子平台"是根据科技基础条件的特征类别划分而构成的子系统，是科技基础条件平台的物质与系统的组成部分。各子平台又由相应的微观主体组成，而依子平台相应的功能应纳入该子平台的微观主体，是子平台的构成元素，是总平台的最小组成部分。科技基础条件平台的基础结构是树状层次型的金字塔结构，各子平台的组成要素是整个平台的底层部分。"子平台"的设计、实施、评价等应在"总平台"规划设计方案的指导下，在保证总体目标与功能的前提下，再根据子平台的内涵与特点进行。

总平台基于互联网技术，满足平台建设的需要，承担对平台科技资源进行网络访问、安全防护、交流通畅、查询检索、应用服务等方面的技术支撑。

总平台由联合门户系统、资源整合服务平台、应用服务支撑系统及与其密切相关的标准与规范组成。主要完成平台建设各种标准规范的制定，各种科技资源的集成，对各子平台建设工作的指导和技术支持，并为科技创新提供必要的开发性应用服务。

山西省科技基础条件平台建设的核心是实现科技资源共享，打破资源分散、封闭和垄断的状况，在现有的基础上对大型科学仪器设施、自然科技资源、科技文献和科学数据等科技基础条件资源进行战略重组和系统优化，加强以资源共享为核心的制度和相关专业化队伍建设，形成布局合理、功能齐全、开放高效、体系完备的网络化、数字化、智能化的基础性公共科技平台。

山西省科技基础条件平台由总平台和各子平台（科技文献共享与服务平台、科学数据共享平台、网络支撑环境平台、自然科技资源共享平台、大型科学仪器协作共享平台、技术转移服务平台和专业创新公共服务平台）组成，其功能及相互关系如图 3-4 所示。

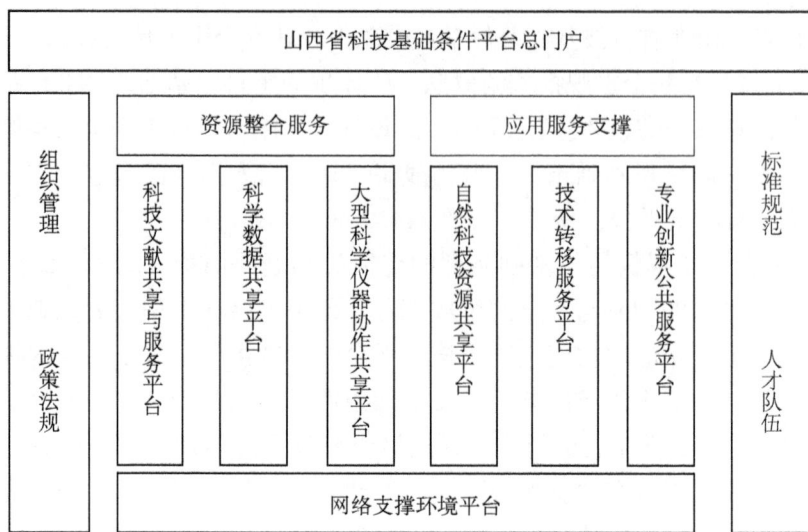

图 3-4 总平台和各子平台功能及相互关系

2）总平台的结构框架

由于山西省科技基础条件平台资源组成的多样性和平台服务支持的复杂性，为保证整个平台建设能够科学、有序、健康开展，有必要将各子平台一些比较有普遍性的建设课题和需要协作完成的课题拿出来，由一个总的平台来完成。总平台由总门户系统、资源整合服务平台、应用服务支撑系统及与其密切相关的标准规范组成，主要完成平台建设各种标准规范的制定，对各子平台建设工作的指导与技术支持，各种科技信息资源的集成整合，并尽可能为科技创新提供必要的应用服务支持。总平台详细的结构框架如图 3-5 所示。

山西省科技基础条件总平台的使用对象主要包括：

①科技基础条件平台建设的主管部门；

②科技基础条件平台各子平台及节点单位；

③平台用户、广大的科技工作者和社会公众等。

山西省科技基础条件总平台将基于互联网技术，满足山西省科技基础条件平台建设的需要，承担对平台科技信息资源进行网络访问、安全防护、交流通畅、查询检索、应用服务支持等方面的技术支撑。

总门户			
个性化服务	门户频道		统一接入
分类导航、检索、用户登录与注册、元数据录入与查询、应用服务导航、成果公告、软件下载、科技创新论坛、专家咨询台、科技擂台			

安全支撑体系

资源整合平台
　信息采集与发布
　联合目录生成
　互通互联共享平台
　资源访问控制
　检索与导航服务
　网站内容管理

应用服务支撑平台
　应用服务支撑软件开发与交流
　专家咨询台及专家支持系统
　成果转移支撑平台
　应用服务支持控制
　系统调查与评估
　仿真计算与实验系统
　虚拟实验支持系统
　大型仪器协作支持

标准与规范体系

基础科技资源
科学数据、 科技文献、 自然科技、 大型仪器、 科技成果、 科技人才
网络支撑环境

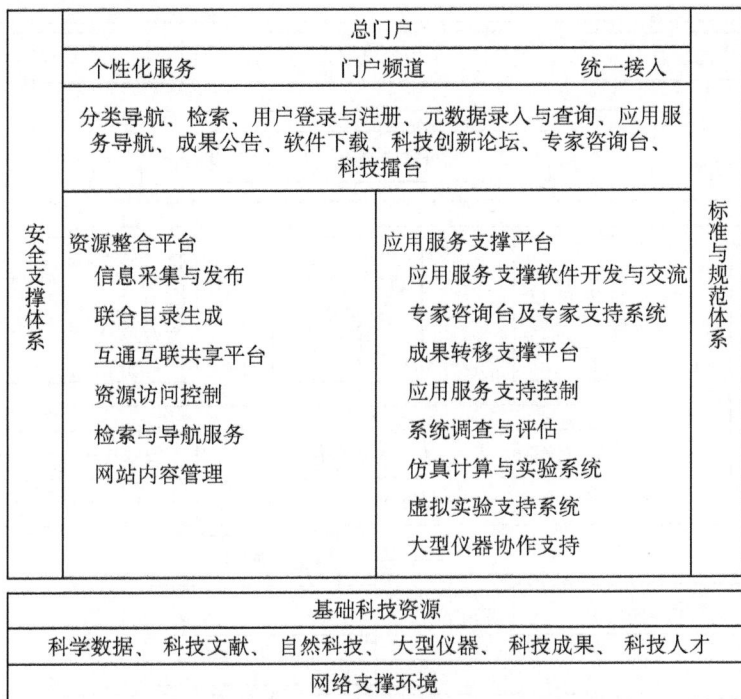

图 3-5　总平台详细结构框架

（2）网络支撑环境体系

1）网络支撑环境

网络支撑环境是科技基础条件平台的重要组成部分，它以省级数据中心网络为核心节点，向上与国家科技基础条件平台相连，向下与省内各信息资源提供点相连，形成一个集中的应用于科技创新的网络环境，成为集整合、共享、服务于一体的网络平台，如图 3-6 所示。

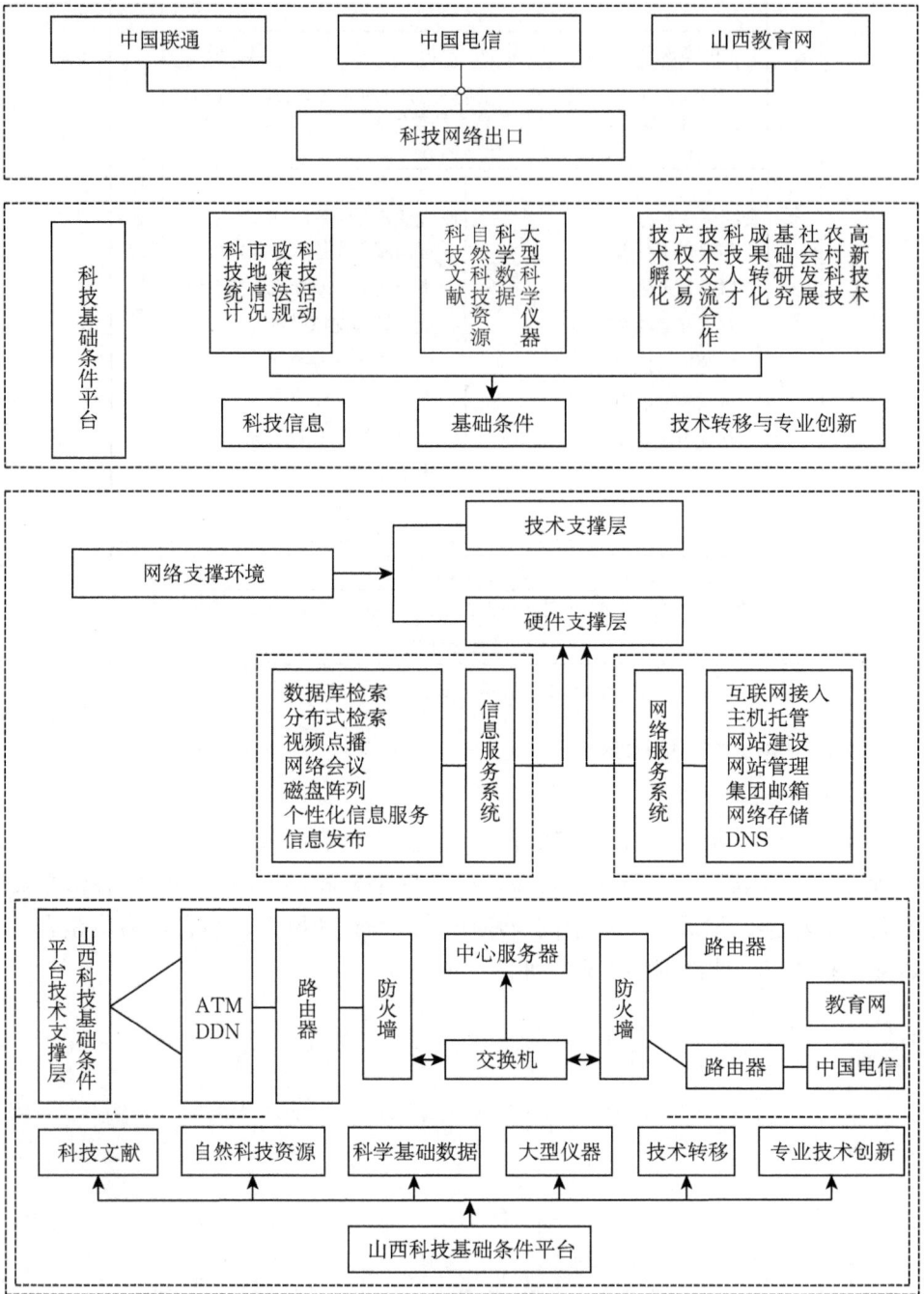

图3-6　山西省科技基础条件平台建设示意

2）网络支撑环境框架设计与技术支撑功能

网络支撑环境网络拓扑结构，如图 3-7 所示。

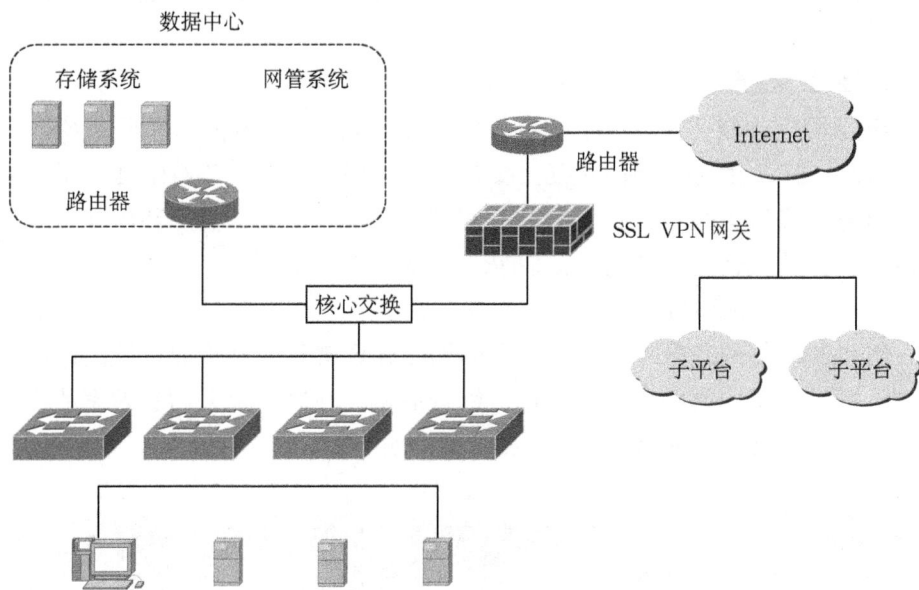

图 3-7　网络支撑平台拓扑

根据图 3-7 可知，网络支撑环境主要提供如下技术支撑功能：

①系统运行环境的支持

为了实现全系统的运行与统一管理，提供相应的支撑软件与硬件运行环境，通过建设运行管理服务平台，保证系统安全、可靠、持续运行。

②信息交换与维护的支持

面向科技资源、基础设施与条件的提供单位相关人员，提供系统运行过程中的科技资源与条件数据的上传下载、交换与维护等的服务，对平台运行的有关数据、信息和数据库的管理和维护提供支持。

③软件系统的运行管理和维护支持

对支撑平台运行的软件系统的管理和维护提供支持，包括开发测试工具与环境的管理与维护，网络操作系统及服务器与客户端软件等其他系统支撑软件系统的管理与维护。

④平台的安全保障支持

通过网络系统运行检测体系，建设完善的平台网络与信息安全保障体系，提供统一的系统安全管理，使科技基础条件平台能够安全、平稳、健康的建设和运转。平台运行安全保障体系主要包括：系统日志、审计系统、CA认证系统、备份系统、应急系统、防病毒系统、入侵检测系统、防火墙系统等。

⑤硬件环境系统的管理与维护支持

通过相应的技术与工具，实现硬件系统的管理与维护，保证系统的安全、可靠、持续运行。硬件系统主要包括网络通信体系、负载平衡与调度管理的服务器集群体系、双路供电与不间断电源系统、中心机房环境支持系统（如温湿度控制系统、门禁系统、防火防灾系统等）等。

（3）总门户规划与设计

山西省科技基础条件平台总门户的网站建设遵循网站页面设计的原则和标准，并结合本网站的内容特点进行综合展示，在制作上采用高效率的先进技术和规范，保障了页面访问速度和质量，如图3-8所示。

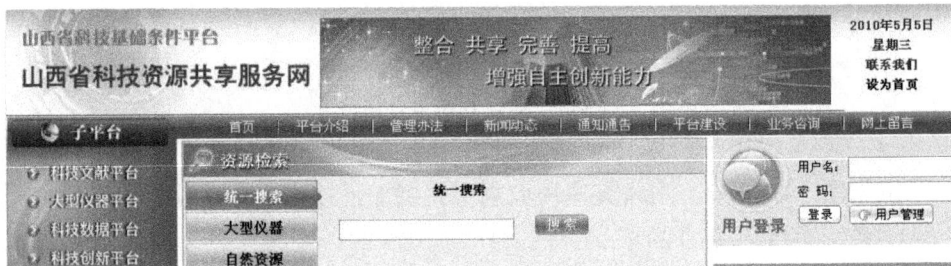

图3-8　山西省科技资源共享服务网

1）平面设计技术

平面设计技术包括页面布局技术、信息组织技术与色彩搭配技术等。平面设计技术的使用以用户为中心，围绕用户的目标展开，并考虑他们的具体行为模式，对任务的交互设计从具体的使用情景和用户行为习惯着手，让软件在每个细小的地方都能满足用户的需要。

山西省科技基础条件平台总门户根据用户群采用相应的平面设计方式。用户面向科技工作者，以协同方式完成工作为主要目标，因此，菜单的组织以业务工作内容分类为依据；网站主要面向科研人员、科技管理部门和平台建设单位，因此，导航菜单的组织以平台体系和通知办事事项为依据，尤其在子平台入口处以醒目的标题及位置加以突出，方便用户进入。

整个平台网站系统的平面设计，主要注重以下几点：

① 页面的统一协调：整个网站页面主色调和风格是一致的，每一层次的页面布局结构是相近的，但不同子系统的某些标志元素在细节上有所区别。

② 色彩的内涵与愉悦性统一：整个平台系统大多采用了浅蓝色和灰色，该页面中间色较多，主要是在蓝色范畴内做明亮度的变化，所以色度差非常缓和，页面的色彩呈现柔和。主色调选择明亮的蓝色，配以白色的背景和灰亮的辅助色，使站点显得干净整洁，给人稳重、大气、精致的印象。

③ 知识的引导：心理学研究表明，知觉的理解性不仅决定于当前的信息，而且也决定于知觉者已存储信息的特点和数量。已有的知识和经验，可促使对事物和问题的理解，可提高知觉的质量，同时还能提高理解的速度。但人脑的储备有一定局限性，为帮助用户充分利用知识解决应用问题，在平台首页界面的组织中，充分考虑了用户实际查询的便捷，为提高查询服务速度，有效地将每个栏目的位置根据其重要性做了划分布局。在常用服务里，运用了图片作为图标，这样看起来更加形象，查询更加便捷。

④ 细节的处理：页面中，许多元素的位置都是非常重要的。如常用的按钮或链接不能置于窗口边缘，否则容易被人忽视。为了尊重用户的阅读习惯，提供大、中、小3种大小的字体，供不同用户选择，以满足不同用户的要求。横向文本不能太短或太长，太短则缺乏思维的连贯性，太长的会加重阅读负担（人们只能通过转动头部来阅读）；页面要强调的内容不能超过两个，否则会造成眼睛焦点的游离不定，不利于集中注意力；另外，动画等闪烁点也不能超过两个，否则会造成视觉疲劳。

2）页面制作技术

HTML 是万维网（World Wide Web）使用的发布语言，它是一种能被所有计算机理解的语言。HTML 语言用于构建网站页面的框架，使各种元素定位在不同的显示区域。

CSS（Cascading Style Sheet，可译为"层叠样式表"或"级联样式表"）是一组格式设置规则，用于控制 Web 页面的外观。通过使用 CSS 样式设置页面的格式，可将页面的内容与表现形式分离。页面内容存放在 HTML 文档中，而用于定义表现形式的 CSS 规则则存放在另一个文件中或 HTML 文档的某一部分，通常为文件头部分。将内容与表现形式分离，不仅可使站点外观维护更加容易，而且可以使 HTML 文档代码更加简练，缩短浏览器的加载时间。

使用 CSS 技术有以下优点。

① 表现和内容相分离：将设计部分剥离出来，放在一个独立样式文件中，HTML 文件中只存放文本信息。这样的页面对搜索引擎更加友好。

② 提高页面浏览速度：对于同一个页面视觉效果，采用 CSS 布局的页面容量要比 Table 编码的页面文件容量小得多，前者一般只有后者的 1/2 大小。浏览器就不用去编译大量冗长的标签。

③ 易于维护和改版：页面格式的动态更新，只要简单地修改几个 CSS 文件就可以重新设计整个网站的页面。

④ 使用 CSS 布局更符合现在的 W3C 标准。

众所周知，在不影响整个网页构架与功能的情况下，网页文件越小越好，因为，更小的网页文件有利于浏览器对网页的解释时间缩到更短，浏览者自然也就不用面临等待网页时呈现的烦躁了，这一点对于那些网速慢的用户尤为明显。

网站制作时全部采用了 DIV+CSS 布局，而未用 Table 布局。使用 Table 布局，代码将无数次地随着表格在页面里重复，致使整个网页文件变得臃肿无比，代码的可读性也降到最低，浏览器的解释时间自然也增加了不少。而使用 DIV+CSS 的布局方式，代码的可读性与复用性都得到了提高，而更为重要的一点就是，DIV+CSS 将网页文件的表现与结构区分开来，再也不用为了表现而去改动整个网页文件的结构了。

目前，网页制作技术已经进入新的阶段，人们追求的不再是纯静态的网页，而是新颖且有趣的 Flash 动态网页。可以说，通过 Flash 进行网页设计并建设网站，实现了多媒体效果的网页或整个多媒体网站。因此，在本网站建设中，在局部适当运用 Flash 技术，使得页面表现互动性更强，动感十足。

3）网站的栏目结构和导航方式

网站栏目结构与导航方式奠定了网站的基本框架，决定了用户是否可以通过网站方便地获得信息，也决定了搜索引擎是否可以顺利地为网站的每个网页建立索引，因此，网站栏目结构被认为是网站优化的基本要素之一。

山西省科技基础条件平台总门户首页展示的内容有：链接子平台导航、资源检索、新闻动态、用户登录和服务、科技创新、资源目录、数据库、特色资源、互动交流和相关链接。各种内容的轻重主次通过颜色和位置布局来区分，左侧的子平台链接导航以最醒目的位置方便用户快速进入各个子平台站点，把五大检索放在中间核心位置方便用户查询。其中常用服务共设：热线服务、知识产权、科技查新、平台研发、定题服务 5 个服务查询点，它们设置在页面第一屏的右侧，可以使用户快速访问。

资源目录集中展示在一个面积较大的区域，根据类型分为：科技文献资源、科技数据资源、自然科技资源、大型科学仪器资源、科技创新资源、技术转移资源、地市科技资源。它们体现了整个资源共享的总体体系结构，并提供了多种导航目标。

网站包括了平台介绍、管理办法、新闻动态、通知通告、平台建设、业务咨询、网上留言 7 个二级栏目，其中，平台介绍主要用来引导用户进一步了解平台信息，管理办法用来了解查询相关法规，新闻动态、通知通告和平台建设以方便用户查看新闻通知、了解平台建设方面的情况。业务咨询、网上留言为与用户互动交流部分。二级栏目 Logo、色调、布局上继承了首页的主要风格，使整个网站呈现浑然为一的整体感。

4）网站的兼容性

由于用户使用的操作系统和浏览器版本不同，为了保证在不同情况下达到尽可能一致的显示效果，必须在不同的环境下进行测试。

（4）关键技术

科技基础条件平台是一个相当复杂的大系统，涉及许多关键技术及技术支撑体系。

系统构建技术：采用框架技术进行系统构建与软件开发，使软件结构一致性更好，系统更加开放。软件设计人员可以专注于对领域业务的了解，使需求分析更充分和切合实际，可以让经验丰富的人员去设计框架和领域构件，而不必限于底层编程。采用快速原型技术，可以循环渐进式与迭代进化式进行系统开发，使一个项目内的人员协同工作。大粒度的可复用代码，使得平均开发费用降低、开发速度加快、开发人员减少、维护费用降低，大大提高了软件生产效率和质量，而参数化框架使得软件的适应性、灵活性增强。

基于构件的软件开发技术：基于构件的开发，一般是先构筑系统的总体框架，然后构造各个构件，并依次把构件安装到系统中去。基于构件的开发包括确定系统总体框架、构筑总体框架、修改总体框架、构造构件及修改构件等阶段，要建立良好的构件库管理系统。

跨平台技术：山西省科技基础条件平台是一个分布式、异构的、相当复杂的大系统。计算机硬软件系统呈现出非常复杂的不同层次的异构，系统中的各子平台、各类节点，其操作系统、中间件、数据库管理系统等开发平台和环境各不相同。为了实现数据和应用服务系统的整合与集成，形成一个完整的系统，采用跨平台技术来适应复杂异构环境，实现自主知识产权软件开发。跨平台技术是分层次的：一般说来，主要分跨硬件平台、跨操作系统平台、跨 Web 服务器、跨数据库平台技术。在跨数据库平台技术中，包括跨数据库产品连接技术和跨数据库操作技术。

数据整合、集成和管理技术：山西省科技基础条件平台是以资源整合与集成为主线的，因此，数据资源整合、集成和管理是首要的关键技术，包括数据采集获取技术、数据交换技术、数据加工处理技术、元数据技术、数据库技术、数据整合集成与共享技术、信息表现与提供技术、查询检索技术、数据系统管理与维护技术等。

3.3.2　山西省科技基础条件四大基础资源平台及其支撑服务体系

（1）科技文献共享与服务平台

科技文献共享与服务平台居于四大基础资源平台之首，是资源规模最大、资源分布相对集中、资源整合最有基础的一部分。科技文献资源的整合主要分为 6 个大类及其他特色文献资源。6 个大类是山西省科技文献资源、山西省高校科技文献资源、山西省医学科技文献资源、山西省农业科技文献资源、山西省财经科技文献资源、山西省工程科技文献资源。其他科技文献资源的整合以具有地方特色和优势为主要选择和补充依据，已经整合的特色文献信息资源有山西地方标准信息、山西旅游信息、晋商文献、大同辽金文献等。

加强科技文献共享与服务平台的数字化关键技术的研究及应用开发，主要包括数字化加工技术、资源整合技术、全文检索技术、异构数据库检索技术、用户管理系统、信息抓取与推送技术等诸多方面，最终形成为用户提供网络化、集成化、个性化、可订制的文献信息服务的能力。

（2）科学数据共享平台

集成科研机构、高等院校和其他技术机构所拥有的公益性、基础性科学数据资源，通过整体布局、资源重组、机制创新，构建资源体系完整、结构合理、标准统一、管理规范、服务能力强的科学数据共享服务体系。在国土资源、资源与环境、气象、空间地理、人口与健康、能源、化工、机械装备、农业、林业、水利等领域构建多个科学基础数据网，并通过元数据技术与相关网络链接，形成面向全省的科学数据资源服务体系。

参照国家有关标准和政策，统一规划科学数据资源共享的技术框架，制定和完善科学数据共享政策、法规与标准体系，确保平台的高效运转和持续建设。

（3）大型科学仪器协作共享平台

以完成大型科学仪器资源整合为主线，提高山西省科学仪器设备的装备水平、共享应用水平和社会化服务质量，建设一支专业从事科学实验、分析检测及方法研究的高水平人才队伍，基本建成支撑山西省科技创新的大型科学仪器资源协作共享网络体系。

建设以大型科学仪器公共应用实验室为服务窗口、整合太原地区大型科学仪器资源的共享服务体系；建设以整合高校实验室资源为主体的大型科学仪器资源的共享服务体系；建设以整合各类农业科技检测检验仪器资源为主体的共享服务体系；建设若干具有区域产业特色的专业技术检测检验仪器资源的共享服务体系。

（4）自然科技资源共享平台

实现省内自然科技资源的跨部门、跨领域整合及与国家自然科技资源的链接；完成对山西省农林牧种质资源、中草药品种资源、微生物菌种资源、动植物标本资源、农业病虫害标本资源、岩矿化物及土壤标本资源的整合；建立起与自然科技资源收集、整理、保存和利用相适应的共享服务体系；加强资源收集、保存、利用和共享过程中的标准化、信息化等关键技术研究；建立与平台建设和管理相适应的制度规范，建成为用户提供综合查询、跨库检索、数据分析、用户培训及个性化的服务系统，实现山西省自然科技资源的可持续发展。

3.3.3　技术转移服务平台、专业创新公共服务平台及其支撑服务体系

选择具有共享基础的从事共性技术开发、产品测试、专业实验室、中试基地等方面的机构，建设技术转移服务平台和专业创新公共服务平台，根据产业发展的需要，提高其配套和工程化技术服务水平。

（1）技术转移服务平台

加强技术成果评估体系和技术转移服务体系建设，进一步强化相关科技中介机构、行业协会的技术转移服务功能。技术转移服务平台建设的主要内容包括科技成果信息服务系统、知识产权信息服务系统、科技创业孵育服务系统和技术产权交易服务系统4个子平台系统。

（2）专业创新公共服务平台

专业创新公共服务平台建设的主要任务是：依托现有重点实验室、企业研发机构、工程（技术）研究中心、高校和科研机构联盟构筑的专业实验室研发系统，以专业企业孵化器和中试基地为基础，以实现资源整合、建设共性技术服务平台为手段，以提高技术开发、技术转化、技术检测等公共服务能力为目的的科技成果转化公共服务平台。

第四章

山西省科技基础条件平台资源整合架构

资源整合是山西省科技基础条件平台工作的基础，资源整合不是简单罗列，而是根据服务创新活动的需求和优化科技资源配置的需要，通过整合达到避免资源重复建设、提高资源利用效率的目的。资源整合，主要是指科技平台整合资源的能力、水平和达到的效果，这既是衡量科技平台工作的基础条件，又是保障山西省科技基础条件平台科技资源"最新、最优、高质量"的前提条件。资源整合一般反映在科技平台的资源优势、规模、质量和信息化水平等方面，注重科技平台本身要建立合理、有效、保障资源可持续积累的整合模式①。

山西省科技基础条件平台通过部署存储体系，为所有科技资源提供数据存储功能，为总平台与各子平台间提供数据传输与信息交换功能，提供数据过滤、数据抓取、数据整合与集成等功能，并通过建立数据与信息管理系统，为各类数据库提供管理维护策略，提供数据与信息的安全机制。

山西省科技基础条件平台建设涉及的领域与学科众多，各领域、各学科的科技人员知识结构、学科背景千差万别。为保证系统数据的共享与一致性，保证应用服务软件与系统的互通互联性、通用性和复用性，保证数据库的互操作性与软件构件的易重构性，保证系统的整体性、易维护性及可扩展性，在平台建设与开发过程中，不断积累公共支撑软件与技术，进行统一规范设计，建立整合、集成、共享工具与系统环境支撑平台，向研发单位的相关人员提供所需要的系统环境、开发工具、公用模板、通用软件、共享标准规范等方面的支撑。

4.1 平台资源整合系统与项目单位组织协调架构

充分运用信息、网络等现代技术是实现科技平台资源整合和开放共享的

---

① 黄珍东，吕先志，袁伟，等.国家科技基础条件平台认定指标研究与设计 [J].管理现代化，2013（4）：4-6.

重要手段。资源信息化水平指标：一是要求科技平台具备系统先进、功能完善、运行稳定、本领域知名度较高的科技平台资源信息运行服务系统，达到通过信息共享带动科技资源共享的目的；二是要求科技平台数字化加工的资源量已占整合资源总量 80% 以上，强调科技平台资源信息化的基础和水平[①]。

科技资源整合范围与规模是资源整合效果的直接体现，也是山西省科技基础条件平台与项目承担单位科技平台区别的重要因素。科技平台整合了跨部门、跨地方的优势资源，覆盖本省或本区域主要优势资源单位，体现科技资源优化配置的特点，突出科技资源本省、本区域开放共享服务的优势。科技资源质量是科技平台发展的生命线，资源质量保障主要体现在三个方面：一是建立完善的资源整合、加工及信息化等方面的标准和技术规范；二是建立符合资源特点的质量控制体系和准入制度，严把科技资源的入口；三是所整合的资源能够满足用户需求，强调需求导向。科技资源整合模式是保障科技平台可持续发展的重要因素。鉴于不同科技资源类型、行业分布、管理模式等差别较大，鼓励科技平台积极探索创新，建立成熟的、适合科技平台特点的资源整合模式，且资源整合效果良好。

4.1.1　总平台的职责

各专业子平台资源建设与共享是整个平台总目标实现的必要条件，但并非充分条件，要想建立广泛的科技资源共享及有效的科技创新服务体系，避免新型信息孤岛的出现，总平台在整个项目建设中发挥了重要作用。总平台的职责主要体现为两个方面。

①面向各个专业子平台。总平台将承担起整个平台建设的技术指导和协调工作，主要包括对子平台建设进行协调、指导、规范，同时，提供网络环境、计算机技术及工具支持。

②面向科技及开发人员。总平台积极提升科技基础条件平台的科技服务效能和对知识增值、科技创新的支持能力，体现为对各子平台资源进行集成、整合，建立共享协同机制和应用平台，为科技人员提供便捷、多样、全面的科技资源服务。

---

① 黄珍东，吕先志，袁伟，等．国家科技基础条件平台运行和发展的机制分析 [J]. 中国基础科学，2013（1）：44-45.

　　山西省科技基础条件平台为用户提供了一个安全、智能的门户，它既能提供全方位的、丰富的科技资源信息展示、支持知识创新，还能够根据不同需求提供按需定制的个性化服务，它在统一门户中建立与各专业子平台链接关系的一般门户。科技基础条件平台由于其共建共享的特殊性质，使得用户不仅可以通过登录某一专业子平台进行某一特定介质的科技资源查找、信息搜索，而且还可以利用总平台提供的统一门户中的特别功能以共享多领域、多载体（文本、图片、视频、音频等）、多表现、多方面（文献资料、专利资料、项目、产品、高新企业、专家等）的科技资源。同样，由于科技基础条件平台建设工作的统一部署，使得总平台有机会也有可能对各专业子平台的科技资源进行整合、集成、重组，提供多维资源信息，更好地支持科研人员的科研工作、新型产品开发与企业的工程建设，促进了科技创新。

4.1.2　总平台的工作内容

　　根据总平台的职责，面向各专业子平台，总平台的工作内容主要体现为以下3点：①对科技资源各领域、各媒体表现的信息化表示进行规范化、统一化建设。②对各专业子平台资源的领域规范、表现规范进行收集，邀请各相关领域专家、计算机专家、各子平台数据规范专家共同协商，参照相关的国际、国家、行业等领域标准，制定多视角、多层次的科技资源信息规范。③为各子平台提供半自动的异构数据库向标准规范的映射工具。生成映射信息 XML 文档，并把此文档上传至总平台信息管理处，以利于总平台对整个平台中的科技资源进行管理，并为科技用户提供增值服务。

　　总平台不仅为用户提供各子平台的链接入口，而且提供各子平台数据虚拟集成支持，即它为物理分布、逻辑异构的各专业子平台数据资源建立了面向总平台的资源发布入口。总平台根据各领域专家、专业子平台数据规范专家等协商的科技资源信息规范，向资源库的提供者们提供了一套元数据映射工具和语义标注工具，资源提供者将已有资源提交到共享平台时，需要首先利用平台映射工具建立本地科技资源和总平台元数据表示层的映射关系，然后参照平台所提供的领域本体，利用本平台的语义标注工具对资源进行语义标注，自动生成相应的映射和标注文档，以 XML 文件存储；最后，利用此文档信息，对每个资源库的操作接口进行 Web 服务封装，并发布到平台的目录服务器上。

　　总之，总平台的建设将从以下3个方面对知识增值、科技创新提供有力支撑：

①全方位资源的便捷查找。

②知识增值、科技创新、知识推荐。多领域交叉内容的同时呈现，启发研究人员，进行交叉研究，得到新的创新成果。

③科研协作、专家查询、专家关系推荐等。总平台不仅提供虚拟科研协作环境，同时，总平台还提供虚拟科研协作建议，它会对科技基础条件平台中的各领域专家及其科研成果进行分析、挖掘，发现其间可能存在的隐含的关联点，为科研人员推荐合作专家。

4.1.3 各专业子平台的职责

为了充分发挥科技基础条件平台为科技研发、创新、生产的有力支撑作用，科技基础条件平台的各子平台建设单位不仅要积极建设好各个子平台，而且还要统筹兼顾，积极配合总平台的工作，以提升整个基础平台的科技服务质量。

各专业子平台要本着"遵照总规范""积极建设数据""共享承诺"3个主线索，进行平台建设工作。

（1）遵照总规范

主要包括：①积极参加总平台规范制定工作。子平台在做好自己所负责领域的物理共享工作的同时，还应该积极配合总平台的大共享工作。在需要的时候，积极派出专家参加总平台资源共享的各种规范的制定工作；②各个子平台及总平台之间是互相协作、互相支撑的关系，总平台组织各领域专家制定整体科技平台大共享的数据规范、接口规范、服务规范、表现规范等，其制定规范的源头来自各子平台的建设工作，所制定的规范又反过来指导各子平台的深入建设，所以，各子平台应该积极遵照总平台所给出的建设规范进行各自的深入建设。

（2）积极建设数据

①数据规模保证。根据目前建设现状，各子平台的任务主要集中在收集相关科技领域的数据，并进行数据源的信息化建设。为了不形成新的信息孤岛局面，各子平台的数据最终要能在总平台上以一种有组织、有结构的方式提供给科技用户，要让平台的用户在利用本平台时能得到与一般网站不同的服务（非平凡服务），子平台提交的数据源一定要具有一定规模，使用户得到丰富的信息。②数据更新保证。数据只有及时更新才具有生命力。要根据

具体领域及行业数据产生速度的不同，制定不同的数据更新周期并实施。③数据共享。各子平台所建立的信息化科学数据应该以各种便捷的渠道无偿提交给总平台，以供总平台对外提供资源共享。当然，总平台可以根据数据源的不同特征，建立不同的共享和整合集成制度。大规模的密集数据和核心数据可以在总平台处进行镜像建设，对于一些变动频率快的数据、非核心的数据，与总平台协商后可以存放在本地，不必提交给总平台存放在集中存储设备上，但需要留有和总平台通信的端口，使总平台随时可以访问这些数据；④文档建设。子平台在进行建设时，要建立相应文档。向总平台提交数据时，应该附有数据源建设的资料文档，包括数据库设计、结构设计、E-R图、数据字典等信息，还需要子平台数据建设的规范文档，包括相关数据领域的国际、国家、行业标准规范，数据表示的结构规范（元数据）等。

（3）共享承诺

子平台的数据建设和维护工作是一个长期的工作，科技资源的共享也是一项长期工程。无论总平台还是子平台建设，所有参加平台建设的单位在接受相应建设任务同时，就默认了遵守共享承诺，即数据源及更新数据源的及时提交、共享接口的永远开放等，只有科技基础条件平台初期运行让科技人员享受到了非平凡服务，科技基础条件平台成为科技人员、工程人员等的首选服务门户网站时，后期的会员制度才有可能运行起来，整个平台才会进入一个良性的运行周期，平台的使用者和建设者才能达到双赢[①]。

4.1.4　平台资源共享模式的建设原则

在资源共享系统中，资源共享者借助何种模式、方法、途径、规则、程序、手段和技术，可以实现公共资源的共同享有和共同使用，这就是资源共享的方式。

任何一种资源共享方式都有其自身的特点，在不同的场合针对不同的对象，有着各自的可取性。例如，通过资源占有的分割方式、分配方式、服务形式、占用时序形式、占用资源的时间分布形式等方法与标准，都表达了不同的资源共享方式。

对于特定的科技基础条件平台这个主体，在选择资源共享方式时，有必要对它的共享模式进行分析。

（1）共建与共享的协调统一原则

山西省科技资源的共享是资源从所有者手中被收集、整合、加工，到管理者提供公共服务，最终满足共享者的需求，是一个从共建到共享的全过程。共建的力量来自三个方面：一是山西省境内（或地方政府）层面的资源宏观管理者，他们是资源平台建设的组织者和协调者，是共建的倡导者和主要力量；二是资源的各个所有者和管理者，他们是资源和服务的提供者，是资源共建必然组成的重要力量；三是资源的共享者，他们作为资源利用的主体，既是共建的基础，又是共建的基本依靠力量。

既然是资源，就有合理使用、投入产出、资源节约的共性问题，如何促进资源的利用效率和效益的最大化，需要从所有权、管理权、使用权三者的责、权、利出发，确定共同拥有、共同享用、共同负担成本的标准。

由于客观原因的影响，共建共享系统会形成两种截然不同的运行模式。在假设资源的其他相关要素没有发生改变的情况下，如果各资源相关利益主体在参与平台共建之后，收益大于零，或者说收益高于共享成本，共享的收益性会促使共建共享系统形成一个持续发展的运行模式。因此，可持续共建共享的运行机制取决于共享收益的正效应。反之，即会形成只有共享积极性而没有共建积极性的不可持续运行状态。对于不可持续的共建共享运行模式，山西省在利用政策法规的约束力实施执行的同时，还必须利用财政补贴、平台项目支持等制度保障，使共建者获得应有的收益，从而激发并保持共建的积极性。

（2）基础资源、公共产品与知识产权的协调统一原则

科技资源的基础性、公共性、共用性是其显著的资源特征。科技资源特征决定了资源所具有的战略地位，决定了资源在建设创新型山西、完善科技创新环境体系中的不可替代的基础性支撑作用。实现科技资源共享平台从三个方面凸显其战略意义：一是在资源利用效率方面，大幅减少资源重复浪费、提高资源利用效率、提高科技投资效益；二是在科技创新能力方面，大幅提高资源的综合利用水平，有利于发掘资源的潜在价值，缩短创新周期、降低创新成本、提高创新能力；三是在平台宣传和用户培训方面，大幅加快科技知识的传播、交流和普及，使知识创新的成果惠及用户，提高用户对科技资源共享的意识。所以，实现资源共享是建设创新型山西的战略需求所决定的。

科技资源的公共产品属性和知识的外溢性特征，决定了大量的基础性科技资源的积累是由政府财政长期投资建设的结果，属于由公共财政支出而形成的公共科技资源。对于公共科技资源，社会用户有共享的权利。因此，实现科技资源共享是科技资源的公共产品属性所决定的，具有维护公民利益的公平性。

科技资源的积累是知识、技能、工艺、方法等的创新过程，隐含着大量的知识产权。从严格的科技资源性质来界定，这些知识产权不具有使用的排他性和竞争性的私人产品属性，但是，它受到知识产权的保护。所以，实现资源共享还应兼顾知识产权人的合法权益，具有知识产权利益的专有性和对知识产权利益的保护。

（3）政府为主、多方共建的协调统一原则

山西省科技基础条件平台是山西省公共事业，是山西省基础设施建设的重要组成部分。过去，山西省对科技基础条件的建设是分散在各部门、各单位的，科技基础条件的共享价值没有体现出来。现在，信息技术、数字技术、网络技术的进步，使资源整合与共享成为可能，科技资源的公共价值得以充分体现，成为具有显性意义和现实表象的政府公共事业。因此，政府必然是科技基础条件平台建设的主体。

在政府长期投资下，科技资源不断累积和增加，资源的保存和占有是以部门和单位为所有权形式存在的，资源的分类、加工、整理、存储也是以部门和单位的专业分工而实现的。所以，山西省科技基础条件平台的建设，离不开部门和单位的密切配合。平台服务功能的实现、平台后续管理和运行也离不开专业管理和技术服务的支持。因此，政府主导、多方共建是平台建设必然的组织形式。

总而言之，平台的共享运行模式应建立在以政府建设为主、多方协作共建、统一协调的运行机制之上。

4.2　平台资源整合与服务网络架构

网络平台建设的总体目标是：在结合现有网络平台的基础上，连接各相关平台项目研究节点单位，在通过整合和优化相关科技资源的基础上，建立规范的业务管理系统、安全可靠的网络服务体系、完善的社会化服务体系和科学的宏观科技管理系统。

4.2.1 总体规划

采用基于千兆平台的光纤核心交换机和路由器构建核心网络平台，满足整个科技基础条件平台网络数据交换和路由的需求。

网络平台通过互联网与具有较多科技资源的各子平台相连，相互之间通过安全认证来满足互访的需求。

网络平台采用网络设备管理系统与运维管理系统检查设备的运行情况及用户对系统的访问情况，如流量、协议、地址等统计与管理。

4.2.2 网络总体结构设计

根据国家科技基础条件平台建设的总体规划和山西省自身特点及科技基础条件平台建设的目标任务，网络系统结构共分为两个主要部分：省级数据中心、子平台数据提供与服务中心。平台将具有资源的相关科技部门纳入规划范围，网络结构分为两层：一层为核心，为省级数据中心，存放整个科技基础条件平台中的原始信息资源及经过处理的分类信息数据；另一层为已经具有信息化网络，且具有较多科技资源的节点单位，如拥有大量文献资源数据库的单位等，以避免重复投资。

整个网络的建设具体包括数据中心的建设，网络管理、网络安全的建设，对各子平台通过网络连接省级数据中心的技术支持及安全认证等方面的建设。考虑到网络带宽的利用和最终网络线路连接、备份的特点，整个网络采用全星型连接的拓扑结构。

山西省科技基础条件平台网站包括山西省科技信息资源网、重点实验室信息网、大型仪器协作网、实验动物供应网、自然科技资源信息网、科技成果招商平台、各地市科技信息平台等，并与国家科技基础条件平台的有关网站建立顺畅连接，实现资金、信息、资源、技术、人才的共享。平台充分利用现代网络技术和公共网络基础，与山西省信息化建设紧密结合，开发科技资源的查询、检索、文献提供、认证等支撑系统，构筑服务于研究开发，科技管理，科技成果传播、利用与转化的网络支撑环境，形成跨区域、多功能、高效、快捷的网络支撑服务体系和技术保障平台。

2005—2006 年，在对省属科研院所和高等院校的科技基础条件资源进行调查与信息整理的基础上，制定山西省科技基础条件平台网站建设方案，并面向省内具有局域网建设和管理经验的单位进行招标，最后选择基础设施最多、技术力量最强、对网站功能设计最完美的单位建设网站，并把省属科研院所和高等院校的科技基础条件资源信息全部接入山西省科技基础条件平台网站，启动网站对参建单位科技人员和社会用户的全面服务。

2010年，平台网站第一次改版，通过大力宣传已改版并运行的山西省科技资源共享网站的优势，调动全省各相关部门的积极性，使其主动配合网站管理部门对所属的科技基础条件资源进行调查与整合，使体系完备、功能齐全的科技资源共享网站更好地服务于全省科技创新和经济建设。

①网络环境。采用集中与分布相结合的网络体系结构，以信息共享逐步带动科技资源和科技创新条件的共享。以Internet连接实现社会访问和应用，以VPN专网建设实现相关部门的互联和应用。一期建设主要完成平台网络环境的搭建，以省网络管理中心为主节点，开通10M网络宽带，增加高性能路由器、防火墙、数据存储环境，并实现门户网站的运行。通过网络建设促进科技系统信息化建设，实现科技基础条件平台网与教育网和Internet的高速互连，降低各个单位网络建设和接入互联网成本，实现网络信息资源的共建共享。

②科技文献。整合建设农业、医科、工程、综合、财经、专利、标准等方面的科技文献资源，并在网上试运行。

③科学数据库。整合建设山西地理空间信息、山西基础地理信息、山西气象信息、科技人才、中医药信息、健康管理、医学临床、肿瘤标本、肾脏生物标本、化工产品、晋商文化、科技计划、科技成果和机械装备信息库、煤炭行业信息库等，并在网上提供服务。

④大型科学仪器。整合建设省内大型科学仪器共享服务中心和网络平台，按共享分类组建专业应用测试分中心，并在网上按类提供服务。

⑤自然科技资源。整合建设山西省农作物种质资源、动物资源、植物资源、林木种子资源、矿物岩石标本、牧草标本资源、棵树资源和实验动物资源的实物库和数字化表达，并在网上提供服务。

⑥技术转移。整合建设山西省科技成果信息服务、知识产权信息、山西省科技创新孵化中心、技术产权交易信息，并在网上提供信息服务。

⑦专业创新。整合建设山西工业废弃物处理与资源化利用技术创新平台、山西食用菌工厂化科技创新服务平台、中药现代化科技创新平台、表面活性剂技术创新平台、聚氨酯材料技术创新服务平台、催化新材料技术创新服务平台，并在网上提供资源服务。

4.3 资源整合与集成服务支撑架构

服务支撑能力是指平台对区域创新的支撑能力。支撑服务能力是指平台对所提供服务的支撑能力。前者的支撑是对客体的支撑，而后者的支撑是对主体的支撑，讲的是平台服务的个性化、针对性、开发性、创新性和可持续性。后者的支撑能力是提升平台服务功能的根本。

4.3.1 总体规划

经过资源整合的山西省科技基础条件平台，展示给社会的是一个静态的资源系统，它具有友好的界面、快捷的反应、便利的操作，甚至可以满足用户一定程度的特殊需求。但是，真正能够了解用户需求，并能够针对性地利用平台资源，在开发研究的基础上提供个性化的服务，是站在平台背后具有强烈服务意识和较强专业素质的专业技术队伍，以及他们所提供的创造性服务。因此，应把建设一支高素质的专业化平台服务队伍作为科技基础条件平台可持续发展的根本性措施来抓。

4.3.2 服务支撑结构设计

（1）科技资源整合集成服务网络构建

①网络架构。网络环境下，构建科学的山西科技资源整合平台是有效开展集成服务的基础，这就要求我们必须充分利用现代化技术手段，配合并利用山西省通信网络系统，把分布式的各种科技资源、信息技术、管理机制和相关支撑条件有机结合起来，并组建统一用户界面，从而向跨地区、跨系统、跨部门、跨行业、跨学科的用户提供快捷有效的资源集成服务[①]。

②链式模型。科技资源整合与服务平台的工作流程宏观上分为两部分：一是资源整合，包括资源集聚和资源加工。资源集聚即对现有分散的各类科技资源、数据库及网络信息资源进行集聚和整合。资源加工是指通过相应的信息技术和网络技术，对所集聚的资源进行数据采集、数据筛选、数据加工、数据分析及知识挖掘等操作。无论在资源集聚过程中还是在资源加工过程中，必须依托相应政策环境，按照规划对科技资源进行处理，在这两个环节中，必须遵循分类标准、采集标准、组织标准、元数据标准、数据标引规

---

① 郭春兰. 集成服务引动下的信息资源整合平台架构 [J]. 图书馆学刊，2011（9）：112–114.

范、著录规范等，通过统一规范和协调，对科技资源进行整合，形成一体化的集成资源系统。该集成系统不仅能整合数据库系统中的数据，而且能整合非数据库系统中的数据，不仅能整合已有数据源中的数据，而且能整合随时加入的新数据源中的数据。二是服务整合，在管理层和支持层的决策下，向科研人员、各企业研究人员、政府工作人员、普通用户及广大网民提供各种形式的科技资源服务。不仅要实现用户的资源需求与系统资源之间的完全映射，更要及时将符合用户需求的资源整合后，按需将提取知识传递给用户，如图 4-1 所示。

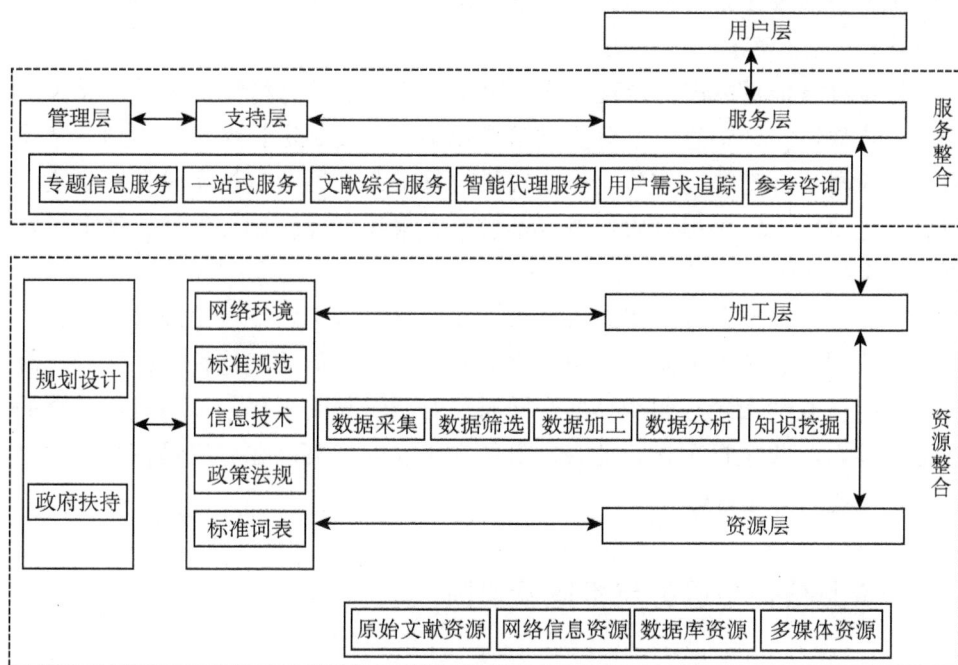

图 4-1　资源整合平台链式模型

（2）集成服务下科技资源整合实现架构

服务支撑架构实行以部门、系统为主的组织发展体制，其资源服务往往在部门、系统基础上进行的，各种科技资源整合平台建设也是在这一体制下进行的。目前，我国已建成科技部主持的国家科技基础条件平台，山西省也建成了山西省科技基础条件平台。这种系统的科技资源整合平台建设解决了部门、行业间自我封闭、条块分割的问题，以及用户需求得不到满足的矛盾，尤其随着宏观信息环境的不断变化，实现科技资源联合建设、联合共存共享的架构，从而最大限度地满足全方位和综合化科技资源需求。

（3）平台科技资源整合与集成服务平台

平台科技资源整合与集成服务平台的建设是一项复杂的社会系统工程，涉及平台的宏观管理、机构协作、服务组织和技术推进等环节。在推进过程中，除坚持以社会化用户需求为导向，以现代技术为依托，以社会发展为基础外，还要抓好3个方面的建设。

①要对资源整合的实施主题进行调整。由于山西省科技基础条件平台科技资源整合涉及多单位与多部门，平台领导小组应统筹管理，实现单位与部门协调和社会共建。

②要对整合目标进行合理选择与定位。跨系统整合科技资源是一项长期任务，在战略实施中宜采取分阶段推进原则，既要制定长期发展规划，又要考虑分阶段目标选择与定位。山西省科技基础条件平台是按实验发展阶段、重点推进阶段、完善提高阶段进行推进，并根据实际基础、现状、需求与发展进行组织。

③要对资源整合进行实施与组织。在战略实施中，平台明确战略实施的基本组织要素、技术要素、资源要素，明确实施主体的工作任务，并对资源整合进行认真的布置与组织落实。同时，对所组织的工作，从项目任务书的鉴定到项目验收全过程进行监督，目的在于及时发现问题、反馈信息、调整计划，以达到优化目标。

4.4　资源整合与服务技术体系架构

4.4.1　总体规划

科技资源共享服务平台是以资源整合与集成为主线的，因此，科技资源整合、集成和管理技术是首要的关键技术，进而建立强大的数据采集、汇总、加工、整合集成和管理技术支撑体系。在各子平台资源整合与数据集成基础上，为实现子平台与子平台间、子平台与总平台间的数据交换，以及跨学科与跨子平台的支撑条件的服务，必须进行全系统的资源整合与数据集成。

4.4.2　技术体系结构设计

（1）关键的数据技术

①数据采集及获取技术。数据采集技术主要包括人工采集技术、自动采集技术。数据获取技术主要包括原始数据获取技术、数据库获取技术、本地数据获取技术、网络数据获取技术等。要特别注意运用低成本数据采集和获取技术。

②数据交换技术。在统一的标准与规范下，通过数据交换技术实现子平台与子平台间、子平台与总平台间的数据交换，以及不同数据库管理系统间的数据交换。数据交换技术主要包括数据过滤技术、数据交换接口技术、数据转换软件技术等。

③数据加工处理技术。数据加工处理技术主要包括数据筛选技术、数据编码技术、数据标识技术、数据排序技术、数据分类技术、数据索引技术等。

④元数据技术。为了实现数据资源的整合、集成、统一管理和各领域及各学科数据的灵活动态再组合，完成跨学科与跨子平台的支撑服务，必须通过元数据库技术，将各领域、各学科的数据资源转换为统一的元数据，进而建立元数据库。只有这样，才能提供一站式的、综合数据信息服务，进而借助 XML 技术，实现应用服务及系统管理的一体化。

⑤数据库技术。数据库技术主要包括建库技术、数据库处理技术、数据库开发技术、数据库操作技术、集中式与分布式数据库技术、数据库管理技术等。

⑥数据整合集成技术。数据整合集成技术主要包括静态数据的整合与动态数据的整合集成技术、同构数据库与异构数据库整合集成技术、数据抓取技术、数据库目录与索引技术等。

⑦数据信息表现与提供技术。数据信息表现与提供技术主要包括数据与文本信息提供技术、多媒体/超媒体信息提供技术、Flash 与动画技术、人机友好接口技术、基于行为科学与心理学的人性化/个性化表现技术等。

⑧查询检索技术。查询检索技术主要包括导航技术、目录技术、索引技术、基于关键字的查询检索技术、全文检索技术、智能检索技术、数据引擎技术等。

⑨数据系统管理与维护技术。数据系统管理与维护技术主要包括数据储存与转存管理技术、在线与离线数据备份技术、数据应急技术、数据安全技

术、数据维护技术、数据运行管理技术等。

（2）轻量级 Web 应用体系框架设计

在轻量级架构中，集成了多种轻量级容器，容器就是应用程序的运行框架。例如，J2EE 三层结构，即表示层、业务逻辑层及数据源层。但是在实际项目中，往往会对经典的三层体系架构做一些扩展，这样既可以满足项目需要又实现了层与层间的松耦合。在本应用中采用五层体系架构，即表示层、控制层、业务逻辑层、数据持久层和数据源层。此多层架构实际上是在原三层架构中增加了两层，如图 4-2 所示。

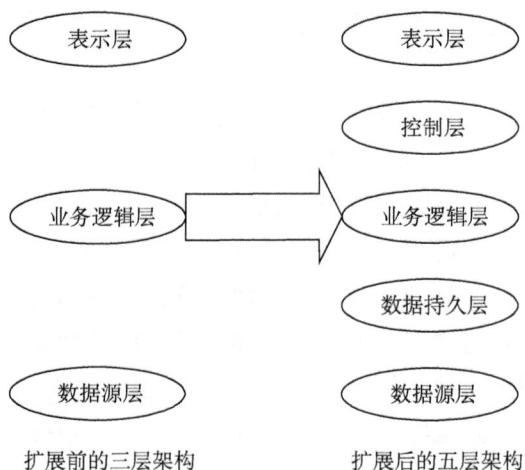

扩展前的三层架构　　　　　　扩展后的五层架构

图 4-2　J2EE 轻量级多层架构逻辑设计示意

第五章

山西省科技基础条件平台系统理论技术

5.1 平台系统的关键技术

山西省科技基础条件平台是一个相当复杂的大系统，涉及许多关键技术及技术支撑体系。

5.1.1 系统构建技术

现代软件系统的规模越来越大，传统的软件开发方法已不敷应用，因此，在大型软件系统开发中，框架或者软件体系结构成为系统构建的关键技术，也是决定系统能否顺利实现的关键因素之一。

在互联网时代，B/S 结构逐渐成为系统结构的首选。B/S 结构是利用不断成熟的 WWW 浏览器技术、结合浏览器的多种脚本语言而实现的软件体系结构，一般为浏览器、Web 服务器、数据库服务器 3 层结构。基于 B/S 体系结构的软件，系统安装、修改和维护全在服务器端解决，用户在使用系统时，仅仅需要一个浏览器就可运行全部的模板，真正达到了"零客户端"的功能，很容易在运行时自动升级。B/S 体系结构还提供了异种机、异种网、异种应用服务的联机、联网、统一服务的最现实的开放性基础。

当前，分布式异构的 B/S 软件体系结构主流标准规范主要为 OMG 的 CORBA、SUN 的 J2EE 和 Microsoft 的 .COM。由于 J2EE 的开放性，开发的应用可以配置到包括 Windows 平台在内的任何服务器端环境中去。因此，科技基础条件平台总体设计采用 J2EE 软件体系结构。

总而言之，系统的架构是决定系统能否顺利实现的关键因素之一，因此，在应用开发过程中，山西省科技基础条件平台高度重视，特别关注系统的架构。在未进行整体集成的部分，一定要采用分层的体系结构，切不可随心所欲，甚至表现层直接访问持久层，这将给系统的集成及运行维护和进化发展带来极大的困难。

5.1.2　基于构件的软件开发技术

与所有的大型数字化系统一样，山西省科技基础条件平台呈现出分布性、并行性和协同性三大劣势，这给软件开发带来前所未有的困难。为了满足应用整合集成的需要，有效控制系统的复杂性，适应系统不断进化与发展的演化性特征，保证软件系统的易维护性，增强软件模块的复用程度，提高系统的开发效率和开发水平，本系统采用了基于构件的软件开发技术（CBSE），采用"搭积木"的方式构建软件系统。

基于软件的开发，一般是先构筑系统的总体框架，然后构造各个构件，并依次把构件安装到系统中去。基于构件的开发包括确定系统总体框架、构筑总体框架、修改总体框架、构造构件及修改构件等阶段，都是同一个构件库打交道，所以，建立了良好的构建库管理系统[①]。

5.1.3　面向服务的软件构建技术

SOA（Service Oriented Architecture，面向服务的体系架构）强调复用和松耦合，注重接口和接口标准化描述，可用来构建灵活、可扩建性强及易整合的软件系统，实现数据和程序的高度共享和轻松整合，并能适应未来可能出现的业务和技术变化。SOA是一种应用集成的新方法，不涉及具体的技术和实现，其本质是将被集成系统的功能进行某种颗粒的封装，将功能对外暴露，按照标准接口提供调用。

（1）Web Service 技术

为了实现各平台之间科技资源的整合和共享，本系统使用 Web 服务技术实现不同业务、不同技术、不同平台间应用的完好封装和高度集成。

（2）Hessian 技术

Hessian 是一个轻量级的 Remoting on Http 工具，使用简单的方法提供 RMI 的功能，相比 Web Service，Hessian 更简单、快捷。Hessian 采用的是二进制 RPC 协议，所以它很适合发送二进制数据。

在系统中，采用 Java、C# 等多种语言实现科技资源的整合和集成。Java 语言使用 cxf、xfire、axis2 等实现和整合 Web 服务。.NET 平台使用 Microsoft 提供的 VS2005、VS2008 等产品整合和发布 Web 服务，由于 .NET 平台和 Java

---

① 任军，刘永泰. 科技基础条件平台建设综述 [J]. 山西科技，2009（6）：6–7，19.

平台的差异性，应该避免使用DataSet、DataTable等.NET平台独有的系统类型。

5.1.4　数据整合、集成和管理技术

山西省科技基础条件平台以科技资源整合与集成为主线，因此，科技资源整合、集成和管理是首要的关键技术，并建立了强大的数据采集、汇总、加工、整合集成和管理技术支撑体系。在各子平台资源整合与数据集成的基础上，为了实现子平台和子平台间、子平台与总平台间的数据交换，以及跨学科与跨子平台的支撑条件的服务，平台进行了全系统的资源整合与数据集成。下面对关键的数据技术进行简单阐述。

（1）数据采集获取技术

数据采集技术主要包括人工采集技术、自动采集技术。数据获取技术主要包括原始数据获取技术和本地数据获取技术、网络数据获取技术等。要特别注意运用低成本数据采集和获取技术。

（2）数据交换技术

在统一的标准与规范下，通过数据交换技术实现子平台与子平台间、子平台与总平台间的数据交换，以及不同数据库管理系统的数据交换。数据交换技术主要包括数据过滤技术、数据交换接口技术、数据转换软件技术等。

（3）数据加工处理技术

数据加工处理技术主要包括数据筛选技术、数据编码技术、数据标识技术、数据排序技术、数据分类技术、数据索引技术等。

（4）元数据技术

为了实现数据资源的整合、集成、统一管理和各领域及各学科数据的灵活动态再组合，完成跨学科与跨子平台的支撑服务，平台通过元数据库技术，将各领域、各学科的数据资源转换为统一的元数据，进而建立元数据库。只有这样，才能提供一站式的、综合数据科技资源服务，进而借助 XML 技术，实现应用服务及系统管理的一体化。

（5）数据库技术

数据库技术主要包括建库技术、数据库处理技术、数据库开发技术、数据库操作技术、集中式与分布式数据库技术、数据库管理技术等。

（6）数据整合集成与共享技术

数据整合集成技术主要包括静态数据的集合与动态数据的整合集成技术、同构数据库与异构数据库整合集成技术、数据抓取技术、数据库目录与

索引技术等。

（7）数据信息表现与提供技术

数据信息表现与提供技术主要包括数据与文本信息提供技术、多媒体/超媒体信息提供技术、Flash 与动画技术、人机友好接口技术、基于行为科学与心理学的人性化/个性化表现技术等。

（8）查询检索技术

查询检索技术主要包括导航技术、目录技术、索引技术、基于关键字的查询检索技术、全文检索技术、智能检索技术、数据引擎技术等。

（9）数据系统管理与维护技术

数据系统管理与维护技术主要包括数据存储与转存管理技术、在线与离线数据备份技术、数据应急技术、数据安全技术、数据维护技术、数据运行管理技术等。

5.1.5 门户 Portal 技术

山西省科技基础条件平台门户是平台科技资源的集中体现，通过对科技资源的整合和共享，建立服务于全社会科技进步与技术创新的门户系统。

Portlet、JSR268、WSRP1.0 及 Liferay 扩展等技术。通过分析比较，本着立足技术标准规范、突出应用研究的原则，构建了基于 Liferay 和 J2EE 标准的支持单点登录、个性化定制及资源整合的门户系统。

5.1.6 基于科技资源的检索技术

科技资源共享服务平台涵盖了巨大的异构信息资源，不同平台间的数据、各种数据服务的接口都有不同的标准规范。

（1）检索标准

山西省科技资源共享服务平台制定了统一的搜索元数据标准 V1.0 以实现统一检索。数据类型标准解决了搜索字段类型的问题，以便对数据进行更高级的搜索。统一搜索需要对异构数据进行整合。在 Solr 中，通过向部署在 Servlet 容器中的 Solr Web 应用程序发送 HTTP 请求来启动索引和搜索。Solr 接受请求，确定要使用的适当 Solr Request Handler，然后处理请求。通过 HTTP 以同样的方式返回响应。默认配置返回 Solr 的标准 XML 响应，也可以配置 Solr 的备用响应格式。

（2）中文分词技术

分词技术作为搜索引擎中的关键核心技术，一直是人们关注的焦点。现在 Baidu、Google、Yahoo 等门户搜索引擎中分词技术同样决定了搜索的准确度和效率，可见分词技术在搜索中的重要性。分词技术在搜索中主要存在两个环节，第一个环节是建立索引库，每一个文档、图像、媒体等资源在搜索前都要建立相应的索引，通过分词技术将资源的全文文档进行切词，建立索引关键字，以备搜索。第二个环节是用户搜索环节，要先将用户关键字进行分词，然后使用分词在索引库中检索。

分词技术对于英文来说不是大问题。每个英文单词都是通过空格或逗号分隔的，语义也比较简单，因此，在建立索引库的时候就简单了许多。中文分词相对复杂一些。

5.1.7 资源访问控制技术

平台的资源访问控制技术主要采用基于角色的访问控制（RBAC）、基于任务的访问控制（TBAC）和基于反向代理的访问控制等。基于角色的访问控制和基于任务的访问控制主要应用于系统的内部访问控制。

访问控制（Access Control）也称授权（Authorization），简单来说，就是关注"Who can do what"。访问控制是众多计算机安全解决方案中的一种，是最直观、最自然的一种方案。信息安全的风险（Information Security Risks）可以被宽泛地归结到 CIA：信息机密性（Confidentiality）、信息完整性（Integrity）和信息可用性（Availability）。访问控制主要为信息机密性和信息完整性提供保障。

5.1.8 跨平台技术

山西省科技基础条件平台是一个分布式、异构的、相当复杂的系统[①]。计算机硬软件系统呈现出非常复杂的不同层次的异构，系统中的各子平台、各类节点、操作系统、中间件、数据库管理系统等开发平台和环境可能各不相同。在这种情况下，为了实现数据和应用服务系统的整合与集成，形成一个完整的系统，采用跨平台技术是适应复杂异构环境、实现自主知识产权软件开发的最好选择。这不仅使开发的软件不依赖任意一个特定的硬件、操作系

---

① 任军，刘永泰. 科技基础条件平台建设综述 [J]. 山西科技，2009（6）：6-7，19.

统和数据库管理系统等，而且也不会在关键技术环节上受制于人，这对推进中国软件产业的发展非常有益。

当然，采用跨平台技术是针对现实情况的一种选择。其代价是：增加了系统开发的复杂性，与采用单一平台相比，一般要增加开发的成本；同时，也提高了对开发人员技能和综合素质的要求，而且对开发工具、环境的配置要求也大大提高了。

跨平台技术是分层次的，一般来说，主要分跨硬件平台、跨操作系统平台、跨 Web 服务器、跨数据库平台技术。在跨数据库平台技术中，包括跨数据库产品连接技术和跨数据库操作技术。

5.1.9 平面设计技术

平面设计技术包括页面布局技术、信息组织技术与色彩搭配技术等。平面设计技术的使用要以用户为中心，围绕用户的目标展开，并考虑他们的具体行为模式，对任务的交互设计要从具体的使用情景和用户行为习惯着手，让软件在每个细小的地方都能体贴地满足用户的需要。

山西省科技基础条件平台门户根据用户群采用相应的平面设计方式。面向科技工作者，以协同方式完成工作为主要目标，因此，菜单的组织以业务工作内容分类为依据；面向科研人员、科技管理部门和平台建设单位，因此，导航菜单的组织以平台体系和通知办事事项为依据，尤其在子平台入口处以醒目的标题及位置加以突出，以方便用户进入。

整个平台网站系统的平面设计，注重了页面的统一协调、色彩的内涵与愉悦性统一、知识的引导及细节的处理。

5.1.10 网页制作技术

HTML 是由万维网（World Wide Web）使用的发布语言，它是一种能被所有计算机理解的语言。HTML 文本是由 HTML 命令组成的描述性文本，HTML 命令可以说明文字、图形、动画、声音、表格、链接等。HTML 的结构包括头部（Head）、主体（Body）两大部分，其中，头部描述浏览器所需的信息，而主体则包含所要说明的具体内容。HTML 语言用于构建网站页面的框架，使各种元素定位在不同的显示区域。

CSS（Cascading Style Sheet，可译为"层叠样式表"或"级联样式表"）是一组格式设置规则，用于控制 Web 页面的外观。通过使用 CSS 样式设置页面的格式，可将页面的内容与表现形式分离。页面内容存放在 HTML 文档中，而用于定义表现形式的 CSS 规则则存放另一个文件中或 HTML 文档的某一部分，通常为文件头部分。将内容与表现形式分离，不仅可使站点外观维护更加容易，而且可以使 HTML 文档代码更加简练，缩短浏览器的加载时间。

5.1.11　软件测试技术

随着山西省科技基础条件平台建设的发展及业务需求的不断提高，应用系统的开发会越来越复杂，对应用系统的质量要求也随之提高。如何既满足用户的需求又提高系统开发的质量，是始终要坚持的目标。通过分析研究相关的软件测试技术和方法，并结合实际的工作，平台选择出适合自己的软件测试管理方式和一套基于开源测试工具的测试技术。

5.1.12　网络安全技术

建立一个完善而合理的网络安全体系，是平台实施所必须考虑的。要将每一个安全系统合理使用而又不重复投资，在能保护网络安全的同时，减少无谓的投资，协调各安全产品之间的工作，最终实现以耗费最小资源来保证安全。

（1）边界、网关部署

在互联网与内部局域网相连处，在不同安全级别的内网之间，平台部署了多台高安全级别的防火墙，这是保障局部网安全的第一步。同时，防火墙采取的防御方式是主动防御，如通过防火墙过滤进出网络的数据，对进出网络的访问行为进行控制和阻断，封堵某些禁止的业务；记录通过防火墙的信息内容和活动，对网络攻击的监测和告警。

（2）入侵检测系统的部署

虽然使用了防火墙系统，但并不能保证网络安全最大化。为了防范内部攻击、内部误操作和一些通过防火墙正常开放端口进入的攻击行为，平台使用入侵检测系统。通过部署入侵检测系统，有效防范了防火墙系统不能防范的安全风险，实现了真正的动态安全。

（3）网络防病毒系统的部署

对于网络防病毒，不同的应用有不同的功能产品与之对应。对用户来说，计算机病毒是最普遍的，因为病毒的种种特性，使病毒的传播迅速，发生的频率也很高，而且对于用户来说是最直观的，对用户造成的影响也是最大的。所以，合理部署防病毒系统，形成一个立体的多维的防御体系，最大限度杜绝病毒的入侵。

（4）安全评估系统的部署

安全评估系统又称作漏洞扫描，漏洞扫描是网络安全评估系统的重要内容，它部署在网络中的一台网管工作站上。漏洞扫描又分为基于网络的漏洞扫描和基于主机系统的漏洞扫描。针对不同的范围、不同的策略，扫描的情况有所不同。

（5）网页防黑系统的部署

网站监测与恢复系统，结合了实时触发和比较扫描的双重技术的各自优点，采用贴近操作系统内核方式的控制技术，有效保障网站数据的安全性和真实性，为平台网站提供实时自动的安全监护。

（6）数据安全防护系统部署

应用 NAS、SAN、IPSAN 等结构构建数据安全网络。

NAS：集中化管理中心。

SAN：存储局域网。

IPSAN：以 IP 为基础，实现 LAN/MAN/WAN 下的虚拟 SAN 存储结构。

（7）审计分析系统部署

审计分析系统记录了用户使用计算机网络系统进行所有活动的过程，它进一步提高了系统的安全性。它不仅能够识别谁访问了系统，还能指出系统正被怎样使用。同时，系统事件的记录能够更迅速和系统地识别问题，并且它是后面阶段事故处理的重要依据。另外，通过对安全事件的不断收集与积累，并加以分析，有选择性地对其中的某些站点或用户进行审计跟踪，及时发现可能产生的破坏性行为。

5.2 平台系统异构互操作技术

5.2.1 异构数据库的划分

传统上，异构数据库是按模式的类型、数据共享的广度及它们支持访问数据的工具来划分的。异构数据库中的模式有局部模式和全局模式，局部模式是局部数据库的 DDL 表达的组件数据库的模式，全局模式是用共同的 DDL 所描述并提供了一个组件数据库统一的视图。因此，异构数据库系统中的每一个数据库在向其他数据库输出其模式的界面时，能向其他数据库提供其模式的一个子集。同时，每一个数据库也能输入其他数据库输出的，用其局部数据库输出的模式松散的集合（松散耦合），也可以是所有输入模式紧密耦合而成的。异构数据库系统中数据共享可有两个层次：在组件数据库中连接指定的数据项和组件数据阵中模式相关的数据项。数据库之间单一的数据项连接（如超链接）并不要求遵从相互关联的数据库的模式。而对模式相关的数据项，数据的连接必须与这些相关的模式中的约束保持一致，应像集中式数据库中的参照完整性约束一样。

异构数据库系统中数据访问方式有：在组件数据库中浏览数据或查询一个集中的数据仓库或查询多数据库系统。在组件数据库中通常基于 WWW 超链接浏览数据，从一个数据库中的数据项跳转到另一个数据库中的数据项，这并不要求模式上的相关约束。查询数据仓库相当于查询一个单一的数据库——其组件数据库的数据库是按照数据仓库的全局模式对外部表现的。查询数据库系统时，是将一个全局查询分解为对各组件数据库的局部查询，并将各局部查询提交给组件数据库实现。作为一种选择，也可以为异构数据库系统构造一个多数据库查询语言，从而允许直接对各组件数据库的各元素提出查询[①]。

5.2.2 异构数据库互操作的实现

所谓互操作，就是指异构环境下两个或两个以上的实体，尽管它们实现的语言、执行的环境和基于的模型不同，但它们可以相互通信和协作，以完成某一特定的任务。这些实体包括应用程序、对象、系统运行环境等。互操作提供了不同系统之间、应用程序之间信息的有意义的交换。对于已存在的各种数据库，应该区分它们是在系统一级（如 DBMS）的异构还是在语义一级上的异构，同时还要考虑到它们是分布式的数据库，管理及访问异构的数据库还必须考虑到要通过 WWW 链接这些异构的数据库，将它们组织成联邦数据库（Federated Database）、多数据库系统（Multidatabase System）或构造数据仓库（Data Warehouse）。各种类型的数据库系统在彼此独立的情况下，只能使用本系统的命令来访问本数据库系统中的数据，如用 Oracle 的命令只能访

---

① 吴超. 基于 COM/DCOM 的异构分布式数据互操作技术研究 [D]. 西安：西北工业大学，2003.

问 Oracle 的数据库。当各种不同的数据库系统集成在同一个网络环境中时，这种单一模式的命令访问方式将给用户带来许多不便之处。所以，实现操作语言的透明性是实现异构型数据库互访问的重要方面，即允许用户使用一种公共的语言，就能够访问网络上的各种类型数据库中的数据。

通过解决命令集拆分、命令翻译和 DB 接口，实现异构数据库系统的互操作。命令集拆分是将用户输入命令窗口内的命令集拆分为若干个单条命令。命令翻译是将一种特殊类型的数据库命令翻译为可实现本命令功能的标准的 SQL 命令集或一个与该命令功能等价的程序段。为了完成命令的翻译，平台采用了命令解释器和命令词典等技术。DB 接口是执行翻译的 SQL 语句，通过 ODBC 接口从指定数据库中提取数据，并将命令操作的结果返回；各种数据库命令解释器都是不同的，它们主要进行各种类型数据库命令的翻译，将一种专用的数据库命令翻译为各种数据库都能识别并执行的命令；根据 ODBC 理论，选择 SQL 作为公共的命令语言。

5.3 平台协同操作系统

山西省科技基础条件平台的建设涉及众多的因素，每个因素与其他因素之间都存在各种各样直接或间接的联系，即使将该因素从物理、化学、生物和经济等学科单方面进行分析，研究得清楚透彻，对系统的整体行为却仍然无法把握，因为整个系统会涌现出系统各部分所不具备的特殊的整体功能。但在系统的演变发展过程中，由于各因素之间合作和竞争，使系统最终只受少数变量所代表的因素支配，体现出该系统的协同性。正是这种"协同作用"，推动整个系统朝着持久、稳定和协调的方向发展[①]。

5.4 平台支持系统

山西省科技基础条件平台建设以山西省级数据中心网络为核心节点，向上与科技部、国家科技基础条件平台相连，向下与山西省内各科技资源提供点相连，形成一个应用于科研与创新的集中网络环境，成为一个集整合、共享、服务于一体的网络平台。

---

① 贺德方，谢科范.国家科技基础条件平台的系统动力学分析 [J]. 中国软科学，2006（12）：52–57.

网络支撑平台是整个平台建设与运行的基础，它是一个滚动式的发展过程，要为各子平台提供各种网络、硬件条件与软件支撑环境，其建设目标是利用先进的信息技术，特别是网络技术、集群技术，通过高速信息网络将各子平台的信息、数据及平台支持设备连接成一个整体，为社会提供简便、快速、高效的支持科技基础条件资源实现共享的网络协同工作环境。

平台作为基于网络信息化条件下的科技资源共享系统，网络信息化起着关键的支撑作用，必须以共享服务的理念进行流程再造，建立适应新流程需要的信息化支撑体系[①]。

5.4.1　门户网站

（1）互联网技术支撑

①科技资源共享服务平台。基于互联网技术，统一提供科技信息资源的互联互通、共享、检索、导航、联合目录等服务，包括统一的用户身份认证和授权管理系统，一站式的科技资源检索与导航服务。

②科技资源整合服务平台。依据统一的共享服务规范（内容、格式、标准、周期、程序等），对各种资源进行统计、采集、传递、汇集、使用、发布、公告，为参加平台建设的各子平台及参加单位提供整合资源共同需要的各种软硬件开发资源，并建立平台建设网上交流平台，提供各种技术、标准、规范的支持。

③网络应用服务支撑平台。提供与科技资源和基础设施条件相关的数据与信息资源的统计、汇总、分析、决策支持等服务，如网上科技服务申请、服务过程展示、服务传递和服务跟踪等，为科技基础条件平台各类业务应用模块提供基本的目录服务、安全服务、数据管理等功能。

④运行管理服务平台。提供系统运行过程中的科技资源与条件数据的上传下载、交换与维护等方面的服务，对平台运行的有关数据、信息和数据库的管理和维护提供支持，并对支撑平台运行的软件系统的管理和维护提供支持，包括开发与测试、工具与环境的管理与维护，网络操作系统及服务器与客户端软件等支撑软件系统的管理与维护。

⑤平台安全保障体系。通过建设完善的平台安全保障体系，使山西省科技基础条件平台能够安全、平稳、健康的建设和运转。平台运行安全保障体

① 吴守辉．我国科技基础条件平台的系统构建和若干对策 [J]．中国科技论坛，2009（10）：3-8．

系的主要任务有：提供统一的用户管理；防止非授权访问；实现用户访问的日志和审计；与总门户进行系统的集成，实现用户访问的统计等。

（2）网站首页

山西省科技基础条件联合门户于 2007 年 5 月正式投入运行。目前，以分布和集成的方式，托管和镜像各类资源 80 余种，包括 6 个子平台和 10 个节点单位。制定了信息资源目录集成标准和信息资源程序集成标准（包括基于 IFRAME 的页面整合规范、RSS 新闻类集成标准和基于 Web Services 服务的整合规范）。山西省科技基础条件平台总门户的网站建设遵循网站页面设计的原则和标准，并结合本网站的内容特点进行了综合展示，在制作上采用高效率的先进技术和规范，保证了页面访问的速度和质量。

山西省科技基础条件平台门户网站（http://jctj.sxinfo.net）如图 5-1 所示，是整个平台建设的集中体现，它将整个平台的建设成果、各类资源、各种应用服务，通过科学规范的集成和整合，充分展示出来，为社会提供一个可持续发展的跨行业的、跨部门的、跨地域的一站式科技专业门户网站，为科技资源共享和应用服务提供平台窗口。

图 5-1　山西省科技基础条件平台网站

山西省科技资源共享服务网（2010 年改版）如图 5-2 所示，是平台建设成果的综合展示窗口，是各类共享资源、各种应用的整合和集成服务平台，是六大子平台的联合门户和统一入口。为整个平台提供了安全稳定、功能齐全、开放高效、体系完备的支撑环境。山西省科技资源共享服务网主要设置了平台介绍、管理办法、新闻动态、通知通告、平台建设、业务咨询、网上留言及用户使用指南等一般性栏目，同时建立了科技文献、大型仪器、科学数据、科技创新、自然科技资源及技术转移各个子平台的链接入口。根据页面布局，将用户中心、全网资源检索、科技创新、常用服务、数据库、特色资源及各子平台资源目录等重点栏目在网站首页突出体现出来。

图 5-2　山西省科技资源共享服务网

（3）网站栏目

平台介绍栏目主要以电子书的形式，介绍了科技基础条件平台的三大构成体系，包含总平台、网络支撑体系和六大子平台，同时分别介绍了各子平台的资源建设情况。管理办法栏目主要介绍了与科技基础条件总平台及各子平台相关的法律法规及规章制度。新闻动态及通知通告主要介绍了与平台项目相关的科技新闻及通知。平台建设主要介绍了各子平台建设情况。常用服务栏目把用户经常用到的科技服务项目提取出来，方便用户。业务咨询及网上留言两个栏目，主要是为了方便和用户之间的交流互动，与平台业务相关的留言选择业务咨询栏目，其他的留言选择网上留言。

六大子平台分别为：科技文献共享与服务平台、大型科学仪器协作共享平台、科学数据共享平台、科技创新平台、自然科技资源平台和技术转移平台，分别如图 5-3 至图 5-8 所示。

图 5-3　科技文献共享与服务平台

图 5-4　大型科学仪器协作共享平台

107

图 5-5　科学数据共享平台

图 5-6　科技创新平台

图 5-7　自然科技资源平台

图 5-8　技术转移平台

5.4.2　呼叫中心和专家咨询

呼叫中心的概念从西方引入中国，其目的就是运用高科技信息化技术搭建一个面向客户的窗口，更好地服务老客户、开发新客户。呼叫中心平台的建立在收集客户信息、提升响应顾客需求速度、及时为客户提供专业化服务的同时，还能为企业节省大量的运营成本[①]。随着互联网技术的迅猛发展和互联网用户的不断增长，互联网呼叫中心是目前呼叫中心的发展方向，互联网呼叫中心体系结构涵盖了互联网呼叫中心通用的管理功能、传统的语音功能与网上功能三大部分[②]，如图 5-9 所示。

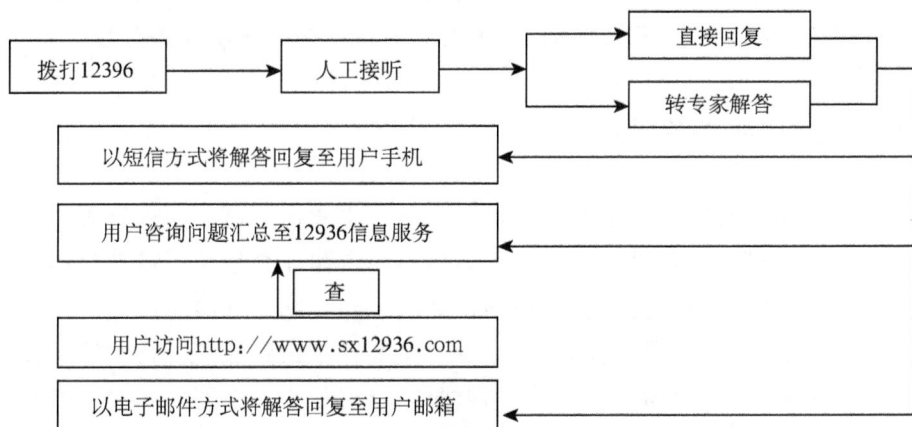

图 5-9　"12396"工作流程

通过"12396"服务热线，用户可以与"12396"科技专家团中的任何一位专家直接通话，向他们咨询科技、农业、实用技术等各种问题。"12396"除有语音服务功能外，还有短信服务功能。短信服务功能作为语音服务的辅助功能，定期服务向用户发送和发布科技信息。

通过"12396"短信服务功能可以将科技信息、农业气象、实用技术服务发送至用户手机，还可以将用户咨询问题的解答及时反馈至用户手机。

---

① 毛丽娜. 呼叫中心与后台服务部门间知识转移机制研究：社会资本理论视角 [D]. 杭州：浙江工商大学，2013.

② 马康峰. 互联网呼叫中心构建方案及关键技术研究 [D]. 武汉：华中科技大学，2006.

第六章
山西省科技基础条件平台功能系统

山西省科技基础条件平台是山西省创新体系的重要组成部分，是一个开放高效的、服务于社会科技进步与技术创新的基础支撑体系。平台建设充分运用信息、网络等现代化技术，对科技基础条件资源进行战略重组和系统优化，以促进全社会科技资源高效配置和综合利用，提高科技创新能力。

6.1 平台功能系统特征

在平台物质与信息体系的横向建设方面，主要包括科技文献资源、科学数据资源、大型科学仪器设备资源、自然科技资源4个领域；在平台物质与信息体系的纵深建设方面，主要包括实物层、数据库层和应用网络层3层结构；在平台的共性问题研究与建设方面，主要包括政策法规、技术标准、人才队伍、组织保障、运行机制、评估监督、经费投入7个共性问题，以及国际合作问题。

6.1.1 4个资源领域

（1）科技文献共享与服务平台

科技文献共享与服务平台是对各类科技文献资源进行整合、集成和扩充，利用公共网络设施，在各级各类主要科技文献信息机构之间形成涵盖全国的科技信息资源与服务网络，实现系统内部科技文献信息增量与存量资源和文献信息服务的共享，从而构成面向全国的、分布式的科技文献信息资源的联合保障系统。

（2）科学数据共享平台

科学数据是人类社会在科技活动中产生的数据、资料及按照不同需求系统加工的数据产品和相关信息。科学数据共享平台是以政府生产、拥有和政府资助项目产生和积累的科学数据资源为主，整合、集成各部门、各地方、各单位的科学数据资源，并充分利用国内外科学数据资源，形成面向全社会的网络化、智能化的科学数据管理与共享服务体系。

（3）大型科学仪器协作共享平台

研究实验基地和大型科学仪器协作共享平台，是按照山西省科技、经济及社会发展的需要，根据学科领域特点，以重点实验室、大型科学工程、野外观测台站、大型仪器中心与实验装置、大型科学仪器协作共享网、分析测试体系和计量标准体系 7 个方面为主要建设范围，以信息共享为引导，以面向社会开放科技创新所需要的实物资源为根本，建设共享平台。

（4）自然科技资源平台

自然科技资源是指经过长期演化自然形成及人为改造的、对人类社会生存与可持续发展不可或缺的、为人类社会科技与生产活动提供基础材料，并对科技创新与经济发展起到支撑作用的战略物质资源，主要包括植物、动物、微生物和人类等遗传资源，以及实验生物材料、生物标本、岩石矿物及化石标本等。

6.1.2　平台系统三层纵深结构

（1）平台的实物层面

平台的实物层面是科技基础条件平台资源载体的实物体现，主要包括研究实验基地，大型科学仪器设备，农林种质资源，各类资源实物标本，数据资源采集、加工、存储和服务的相关设备，图书文献实体资源，网络支撑环境的硬件设备和支撑软件系统等。

（2）平台的数据库层面

平台的数据库层面是平台实体层面所含资源的数字化表现形式，是平台数字化资源的集成，是科学观测、监测、统计等所获得和用于科学研究、技术设计、查证、决策等的数值集，同时，平台的数据库层面又是平台网络层面信息资源的基础，与实物层面的应用网络层面有机结合共同形成平台结构的整体，主要包括：自然科技资源数据库群、科技文献数据库群、大型科学仪器数据库群、研究实验基地数据库群和科技资源管理数据库群等。

（3）平台的应用网络层面

应用网络层面是科技基础条件平台建设中最基础的支撑系统，是平台重要的信息传输与服务形式，是科技资源整合、共享服务的深层体现，是科技工作者和科技管理者获得资源信息的重要途径，主要包括网络支撑环境和科技资源管理与服务信息系统。

6.1.3 平台功能系统 7 个共性问题

（1）组织保障问题

平台建设的组织保障体系是平台顺利运行的重要条件之一，主要内容包括：由平台领导小组、专家咨询组、平台管理办公室等构成的组织结构，各组织的人员构成、组织职能、任务与责任、程序与规范及各组织之间的相互关系等。

（2）人才队伍问题

人才队伍是平台建设与运行能否最终有效推进的直接因素和必要条件。根据不同模块的建设情况，各模块人才队伍的研究建设主要内容包括：人才队伍组成、结构与规模、高素质人才队伍稳定机制、人才培养模式等。

（3）经费投入问题

经费投入是平台建设的核心问题之一，其主要研究的内容包括：突破原有的项目资金投入运作模式，整合各类经费来源，建立稳定、持续增长的经费渠道，制定平台经费管理办法，研究平台运行补贴办法，探讨政府财政投入与市场机制的关系，形成一套适合平台建设与运行可持续发展的资金投入保障体系。

（4）政策法规问题

政策法规是平台建设的强有力保障，是平台建设的重要组成部分。政策法规体系包括国家、部门层面与平台建设有关的法规政策修订、补充与完善，有关建设领域的管理条例制定，平台建设各种管理政策和管理办法的制定。

（5）标准规范问题

技术标准规范是平台资源整合与共享的重要前提，是平台发展建设过程中资源整合、信息加工、数据库建设、信息检索、网络运行及后续服务等各类行为的实施准则，它是以人们已经掌握的科学技术理论、原则、方法、要求、生产实践去指导、约束、限制、规范人们建设、管理和运用平台资源的技术行为。研究内容主要包括：平台建设各模块的专业标准、技术标准和关键技术标准，以及平台管理规范等。

（6）评估与监督问题

评估与监督是保障科技基础条件平台高效运转和可持续发展的重要手

段，平台的评估监督体系主要包括制定平台建设与运行有关的评估内容与范围、评估指标、评估程序、评估机制、评估结果的认定与绩效评价、评估反馈等。

（7）运行机制问题

平台运行机制是平台内部结构及其运行规律，是平台建设与运行科学规范发展的基础保障，主要包括共享服务机制、经费投入机制、可持续发展机制、评估监督机制、绩效评价机制、人才激励机制。根据六大子平台建设领域的不同及其在平台建设运行过程中的作用和地位，所采取的运行机制有所不同，分别建立共性的和差异化的平台运行机制，以确保平台的持续发展。

6.1.4　平台的国际接口

国际合作是保障平台建设高水平发展的重要举措，在研究、分析国际技术标准和规范的基础上，加快平台建设与国际资源的互联对接。国际科技资源的利用是指平台建设中关于与国外的科学组织、国家、地区的双边、多边合作过程中涉及的开拓国际合作渠道、协商合作机制、制定合作政策、建立合作计划、确定合作关系等合作内容。

6.2　平台功能属性及分析

6.2.1　平台系统流程分析

科技基础条件平台是一个开放的、持续发展的系统工程，在这个工程体系中，外界源源不断地向系统内输入物质要素、信息要素、管理要素等。由于平台系统具有特定的组成、结构，因而形成了特定的功能，能够对外界输入的要素进行有机的处理，使输入要素系统化，最终向外界输出有价值的物质、信息与服务，并通过系统内部与外部的调控、监督，向系统反馈各种信息，调节新的要素投入，使系统发展处于良性循环之中，在其运转循环中发挥系统对外界的支撑服务功能，如图6-1所示。

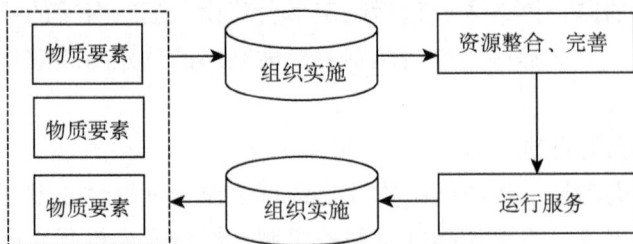

图 6-1　山西省科技基础条件平台系统流程

6.2.2　平台系统职能分析

科技基础条件平台系统具有不同的层级结构，每个层级结构发挥特定的层级职能作用，综合构成了平台的整体功能作用，如图 6-2 所示。

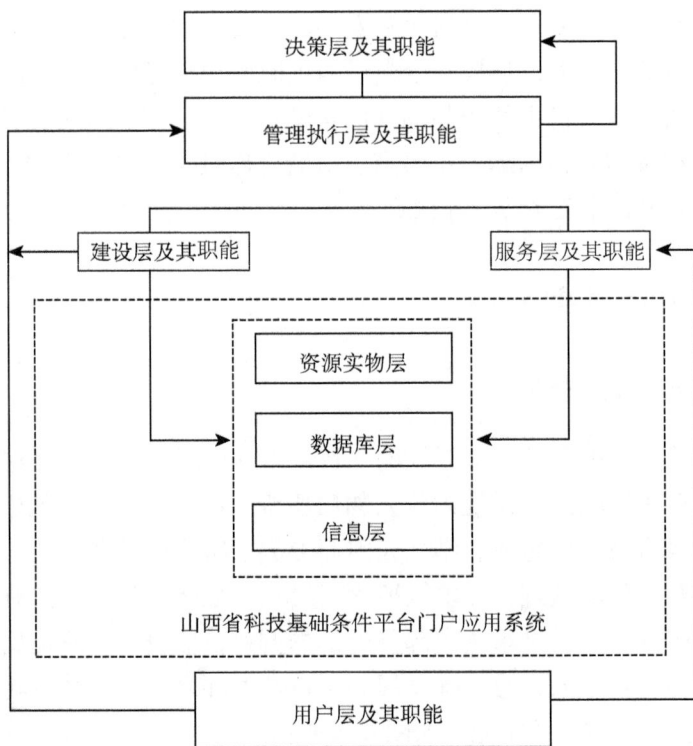

图 6-2　平台系统层级结构

（1）决策层及其职能

山西省科技基础条件平台的决策层是为保障平台发展方向和发展全局做

出战略部署和整体规划，保障平台发挥对山西省科技发展的基础性支撑和保障作用。

（2）管理执行层及其职能

山西省科技基础条件平台的管理执行层是根据山西省发展目标，对决策层提出的战略部署和整体规划具体执行和组织实施，实现平台整体目标。管理执行层不仅要为决策层提供决策依据及发展建议，而且要对下一层级提出建设要求，并对其进行业务指导和工作监督检查。

（3）建设层及其职能

山西省科技基础条件平台的建设层的任务主要包括资源信息化建设、资源整合建设及平台资源的完善和提高。建设层在管理执行层的业务指导和监督管理下，作为牵头单位具体完成由管理执行层提出的建设任务。

（4）服务层及其职能

山西省科技基础条件平台的服务层是直接面向社会提供科技资源服务的层级，主要是依托平台项目牵头单位所具有的资源优势、技术优势、人才优势，为全社会的技术创新提供高质量的服务。其服务过程是对资源利用的深加工过程，包括数据处理、信息采集与处理、分析测试及个性化的信息交叉与组合服务。这种专业化的平台服务能力是平台运行的支撑能力，它将会大大提高技术创新的工作质量和效率，也会大大提高全社会的科学技术水平。

（5）用户层及其职能

山西省科技基础条件平台的用户层是广大科技工作者及全社会的所有需求者，其是平台服务的对象。一方面，用户需要平台提供的基础性资源服务；另一方面，用户对资源服务进行社会监督，促进平台内在的优化、竞争与提高。

6.2.3　平台系统功能分析

（1）实施对科技资源的管理功能

平台通过资源整合、完善、提高、再建设，汇集科技资源，并进行统筹规划和合理安排，实现了对资源的优化配置和科学管理。同时，平台还通过资源信息化建设，借助有效的信息化管理手段，使得科技资源的动态记录、资源监测、配置利用等情况，为相关决策提供科学依据。因此，平台对科技资源具有调配和管理作用。

科技文献、科学数据、大型科学仪器、自然科技资源作为山西省战略性资源，对科技进步和社会经济的长远发展具有十分重要的意义。这种战略资源的积累和保护，需要长期的不间断的投入，需要政府从战略高度和整体利益的角度出发，重视并加强对科技资源的积累和保护。

（2）平台科技资源的共享服务功能

科技资源整合的根本目的是为了利用。提高山西省科技创新能力，不仅需要创新的人才、创新的机制，还需要有利于开展创新活动的科技资源共享服务功能。山西省科技基础条件平台科技资源的开放与共享，为所有愿意从事科研活动的用户提供了共享服务环境与支撑。

（3）平台具有对科技资源再开发的功能

平台建设与运行的根本是为社会和用户提供各种科技资源服务，这就需要对资源进行收集、加工、处理、保藏，为社会、用户提供可以使用的科技资源服务，特别是多学科综合交叉对资源利用提出的专题服务和个性化服务需求。在这个过程中，科技基础条件平台发挥了科技资源再开发的功能。

（4）平台为社会用户提供知识更新功能

平台建设在资源优化整合的基础上，不仅保障了科技创新活动所必需的科技资源，而且为全社会提供了一个可以促进科技成果和科学知识交流、传播和扩散的大平台，这个平台利用最先进的网络化、数字化和多媒体信息技术，对最新的知识创新成果和技术创新成果进行收集、积累，提供交流和传播，从而起到提高社会用户科学文化素质的重要作用和知识更新的功能。

6.3 基于适用对象需求的功能架构

山西省科技基础条件平台所面向的各类使用对象主要为用户（使用者），平台建设单位与开发者，平台运行、管理和维护者 3 种类型（图 6-3）。

用户（使用者）主要是从事科学研究、技术开发及科技管理的人员。这些人员是平台的首要服务对象。平台要为科研人员、科技管理人员从事科学研究与技术开发、科技推广和科技成果产业化提供必要的科技资源和基础设施，提供方便的科技信息传播和交流服务，以满足科技创新活动的需求。平台建设单位与开发者主要是科技资源共享服务平台的建设单位和系统技术开发人员[1]。平台运行、管理和维护者是指履行平台运行管理与维护职责的科技

---

① 廉毅敏. 科技资源共享服务平台构建技术研究 [M]. 北京：中国科学技术出版社，2010：7-15.

管理部门的专业人员，平台系统要为他们制定推进创新活动的相关制度与构建科技创新体系的管理决策活动提供支撑服务。

从满足上述 3 类用户的使用出发，平台的系统功能框架可分为以下 3 个部分：基于用户（使用者）的功能框架，基于平台运行、管理和维护者的功能框架，基于平台建设单位与开发者的功能框架。

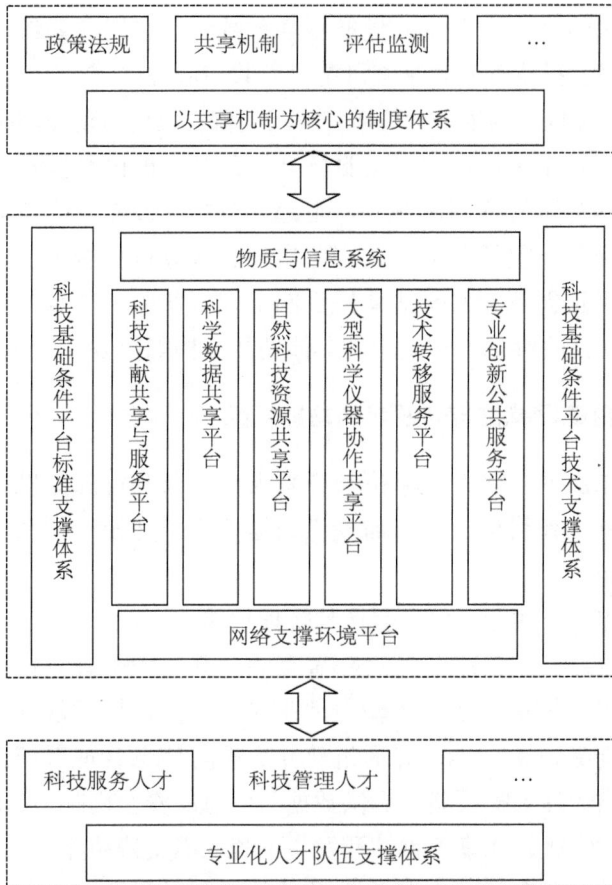

图 6-3 山西省科技基础条件平台功能体系

6.3.1 基于用户（使用者）功能框架

适应科研人员、管理人员进行科学研究与技术开发、科技推广和科技成果产业化的需求，平台的逻辑功能主要体现在如下几个方面。

（1）用户管理与个性化服务

要通过门户系统，为平台的用户提供统一的登录入口，并在系统中的相关软件与应用服务系统的支撑下，提供一站式服务。同时，通过 CA 认证和授权管理系统，为用户提供身份认证、权限管理等，保障数据信息与系统的安全，为用户提供安全可靠的有效服务，通过友好的人机界面与基于多媒体和超媒体技术为用户提供表现形式多样丰富、使用灵活方便的个性化服务。

（2）科技资源和基础设施条件的相关数据与信息提供

要基于互联网络技术，提供科技信息数据和基础设施条件的互联互通与资源共享，通过信息发布系统、导航服务系统、目录服务系统、查询检索系统等，为用户提供科技资源和基础设施条件共享服务。

（3）为知识和技术的生产、传播和应用及科技创新活动提供应用支撑服务

要通过相应的支撑软件与应用服务支持系统，提供科技资源和基础设施条件相关的数据与科技资源的统计、汇总、分析、发布、决策等服务，提供网络协同应用服务，包括网上科技服务申请、服务过程展示、服务传递和服务跟踪等。为科技创新和科研活动提供网上虚拟实验、仿真计算等方面的支持，成为科技创新的孵化器和温床。具体功能结构如图 6-4 所示。

6.3.2　基于平台建设单位与开发者的功能框架

包括所有参加平台建设的单位与开发人员，以及资源提供的节点单位与人员，要实现其工作目标，平台需提供数据管理、开发工具和网络工作环境等技术支撑功能。

（1）数据传输与存储、信息交换与管理功能

山西省科技基础条件平台通过部署存储体系，为所有科技资源提供数据存储功能，为平台间提供数据传输与信息交换功能，提供数据过滤、数据抓取、数据整合与集成等功能，并通过建立数据与信息管理系统，为各类数据库与信息库提供管理维护策略，提供数据与信息的安全机制。

（2）整合、集成、共享工具的开发与系统环境支持功能

山西省科技基础条件平台建设涉及的领域与学科众多，各领域、各学科的科技人员知识结构、学科背景千差万别。系统数据要能够实现共享与保持一致性，要保证应用服务软件与系统的互通互联性、通用性和复用性，保证数据库的互操作性与软件构件的易重构性，保证系统的整体性、易维护性及可扩展性。在平台建设与开发过程中，需要不断积累公共支撑软件与技术，进行统一规范设计，建立整合、集成与共享工具与系统环境支撑平台。在系统环境、开发工具、公用模板、共享标准规范等方面足以支撑系统开发的要求。

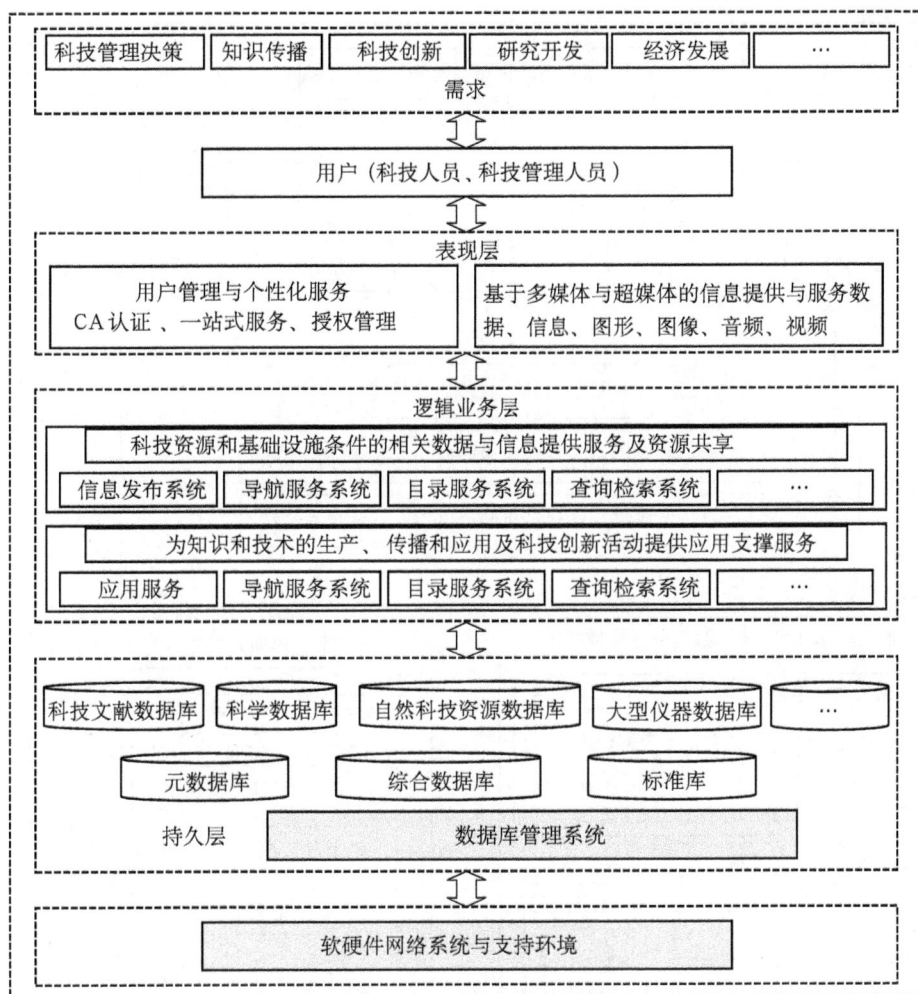

图 6-4　基于用户的功能结构

（3）工作交流与技术研讨的支持平台功能

通过开发建设工作经验与技术、标准研讨平台，包括工作经验交流园地、技术交流园地、整合与集成技术论坛的开发，满足平台建设与开发技术、运行机制与制度体系建设、标准规范等的研究与探讨活动，为平台开发与应用服务提供支持。具体功能结构如图 6-5 所示。

用户（平台建设单位与开发者）

登录与管理系统　　　　　服务管理系统

| CA认证 | 授权管理 | 服务导航 | 信息管理 | 查询检索 |

开发工作经验与技术交流平台

| 开发经验交流 | 平台建设研究 | 技术交流园地 |
| 标准规范研究 | 运行机制研讨 | 开发技术论坛 |

数据存储技术　数据整合集成技术
数据交换技术　　　数据抓取技术
数据挖掘技术　数据技术　查询检索技术
数据库技术　　　元数据技术

数据标准　标准体系　数据规范

专业数据库

元数据库　综合数据库

数据库管理系统

界面开发技术
模板库　图标库　LOGO库

软件开发技术
跨平台技术　集成技术
软件开发工具
构件库　组件库

测试技术
单元测试　集成测试　压力测试
测试工具

系统开发支撑环境　信息安全技术　项目管理工具　网络安全技术
网络技术　领域工程技术　信息技术

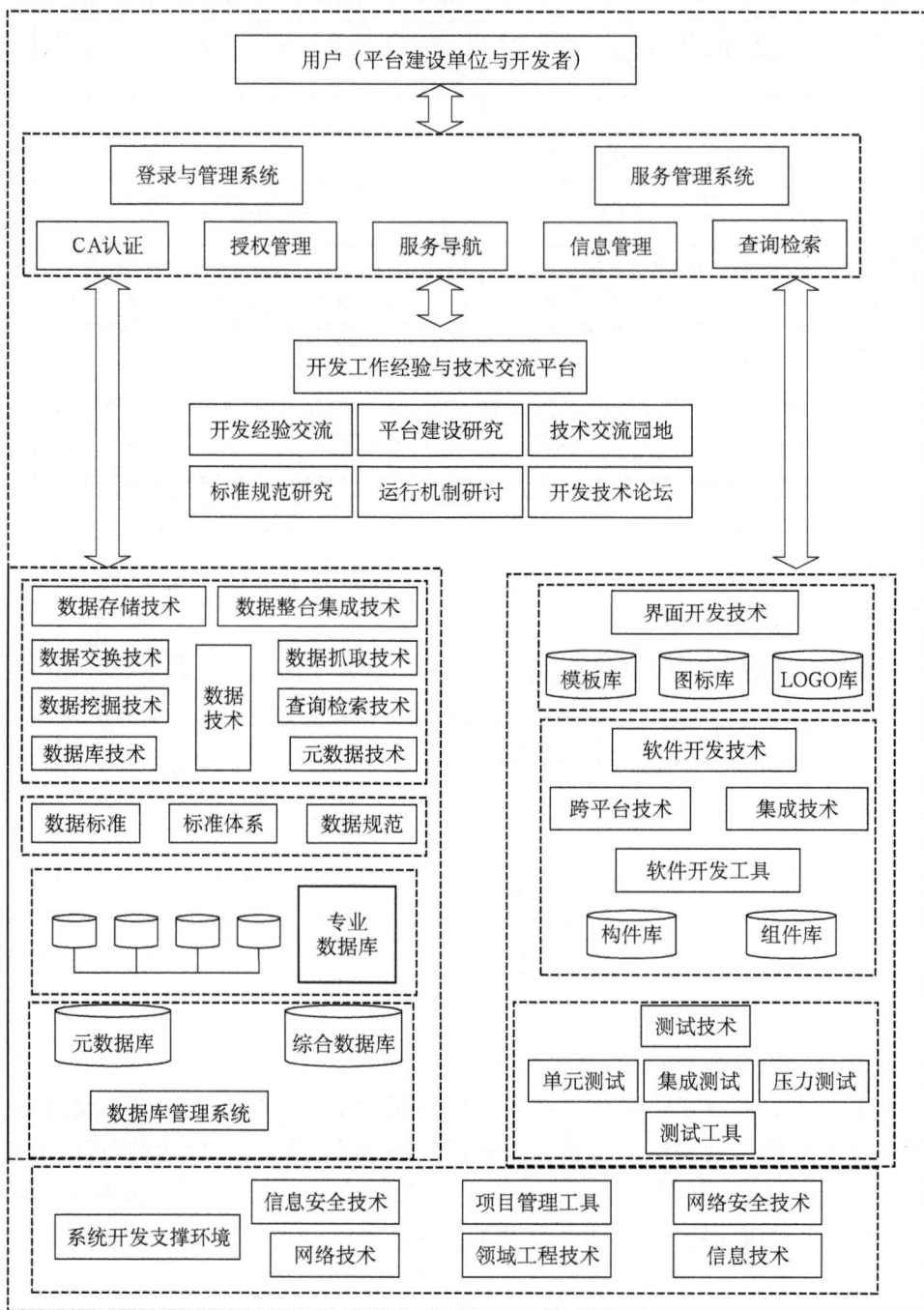

图 6-5　基于开发者的功能结构

6.3.3　基于平台运行、管理和维护者的功能框架

山西省科技基础条件平台是一个开放的信息化系统，在其运行的过程中，科技资源与条件的节点会源源不断地向系统提供各类数据、信息，与之相关的管理、维护人员更加关注数据传输、维护的便捷，软硬件环境运行的可靠、安全和稳定。因此，科技资源共享服务平台应提供如下技术支撑功能：

（1）数据管理与维护功能

提供平台系统的运行过程中科技资源与数据的上传、下载、交换和维护等方面的服务，实现系统运行中的数据、信息、文档的管理。

（2）软件系统运行维护功能

提供开发与测试的工具与环境、网络操作系统及客户端软件等支撑软件系统的管理与维护，实现系统软件的技术支撑服务。

（3）安全保障功能

建设完善的平台网络与信息安全保障体系，提供统一的系统安全管理，使系统能够安全、平稳、健康地建设和运转。

（4）硬件系统运行维护功能

提供相应的硬件运行环境，通过相关的技术和工具，实现硬件系统的管理和维护，保证系统的安全、可靠、持续运行。具体功能结构如图6-6所示。

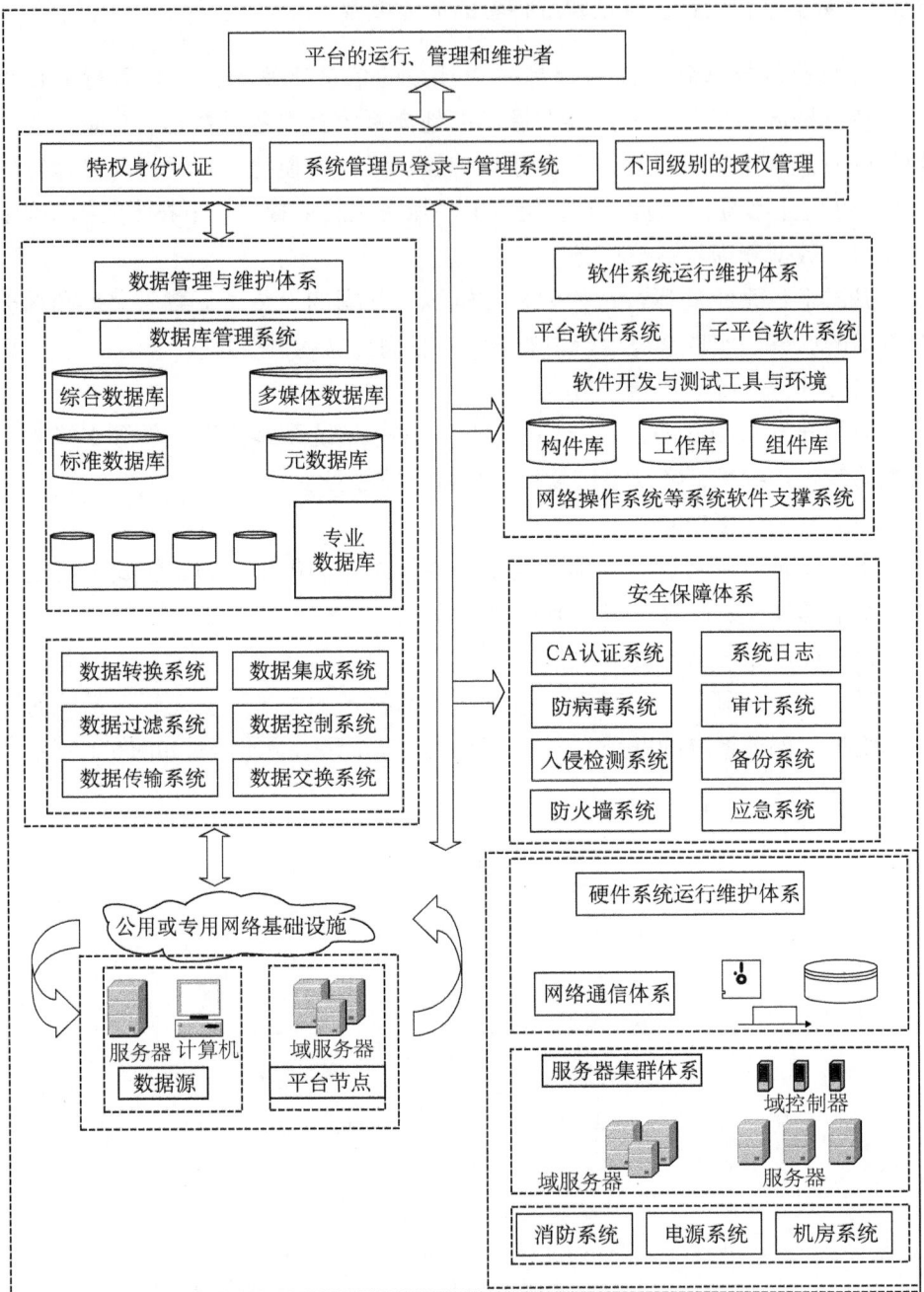

图6-6 基于平台运行、管理和维护者的功能结构

第七章

山西省科技基础条件平台组织管理

科技基础条件是指支持工农业生产、科学研究活动、科技创新活动和技术转移活动的科技基础设施,它由物质、人力和信息保障系统中的基础部分组成,主要包括科技文献资料、科学基础数据、科技规范与标准、自然科技资源、大型科技设施及仪器设备等各种基础性物质和信息资源;也包括促进产业科技进步的共性技术研发能力和促进科技成果转化的科技中介服务体系,而科技基础条件平台是能够为全社会的科技创新活动和技术转移活动提供基础性、公共性、共用性和公益性的优质服务[①]。山西省科技基础条件平台组织管理的主要目的为:第一,在山西省范围内充分组织科技资源,提高科技资源的使用效率;第二,平台在利用大量已有科技资源的基础上,实现科技创新;第三,对平台的科技资源进行优化整合,提高科技资源供给的质量;第四,使山西省乃至国内外的用户都能享受到科技基础条件带来的服务价值。因此,平台的组织管理是平台的研究重点,为深入理解平台的组织管理体系、平台运行管理模式、平台管理规范及平台加盟管理,需对平台的管理组织机制进行研究。

本章围绕山西省科技基础条件平台,研究了平台的组织管理体系、平台的运行管理模式、平台的管理规范及平台的加盟管理。以构建公益性、基础性、服务性、数字化、网络化、智能化的基础性组织管理支撑体系,为山西省科学技术研究和创新活动提供有力支持[①]。开展科技资源组织管理创新方面的探索,是平台资源共享服务的关键,是实现平台可持续发展的内在动力。

---

① 山西省科技基础条件平台共享机制研究项目组 . 山西省科技基础条件平台共享机制研究报告 [R]. 山西省科技厅,2009.

7.1 平台组织管理体系

山西省科技基础条件平台的组织管理体系紧扣"服务"这一核心理念，主要是配合平台建设与服务而设立的。为了提升山西省的科技竞争力，促进山西省社会发展和科技进步，自 2005 年以来，山西省不断探索与实践，已形成一套适用于平台运行管理的、分工有序的组织管理体系，建立了由政府牵头的平台行政组织管理体系；由政府主导、项目承担单位自愿组合的政府、产学研联合组织管理体系；以平台管理办公室为监督、由平台子项目承担单位自治管理的多级监督自治组织管理体系；实行专业化管理与人才队伍管理的专业人才队伍组织管理体系。在这种有机的组织管理体系中，这 4 种组织管理体系是相互结合、互为补充的，实现了平台资源的高效管理与有效服务。平台组织管理体系如图 7-1 所示。

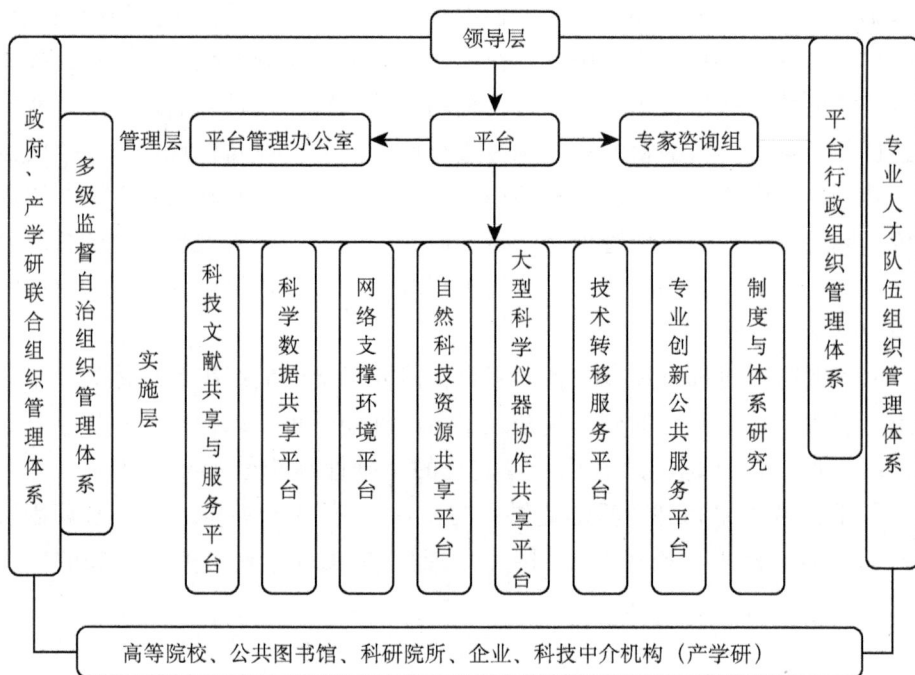

图 7-1　山西省科技基础条件平台组织管理体系

7.1.1 平台行政组织管理体系

山西省于 2005 年设立山西省科技基础条件平台建设专项资金计划，启动科技基础条件平台建设工作，并组织专门力量调查研究，指导全省平台建设工作。通过构建科技基础条件平台，充实、完善和整合全省的科技资源，发挥科技基础条件的整体实力和服务能力，大幅提高科技基础条件的保障能力，支持一流的科技研究活动，提升科技创新的整体水平，为实现科技跨越式发展提供强有力的支撑[①]。山西省科技基础条件平台的建设工作始终坚持政府主导和多方共建的原则，注重政府在公共科技资源供给与配置中发挥主导作用的同时，充分调动高等院校、科研院所、科技中介机构、行业组织、大中型企业等各方面的积极性，参与资源整合与平台建设[②]。山西省科技基础条件平台主要包括六大子平台，分别是山西省科技文献共享与服务平台、山西省科学数据共享平台、山西省大型科学仪器协作共享平台、山西省自然科技资源共享平台、山西省技术转移服务平台和山西省专业创新公共服务平台。

　　山西省人民政府按照"整合、共享、完善、提高"的要求，设立了行政管理组织来组织领导科技资源的整合和平台的建设与服务，如图7-2所示。

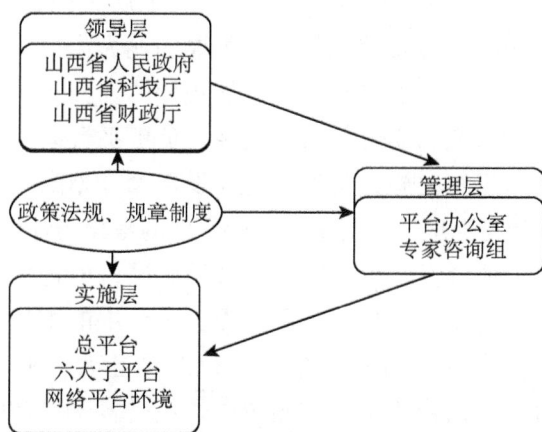

图7-2　山西省科技基础条件平台行政组织管理体系

　　山西省科技基础条件平台主要由政府财政出资。为了便于组织与管理，建立了专门的平台组织管理体系和平台管理机构，平台组织管理体系由3个

---

① 任军，姬有印，刘增荣.山西省科技基础条件平台功能体系分析 [J].中国信息界，2010（11）：47-48.

② 山西省科技基础条件平台共享机制研究项目组.山西省科技基础条件平台共享机制研究报告 [R].山西省科技厅，2009.

层次组成，分别为领导层（由省人民政府及相关部门，即财政厅、科技厅、教育厅等部门组成）、管理层（省科技厅平台管理办公室）与实施层（由省科技基础条件总平台与六大子平台的依托单位组成）；组建了专业化的管理与服务队伍，疏通了专门的平台经费扶持渠道。平台制定了专门的平台政策法规，在现有的国家颁布的政策制度规定之下，制定适宜平台自身的、专用性强的制度规范，并且建立了平台共享的监督与绩效评价体系[①]。平台行政组织管理体系中的领导层、管理层、实施层相互配合，各自履行自身职能，保障平台建设与服务的顺利进行。3 个层级的组成及职能分别如下[①]：

①领导层。处于平台行政组织管理体系的顶层，由省人民政府及相关部门，即财政厅、科技厅、教育厅等部门组成，主要进行科技资源配置的顶层设计，统筹规划平台建设，其主要职能为：负责平台建设规划的决策与组织；负责平台建设年度计划预算的审批；负责跨地区、跨部门科技基础条件资源整合的统筹与协调；负责平台运行体制与机制的制度决策与执行。

②管理层。处于平台行政组织管理体系的中层，即省科技厅平台办公室，负责平台建设的组织与管理工作，其主要职能为：在贯彻国家、省平台建设发展纲要的指导下，负责平台建设发展规划的研究、制定与组织实施；负责平台建设方案的研究、制定与组织实施；负责平台运行体制与机制的相关制度研究、制定与组织实施；负责平台建设年度计划的编制与组织实施；负责平台建设的监督与管理；负责平台运行绩效的考核与评价。

③实施层。处于平台行政组织管理体系的底层，由省科技基础条件总平台与六大子平台的依托单位组成。该层接受省平台层的委托，实施各平台建设与管理的日常工作。平台建设的依托单位既是各大子平台资源的主体单位，又是各子平台建设的牵头组织实施单位，还是各子平台的服务与管理单位。其主要职能为：在省平台管理层的直接领导下，负责平台年度计划的组织实施；负责平台资源整合的协调与组织；负责平台网站的建设、维护与管理；负责平台资源的组织服务与有效利用；负责平台专业人才队伍的培训与管理；负责平台运行专项经费的预算与使用。

④政策法规、规章制度。贯穿于平台组织管理体系的各个层级，平台政策法规、规章制度主要是对平台建设与维护主体所作出的在法律、道德层面

---

① 山西省科技基础条件平台共享机制研究项目组 . 山西省科技基础条件平台共享机制研究报告 [R]. 山西省科技厅，2009.

上的规定、约束和激励，是对各主体在平台建设与维护过程中所承担责任和应尽义务的具体规定，并且也在一定程度上形成了科技资源共享的文化，宣传和弘扬科技基础条件资源共建共享的理念，提高科技资源的共享意识。平台的建设、运行和管理都需遵守国家与地方相关法律法规、规章制度及相关政策。例如，平台的运行遵守《全国人民代表大会常务委员会关于维护互联网安全的决定》和《中华人民共和国计算机信息系统安全保护条例》等有关法律法规的规定，平台信息发布遵循《互联网信息服务管理办法》等。

行政组织管理体系以政府为主导，即政府牵头，省科技厅、财政厅、教育厅等有关政府部门积极组建领导组，号召力强，影响力大，效果明显，为推进平台建设与发展做出贡献。

7.1.2 政府、产学研联合组织管理体系

政府、产学研联合组织管理体系是指：政府、企业、高等院校、公共图书馆、科研院所及科技中介机构等组织相互合作，结成联合体，在资源、市场等方面，通过一些规则、标准、信任等联系起来，共同为平台科技资源建设与开放共享服务贡献力量[1]，如图 7-3 所示。

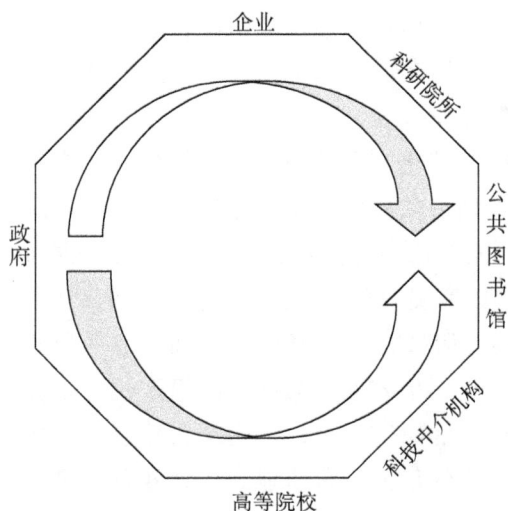

图 7-3 山西省科技基础条件平台政府、产学研联合组织管理体系

①政府。在政府、产学研联合组织管理体系中，政府起着引导作用，通

---

[1] 于忠海.装备制造业共性技术平台的运行机制与绩效研究[D].秦皇岛：燕山大学，2011.

过出台相关政策规定，对平台建设和发展做出引导。在国家出台的《2004—2010年国家科技基础条件平台建设纲要》基础上，山西省结合自身实际情况，对平台建设工作提出了具体、详细的实施方案。除此之外，与行政组织管理体系中政府"角色"相同的是：政府作为山西省科技基础条件平台建设与发展的组织者、支持者和监督者，为平台建设及运行提供资金支持。例如，平台设立的项目专项资金，主要来源就是山西省财政厅的拨款。在平台建设与发展过程中，政府履行其监督职责，适时对平台进行检查、验收及绩效评估。政府对平台的领导管理和投资，主要是为了保障平台能够利用现代信息技术，充分挖掘与利用科技信息资源，向社会提供更加开放、高效的管理与服务。山西省科技基础条件平台建设是整合全省科技资源的一项重大举措与工程，平台设有决策支持系统，该系统是一个建立在山西省科技基础条件平台上的政府决策支持系统，它依据平台采集大量科技资源，通过对数据的统计分析，为政府的科技管理决策提供帮助①。因此，山西省科技基础条件平台也为政府的管理与服务工作提供极大便利，达到政府与平台双向支持的效果。

②企业。企业作为重要的创新活动实现主体与产生场所，担负着进行知识整合、技术创新、科技成果市场化的重要任务②。企业作为理念和技术创新的主要场所，为平台建设提供思想、技术的支撑；在设备方面，企业拥有先进、齐全的办公设备、生产设备和检测设备，为科技成果的实现和确保产品质量提供了保障；在专业人才方面，企业是专业人才的集聚地，为平台建设提供人才支持；在成果转化方面，企业可以将想法变为现实，任何技术改进和发明创造只有投入到现实的生产中，体现到改进的产品和服务上，为企业和社会创造实际的利润和价值时，才有意义③。想法—商品—市场这3个过程正是在企业中才能得以完美实现，它是联系技术层面和市场层面的关键结点。

③高等院校。高等院校在山西省科技基础条件平台的建设与发展中的主体地位主要表现在以下三个方面：第一，高等院校是培养人才的地方，聚集有较高学术声誉和造诣的研究人员，可为平台建设培养优秀人才；第二，高等院校是科研成果汇聚的地方，科研能力毋庸置疑，将技术与科研相结合，

① 王宗彦，陈树晓，水俊峰，等.基于山西省科技基础条件平台的政府决策支持系统[J].太原科技，2006（4）：29-31.
② 戴丽华.浙江省科技创新平台运行效率及其影响因素研究[D].杭州：浙江工业大学，2012.
③ 周艳明，王秀丽.科技中介机构在产学研结合中的作用研究[J].科技管理研究，2009（8）：50-55.

为平台设计及创新提供了基础保障；第三，高等院校拥有丰富的科技文献、科学数据资源，有着充足的硬件设备与软件资源，为实验、研究提供科技基础条件支持，是平台建设与科技资源开放共享的重要单位。

④公共图书馆。公共图书馆以其自身独有的性质和功能，在平台建设与发展过程中发挥着重要的作用。公共图书馆本身收藏有大量的科技资源，可为平台建设的资源库提供充足的科技信息，并且可通过书刊借阅、馆际互借、参考咨询、讲座、宣传报道、计算机网络等途径，使用户迅速、准确地获得所需的科学信息，也可实现对平台的宣传；公共图书馆在数字资源方面，除拥有全国知名大型数据库（维普数据库、中国知网数据库、方正数据库等）外，还拥有自己的特色数据库，实现了科技文献资源的数字化集成，为平台提供数字化科技资源；公共图书馆的无门槛性，最大限度地实现了平台科技资源的开放和共享服务。

⑤科研院所。科研院所在平台建设过程中所起的作用与高等院校存在很大的相似之处，在平台的建设与发展中也起着举足轻重的作用，是研究开发的重要力量。科研院所中大量实力超强的科研人员与专家学者，共同探讨平台建设情况，为平台建设贡献自己的知识财富；同时，科研院所也为平台提供了发展过程中必不可少的物质基础，如丰富的硬件资源，包括一些机器设备、实验室、研究开发基地等，为平台建设提供硬件支持；科研机构也会为平台建设、运行带来财政资源和来自政策与市场的信息资源。

⑥科技中介机构。科技中介机构是指为科技创新主体提供社会化、专业化服务以支撑和促进创新活动的机构，对政府、各类创新主体与市场之间的知识流动和技术转移发挥着关键性的促进作用，是促进科技成果商业化和技术创新的重要工具，是促进高等院校、科研院所、企业等共同进行技术创新的重要力量[1]。科技中介机构是产学研结合中的纽带和桥梁，它可将高等院校和科研院所的科研成果通过各种形式流向企业，有力地拉动了科研与产品的结合，因而也成为企业发展的原动力，是高等院校社会服务职能实体化、具体化的重要工具。科技中介机构主要职能是：整合和组织高等院校与科研院所的科技资源，开发和扩散行业共性技术，参与企业技术创新体系建设，促进高等院校和科研院所技术转移，加强科技、教育和经济的联系。

---

① 周艳明，王秀丽.科技中介机构在产学研结合中的作用研究[J].科技管理研究，2009（8）：50–55.

山西省大型科学仪器协作共享平台与山西省科技文献共享与服务平台的建设与发展就是坚持以政府、产学研联合组织管理体系为主导的。山西省大型科学仪器协作共享平台的建设由省科技厅 2005 年开始支持启动，主要是以完成大型科学仪器的资源整合为主线，提高山西省科学仪器设备的装备水平、共享应用水平和社会化服务质量，建设一支专业从事科学实验、分析检测及方法研究的高水平人才队伍，基本建成支撑山西省科技创新的大型科学仪器资源共享网络体系。其由山西省分析测试中心牵头，联合山西大学和山西省农业生物技术研究中心共同承担实施，并且还成立了专门的"大型科学仪器协作共享平台"项目组。在征得相关专家意见的基础上，结合项目承担单位的特点与优势进行了主要建设任务的分工，即：在主体系统建设中，山西大学负责山西省高等院校的科学仪器资源整合与共享服务建设，并以此为核心建设山西省"基础研究科学仪器服务网"；山西省农业生物技术研究中心负责山西省涉农专业科学仪器资源整合与共享服务建设，并以此为核心建设山西省"农业应用研究科学仪器服务网"；山西省分析测试中心负责山西省大型科学仪器协作共享平台总体建设及山西省其余科研院所和企业科学仪器资源整合与共享服务建设，并根据山西省科技创新的发展需求，在必要时建立各类"应用研究科学仪器服务网"[①]。山西省科技厅负责全省大型科学仪器资源共享工作的组织管理，并设立山西省大型科学仪器资源共享办公室（简称大仪办）和专家组。此平台建设联合了政府、高等院校、科研院所、企业各方力量，并根据这些机构的优势与特点，明确了各自的任务，打破了各部门与单位的分割，对山西省科学仪器资源做了整合工作，实现了科学仪器的协作共享。平台建立了山西省大型科学仪器资源信息数据库，编辑发行了《山西省大型科学仪器资源信息》专集，建立了山西省大型科学仪器网络虚拟实验室，拓展了大型科学仪器协作共享平台的工作成果。

同样，山西省科技文献共享与服务平台的建设则是由山西省科学技术情报研究所作为项目牵头单位组织实施的，协作单位有山西大学、山西医科大学、山西财经大学、山西农业大学、太原理工大学、山西大同大学、山西省图书馆、山西省质量技术监督信息所[②]。项目承担单位以项目任务书的要求为

---

① 史新珍.山西省大型科学仪器共享服务平台Ⅰ期建设项目结题报告 [R].山西省科技厅，2008.
② 山西省科技基础条件平台共享机制研究项目组.山西省科技基础条件平台共享机制研究报告 [R].山西省科技厅，2009.

导向，以本单位数据资源为基础，以自建数字资源为特色，以整合资源和集成资源为手段，以互联网的丰富信息资源和各种信息搜寻技术为依托，以山西省资深研究人员为咨询专家，确定了山西省科技文献共享与服务平台要实现的主要功能，实现了平台的科技资源建设与开放共享。各平台的建设都是以一个项目的形式进行的，做到了各方力量的有效融合，促进政府、产学研优势互补、融为一体。

在政府、产学研联合组织管理体系中，各单位充分发挥自身优势，相互协作，为平台资源开放共享服务提供了全方位的保障。在实际的组织管理体系中，设有 3 个层面的管理组织，分别是宏观决策层、中观管理层及微观操作层。宏观决策层主要是由政府层面的领导者构成的"平台领导组"，负责平台的政策制定、长远规划和建设目标制定等方面的工作，并做出决策；中观管理层主要是在宏观决策层下面设立的"平台管理办公室"等机构，对平台日常的工作进行指导，在把握好宏观政策的基础上，对平台建设进行管理，还要对平台中期检查、项目验收、经费使用的监管等进行管理；微观操作层主要是围绕平台建设的发展规划与目标，结合自身现状，由高等院校、企业、科研院所、公共图书馆、科技中介机构等联合，完成各方科技资源的整合，推进平台建设与服务工作顺利进行[①]。

7.1.3　多级监督与自治组织管理体系

多级监督与自治组织管理体系是建立由平台管理办公室、专家咨询组、平台项目承担单位及用户构成的，由内向外的自治与由外向内的监督管理结合的组织体系[②]，如图 7-4 所示。在平台建设、运行、发展过程中，项目承担单位自行组织处理相关事宜，并实行多级监督，为平台发展提供保障。

①平台管理办公室监督与管理。平台管理办公室从平台的建设、运行到发展，做到全程"陪伴"，是有关平台事宜的重要执行者，为平台建设做出巨大贡献。它的主要职责是：按照管理层的决策，制定工作计划，讨论具体实施办法，并付诸管理实践；对平台阶段性成果进行总结、评估；负责平台的建设与发展进度等工作，保证平台顺利运行。平台管理办公室作为平台执行力的代表，不仅对平台建设与科技资源开放共享进行监督与管理，也在此过

---

①　张贵红. 我国技术创新体系中科技资源服务平台建设研究 [D]. 上海：复旦大学，2013.

②　于忠海. 装备制造业共性技术平台的运行机制与绩效研究 [D]. 秦皇岛：燕山大学，2011.

程中实现了自身的价值。

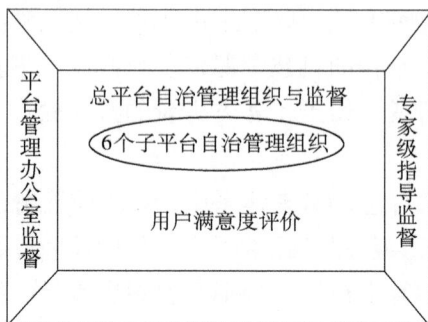

图7-4 山西省科技基础条件平台多级监督与自治组织管理体系

②专家咨询组监督与指导。专家咨询组主要由一些拥有专业知识的专家组成，一般是从每个专业机构中选出专家，而后组成专家咨询组。它的主要职责是：第一，负责审议平台的发展规划、年度计划等，为平台的整体发展提供方向性指导；第二，总结商议平台的重大任务，组织平台的服务活动，为平台提供实践性指导；第三，负责一些相关咨询工作。平台管理办公室或项目承担单位如果在执行研发任务过程中遇到问题，可向专家咨询。专家咨询组参与并见证着平台的初生、成长与发展。

③用户评价。用户评价是指体验过该平台科技资源服务的用户，对平台价值、优点、缺点、服务等方面根据自己真实的感受所发表的意见，或平台主体通过满意度调查来收集用户对平台的意见，主要是通过评价、投诉、回访系统来监督平台运行。用户评价体系为平台的发展提供建设性意见，平台主体根据用户评价结果，采取措施，推进平台改进工作，使平台朝着更高效与便捷的方向发展，实现平台良性发展。用户主要是通过设立在网上的服务意见信箱及服务投诉热线来跟踪平台服务质量。

④总平台自治与监督组织。总平台的自治与监督始终依据平台项目合同书来执行。平台项目合同书是平台项目立项、实施、验收及鉴定的依据，签约各方必须严格执行合同内容，不得随意更改。在平台项目的实施过程中，如果出现一些特殊情况，造成平台项目原定目标及技术路线需要修改、配套的自筹资金或其他条件不能落实等，都应该及时调整或撤销。其中，需要调整的平台项目，由平台项目承担单位提出书面意见，报省科技厅核准后，经

合同双方协商一致，修改和续订合同。对撤销的平台项目，由平台项目承担单位提出书面意见，对已做工作、经费使用、已购置设备仪器等情况做出书面报告，报省科技厅。

⑤子平台项目承担单位自治组织管理。通过签署平台项目合同书，各子平台由各个项目承担单位实施。子平台项目承担单位内部也设有自治组织，具体监督子平台的建设、运行管理和服务等环节。各子平台承担单位也指定了一名全面了解本业务的联系员，与其他子平台实现信息共享、有效互动。

7.1.4　专业人才队伍组织管理体系

山西省科技基础条件平台的建设与管理使各平台依托单位在原有本单位或本系统资源管理工作量的基础上，大幅增加了对全省资源的整合与管理工作，各依托单位原有的人员数量、专业技术人员能否满足平台建设、管理与发展的要求等，都需在各依托单位现有人员的基础上进行充实和调配，以满足日益增长的平台建设、管理与服务的需要。

在平台的建设与发展过程中，专业人才队伍建设、教育培训是贯穿始终的。在平台建设中，对从事科技资源有关工作的专业人员开展技能培训和在岗继续教育工作，建立科学的人才评价标准，逐步形成一支高素质、专业化的科技基础条件管理与技术支撑的人才队伍。平台重点培训三大类的专业人才队伍：第一类是熟悉本专业的情报技术人员，主要包括情报学、信息学、系统学、项目管理、信息分析、统计分析等方面的专业技术人员。此类专业人才队伍主要负责从专业的角度为用户提供集成服务，必须熟悉平台资源的分布与构成、资源数据库、检索查询路径与方法。第二类是熟悉网络技术的专业技术人员，主要包括战略构筑、网络协同、软件应用、程序设计、信息管理、数据库建设、图像设计等方面的专业技术人员。他们主要负责资源整合、平台建设、网站维护与协同环境建设。第三类是熟悉电子政务、电子商务技术的专业技术人员，主要包括版权法律、信息经济、市场营销、广告策划等方面的专业技术人员，他们主要负责平台管理与网络经营。应当按照整体要求，构建复合型的专业人才队伍结构框架，充分调动现有专业人才的积极性，加大对复合型人才的培养，造就一支跨学科、跨领域、具有时代精神风貌、服务于平台管理的新型专业人才队伍。在具体实施过程中，平台依托平台计划项目，积极培养创新人才和创新团队，让中青年科技人才在实践中锻炼才干，不断提高创新和创业能力 ①。

7.2 平台运行管理模式

平台的运行管理是平台得以继续发展的核心保障，平台运行管理主要经历了 3 个阶段：2005—2008 年属于平台规划建设期、2009—2011 年属于平台建设服务推动期、2012—2015 年属于平台利用管理提高期。在平台运行管理中主要遵循共建与共享的协调统一原则，基础资源、公共产品与知识产权的协调统一原则，政府为主、多方共建与合理分担的协调统一原则，并且采取实体—虚拟联合运行管理模式，保证平台良好运行。

7.2.1 平台运行管理的主要阶段

（1）平台规划建设期（2005—2008 年）

山西省科技基础条件平台的规划建设期是平台发展的初级阶段 ②。这一时期主要表现出三个方面的特征：第一，平台的科技资源都是根据时代发展特征，结合所在地的科技资源分布情况，经过平台的综合分析的，形成了具有平台特色的资源整合战略；第二，为了快速就用户需求做出反应，平台对资源进行了加工、整合和重组，开展资源开放共享服务，期待能够对用户需求做出快速响应；第三，平台规划建设期更加注重对一切可利用的科技资源进行整合，讲求资源的规模化。

平台将一定数量的科技人力、物力、财力、技术及信息等科技资源汇集在一起，在平台上形成了各类型的科技资源库，并按照科技资源的具体类别、属性等进行科学的分类，做出检索标记，以便日后为科技资源的检索提供服务。在信息发布方面，山西省科技基础条件平台通过门户网站，主要发布一些有关科技人力、物力、财力、技术及信息等科技资源相关信息；在资源咨询方面，平台为用户提供了多种咨询渠道，如电话、来信、电子邮件等方式，还提供了实时在线咨询，为用户与平台之间的沟通开辟了便捷途径；在资源共享方面，平台为全社会人员提供科技资源共享，并通过各种渠道，

---

① 山西省网络科技环境平台建设项目组.山西省科技基础条件平台总平台暨网络支撑环境建设报告 [R].山西省科技厅，2010.
② 王雪.区域科技共享平台服务模式与运行机制研究 [D].哈尔滨：哈尔滨理工大学，2015.

获取多种类型的科技资源；在资源推送方面，科技基础条件平台在掌握用户需求的前提下，利用现代通信技术，将用户所需要的科技资源推送给用户，满足用户资源需求。这种推送服务主要有两种方式，其一是平台公共电子邮件推送，其二是客户端关注推送，如微信公众号等。平台规划建设期作为平台发展的初级阶段，为平台发展打下了资源基础。

（2）平台建设服务推动期（2009—2011年）

山西省科技基础条件平台的建设服务推动期主要是在明确政府科技部门、企业、高等院校及科研院所等平台用户需求的基础上，通过整合科技资源，为用户需求提供个性化的服务。与平台规划建设期相比，平台建设服务推动期更加注重用户需求，以用户需求为导向，制定个性化的需求解决方案，为用户提供个性化服务。平台建设服务推动期将平台的资源整合功能放大，体现了平台丰富的科技资源与成熟的资源整合功能，不仅满足了用户的个性化需求，而且促使用户不断挖掘自身个性化需求。平台建设服务推动期体现出以下四个特征[①]：第一，主动提供服务，平台建设服务推动期在围绕用户需求的前提下，主动收集用户需求信息，制定需求解决方案，主动将方案提供给用户；第二，提供定制服务，在平台建设服务推动期，平台深入分析用户需求，通过整合资源，制定出用户需求解决方案，为用户提供定制化服务，更具针对性；第三，提供高效服务，平台利用各种信息技术，如计算机网络技术、人工智能技术、通信技术等，实现为用户输送大量的可用科技资源；第四，提供智能服务，平台收集用户以往的资源需求，进行整合、分析，推断出用户近期的资源需求，以此为基础，为用户主动推送科技资源。平台建设服务推动期是始于用户科技需求、终于用户需求满足的过程[②]。

平台建设服务推动期的内容主要包括以下三个[①]：第一，定题服务，该服务主要是平台以用户需求为导向，充分掌握，并主动分析用户所需资源所属的专题范围，在此基础上，为收集、整合用户所需的信息制定可行计划，实施行动，汇集信息，主动满足用户资源需求的服务活动。由于对用户需求的资源做出了科学的分析，因此，所提供的资源处于这一需求范围之内。因此，定题服务的服务效果突出、服务范围广泛，但是针对性不强。定题服务要求平台工作人员熟悉平台资源，并且对用户的需求进行科学化分析，制定

---

① 王雪.区域科技共享平台服务模式与运行机制研究 [D].哈尔滨：哈尔滨理工大学，2015.

② 陆勇.江苏中小企业信息化服务平台模式研究 [J].信息化研究，2012（2）：5-8.

出合理的需求服务方案。第二，定制服务，该服务是用户根据自身需求、共享经历和对科技资源的了解情况向平台发出服务需求定制申请，平台根据用户定制申请，通过汇集不同类型的科技资源，对资源进行选择，准确将制定的服务方案推送给用户的服务活动。定制服务的准确性强、效率高，但是需要投入较多的人力、物力等资源。平台会保留用户的每次定制申请，以便日后用户再次提出申请时作为参考信息。平台为用户提供定制化服务后，需要"跟踪"用户，以发现还需补充的一些资源信息，并且还需及时更新资源信息提供给用户。第三，数字超市服务，该服务是平台利用计算机网络技术、人工智能技术、服务跟踪技术等，在精准获取并深入分析平台用户生活背景、共享习惯、需求偏好和服务要求基础上，为不同用户提供能够充分满足用户个性化需求的平台服务。数字超市为用户自身提供了一个科技资源选择的平台，用户输入账号和密码，进入数字超市，选择自身所需的科技资源，可根据实际需求对这些资源进行任意组合，以满足自身需求。平台在此过程中也会记录用户的基本信息、历史访问记录、信息检索记录等，以挖掘用户资源需求。数字超市服务有两个主要的特点：一是用户可以自主选择自身所需的科技资源，实现自助服务；二是数字超市中的科技资源会随着用户需求的变化及时更新，这也需要平台工作人员对用户需求进行及时获取与挖掘分析。

（3）平台利用管理提高期（2012—2015年）

山西省科技基础条件平台利用管理提高期是指：以平台的专家团队、管理团队、服务团队为核心力量，利用网络环境、信息技术和平台的数据库为支撑，对各类科技资源进行多方式的整合，针对政府、科技部门、企业、高等院校及科研院所等提供整体解决方案的一个增值性、创新性的组织管理阶段。平台利用管理提高期有三个主要的特点：第一，该阶段注重描述用户需求产生的过程，平台为解决用户需求，制定了个性化的服务方案；第二，平台根据用户需求，将原先分散的服务整合在一起，即将单一服务变为系统化、全面化的服务，因此，平台主动为用户创造服务；第三，平台利用管理提高期从服务实践出发，针对用户问题提供服务，更具有现实性。

平台利用管理提高期的内容主要包括三个方面[①]：第一，专业咨询服务，在该阶段平台可为企业、高等院校及科研院所等用户提供如科研发展动态、前沿技术发展及一些预测性专家报告等专业知识服务，也可为一些项目的立

---

① 王雪.区域科技共享平台服务模式与运行机制研究 [D].哈尔滨：哈尔滨理工大学，2015.

项、实施、成果鉴定等充当"参谋"，平台利用管理提高期所提供的资源都是系统化的资源，具有高度专业性特征；第二，决策支持服务，平台根据自身所拥有的科技资源进行分析、加工、挖掘，为政府科技部门、企业、高等院校及科研院所提供一些政府战略报告、产品分析报告、科技领域的科研报告等，以此为用户的决策提供参考依据；第三，产品研发服务，平台不仅可根据用户的研发需求，为其提供产品可行性研究、产品创新研究、市场状况分析等报告，而且可以利用自身的专业团队参与、深入用户实际环境中，为用户产品研发贡献自己的资源。

7.2.2　实体—虚拟联合管理模式

对于不同类型平台的运行模式研究可谓层出不穷，所处角度不同，提出的观点也有差别。山西省科技基础条件平台的运行模式采用的是实体—虚拟联合运行管理模式。

（1）运行管理模式的概念与特点

1）实体运行管理模式的概念与特点

实体运行管理模式是指：建立在科技基础条件平台的基础之上，各个主体间的互相影响相对说比较大、紧密程度高，并以各主体所拥有的科技资源为合作基础，拥有明确的项目计划、任务书，以法律形式规范各方的利益和风险[1]，采用实体运行模式的平台相对比较少。

实体运行管理模式主要有三个特点[2]：第一，产权结构明确。实体组织模式下，各主体之间的责、权、利关系明确，具体表现在以下各方面：在投入上，各主体之间分别以各自拥有的"科技资源"入股。例如，企业以资金、场地、设备等入股，高等院校、科研院所以科技成果、实验室及其设备、技术或部分资金等入股；在成果分配上，若是由各个主体之间共同合作研究开发的成果，则由合作各方共同享有，若是由高等院校、科研院所研究开发的成果，则由高等院校和科研院所拥有；第二，企业化经营运作。该模式基本参照合资企业、股份制企业的组织与管理模式。例如，平台通过组建领导组、平台管理办公室、专家咨询组等，制定与之相适应的管理规章制度，因

① 戴丽华.浙江省科技创新平台运行效率及其影响因素研究[D].杭州：浙江工业大学，2012.
② 葛丽敏.公共科技服务平台的功能定位与组织模式研究：以浙江省为例[D].杭州：浙江工业大学，2008.

此，组织稳定性强，各个主体之间在技术、资源方面相互信赖与互补，拥有长期合作的关系，合作双方共同承担研发成本，分享研发成果；第三，目标高度统一。在实体运行管理模式下，各主体之间有高度统一的目标，由于按股份制组建，其产权、利益与风险明晰，并且企业、高等院校及科研院所各自优势互补，有着共同的发展目标。

2）虚拟运行管理模式的概念与特点

虚拟运行管理模式是平台在保留各创建单位的核心专长和相应功能的前提下，以科技资源服务和平台项目为纽带，通过资源整合与共享，形成一个动态的联盟，它不具有法人，是通过一系列的项目任务书和协议加强彼此之间的联系和沟通，是一种十分开放和动态的运行管理模式[①]。

虚拟运行管理模式主要有四个特点[②]：第一，信息资源共享高效化。与实体组织管理模式相比，虚拟组织管理模式由于无独立实体，属于一个虚拟联盟，因此，信息传输效率比较高，其采用分层管理、扁平化的组织结构，组织层次少，缩短了信息通路，加快了信息传输速度，提高了信息资源共享的效率；第二，突破空间限制。在虚拟组织管理模式中，符合要求的实体都可以按照该平台规章制度加入其中，不必过多考虑地理位置和空间限制，其建立在信息化和网络化的基础之上，通过无形的网络实现成员之间或与外界之间的交流，突破了时空限制，实现各主体之间自由交流；第三，较强的组织柔性。虚拟组织管理模式中的各成员可以随时加入或退出，根据不同任务可随时成立不同组织，任务结束后组织可随时解散，有新任务时再重新组合，组织具有较强的动态性和灵活性；第四，管理难度较大。由于在虚拟组织管理模式下，没有一定的法定约束，导致组织管理时比较困难，即虚拟组织管理模式牺牲组织管理难易程度，提高了组织管理灵活度。

（2）实体—虚拟联合运行管理模式

山西省科技基础条件平台采用实体—虚拟联合运行管理模式，吸取两者的"精华"，使平台运行管理更为高效，如图7-5所示。

从图7-5可看出平台实体—虚拟联合运行管理模式的高效性及便捷性。实体项目单位所拥有的数字化资源、科技基础条件等资源和虚拟组织拥有的

---

① 戴丽华.浙江省科技创新平台运行效率及其影响因素研究[D].杭州：浙江工业大学，2012.

② 葛丽敏.公共科技服务平台的功能定位与组织模式研究：以浙江省为例[D].杭州：浙江工业大学，2008.

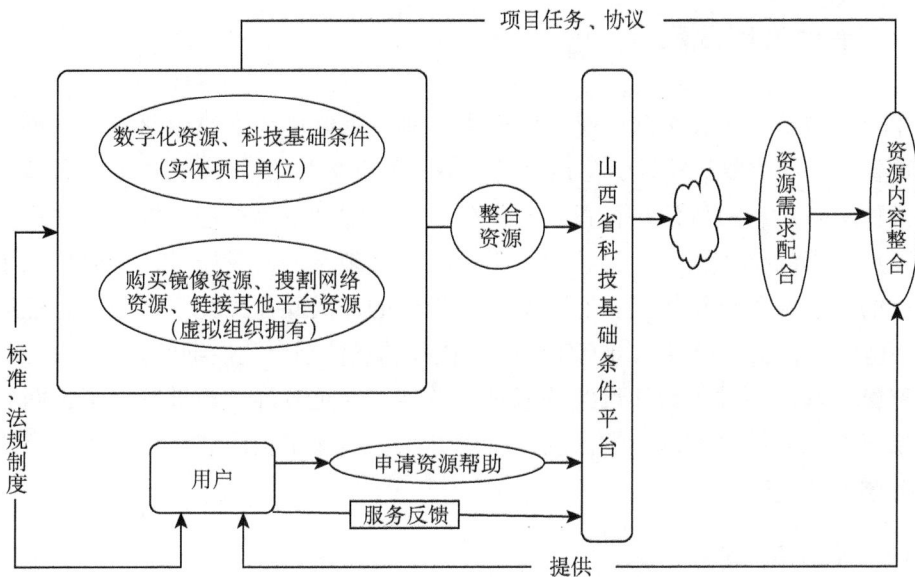

图 7-5　山西省科技基础条件平台实体—虚拟联合运行管理模式

购买镜像资源、搜割网络资源、链接其他平台的资源，将资源整合到平台上。用户通过向平台发出申请科技资源帮助的请求，平台将会借助互联网，将科技资源与用户需求匹配，将所匹配的科技资源进行内容整合，然后提供给用户，用户收到平台提供的科技资源，享受服务，此后可对平台进行服务反馈。在整个用户请求与平台服务过程中，必须依照平台的项目任务与协议规定执行，也要遵循一些规范标准、法规制度等。平台通过实体—虚拟联合运行管理，为满足用户需求提供了很大的便利，使用户获得较为全面的科技资源，也使平台维护更为高效。从实体运行管理模式与虚拟运行管理模式各自的特点中就可以看出：实体运行管理模式下各主体之间以股权形式明确各方的产权关系，虚拟运行管理模式下各主体之间保持产权关系不变，以契约关系加以约束，虚拟运行管理模式的灵活性要比实体运行管理模式高，其进退壁垒相对较低；实体运行管理模式的各主体之间高度联合，资源整合程度相对虚拟运行管理模式高[1]。

---

① 葛丽敏.公共科技服务平台的功能定位与组织模式研究：以浙江省为例 [D]. 杭州：浙江工业大学，2008.

7.3 平台管理规范

随着知识经济和全球化时代的到来，科技资源成为支撑山西省科技创新的重要力量和重要战略资源，在市场竞争中占有重要的地位[①]。山西省科技基础条件平台对科技资源进行重组与优化，以资源共享为核心，旨在为用户提供开放共享的优质服务。为了便于平台强化管理及高质量服务，平台建立了自己的服务管理组织规范。服务是基于用户的，因此在探究平台服务管理组织规范时，根据《2004—2010年国家科技基础条件平台建设纲要》《"十一五"国家科技基础条件平台建设实施意见》精神，立足实际，相继制定了山西省科技资源开放共享的地方性法规及管理办法，确保了山西省科技资源共享服务有章可循、有法可依。

7.3.1 平台用户分析

山西省科技基础条件平台是为知识和技术的生产、传播和应用提供科技资源和基础设施支持，为科技创新的研发活动和成果转化活动提供基础性支撑作用的大型服务支持系统。其服务对象包括省内广大科技工作者及社会用户，主要的服务对象有两类：一是从事或有志于从事科学研究和技术开发工作及对科技创新感兴趣的用户；二是与平台有直接关系的用户，如科技资源、基础设施与条件的提供单位的相关人员、参与平台建设及负责平台运行管理、维护、完善的相关人员[②]。

对于平台的开发与维护人员，其需求主要有以下几方面：一是要保证实现平台的安全、稳定、可持续运行；二是实现平台数据及资源信息的上传下载，对平台的数据、资源信息与数据库的管理和维护提供保障；三是保证平台的硬件系统与软件系统的管理和维护，维护平台运行环境。对于平台终端用户来说，其需求主要有：一是平台界面简单友好、链接快速高效、检索途径多样；二是为用户提供有关科技资源与基础设施条件的准确、多样化、全面的数据与信息，满足用户个性化需求；三是可获得有关科技成果交流、共享、转移的环境。

---

① 国家科技基础条件平台建设 [EB/OL].[2016–10–06]. http://baike.so.com/doc/6452700–6666385.html.

② 姬有印，陈国栋.科技基础条件平台用户特征分析与服务 [J].信息系统工程，2010（11）：127–128.

平台为用户服务，明确用户特征是平台提供服务的前提。通过对山西省科技基础条件平台两类主要服务对象的需求分析可看出：用户所处的角色不同，对平台的需求也会有所不同。就平台的开发与维护人员来说，其主要需求是保障平台的正常运行；就平台终端用户而言，主要是满足其个性化需求。平台所提供的服务应兼顾更多用户的特征，满足不同用户的个性化需求，因此，平台需拥有自身的服务管理规范，为实现科技资源有效利用，促进平台可持续发展提供保障。

7.3.2　平台组织管理功能

山西省科技基础条件平台旨在促进科技资源高效共享和利用，通过为用户提供科技资源，促进科技领域的发展与创新能力的提升。山西省科技基础条件平台主要有以下管理功能[①]。

（1）集聚资源组织管理功能

山西省科技基础条件平台利用自身优势，将科技资源、技术、资金、人力等资源集聚为一个整体，实现资源的有效整合，为满足用户的需求提供保障。科技基础条件平台不仅能减少资源的重复建设与硬件设备的闲置状态，促进供需平衡，使科技资源与需求实现有效对接，而且能为科技创新提供良好的环境，推动科技创新的发展，也使政府实现了对科技资源的有效配置。因此，山西省科技基础条件平台的集聚资源组织管理功能是其他功能实现的前提。

（2）整合资源组织管理功能

山西省科技资源分布不均衡性，导致科技资源供给方与需求方存在着一定的信息不对称。平台通过对科技资源的开发整合，实现了资源的优化配置和科学管理，如实验室及大型科学仪器、科技文献及科学数据、科技规范和标准、种子资源及标本等硬件和软件科技资源。平台将分散于各单位及地方的科技资源整合起来，为用户提供便捷的服务，提升科技资源的使用效率。平台还通过信息化技术，借助有效的信息化管理手段，及时掌握科技资源的动态记录、资源监测、配置利用等情况，为政府相关决策提供科学依据[②]。

（3）协调资源组织管理功能

平台的协调资源组织管理功能主要表现在两个方面：一是协调科技资

① 王雪.区域科技共享平台服务模式与运行机制研究[D].哈尔滨：哈尔滨理工大学，2015.
② 廉毅敏.科技资源共享服务平台构建技术研究[M].北京：中国科学技术出版社，2010：118-119.

源。平台资源的整合大幅降低了重复性投资，提高了科技资源的利用效率，同时，平台在资源整合、加工、服务的过程中，对科技资源建设具备了整体性调控的能力。例如，科技文献的采购与共享服务、重点实验室与重大科学仪器购买与使用等，可以发挥合理配置和有效利用的宏观协调作用，避免了重复投资，实现科技资源集约化①；二是协调资源主体。山西省科技基础条件平台在实现科技资源共享的过程中，由于各个主体的利益需求与共享意识有所不同，因此，为使平台在科技资源供需双方开展的科技资源共享服务顺利进行，平台通过共享协议协调好各个资源主体之间的关系，政府也通过行政手段让共享平台拥有这种协调功能。

（4）科技创新组织管理功能

平台为省内实现科技创新提供了一个"场所"。平台的服务对象较为广泛，不仅为各类专家、专业的科研工作者提供科研条件服务，而且为社会各类用户，提供了一个接触与从事科研活动的机会。用户可以借助平台进行科技成果、科学知识的交流、传播和扩散，平台也利用先进的信息技术，将一些最新的知识创新成果与技术创新成果进行收集、积累，提供交流和传播，为科技创新提供了途径。

（5）链接资源组织管理功能

山西省科技基础条件平台建设以山西省科技厅数据中心网络为核心节点，向上与科技部、国家科技基础条件平台相连，向下与省内各科技资源提供点相连，形成一个集中和分布相结合的应用于科研和创新的网络环境，以及集整合、共享、服务于一体的网络平台。针对平台不同的用户，平台系统设置了不同的功能框架，如基于用户（使用者）的功能框架、基于平台建设单位与开发者的功能框架、基于平台运行、管理和维护者的功能框架②。这些功能框架都旨在为平台不同用户提供针对性服务，使平台服务功能最大化。

7.3.3 管理机构的职能规范

山西省科技基础条件平台是以山西省科技基础条件平台总平台门户为核

① 廉毅敏.科技资源共享服务平台构建技术研究[M].北京：中国科学技术出版社，2010：120-121.
② 任军，姬有印，刘增荣.山西省科技基础条件平台功能体系分析[J].中国信息界，2010（11）：47-48.

心，以各子平台为分中心，所有平台资源管理单位共同建设的科技资源支撑体系，是国家科技基础条件平台的重要组成部分。在平台的建设与发展中，各管理机构起到了重要作用，各机构都有各自所要履行的职能与自身的规范。其中，参与平台建设与管理的重要机构有①：①山西省科技厅。其主要职能是平台项目的资金资助，负责领导平台建设与资源共享，是平台的主管部门。省科技厅主管平台科技资源建设的指导、督查和考核，对各子平台牵头单位和项目参加单位为给予资金支持。②山西省网络管理中心。其主要职能是负责总平台门户上网信息的管理，各子平台牵头单位负责子平台门户上网信息的管理，并及时跟踪、监督、检查栏目内容和信息更新。山西省网络管理中心还负责对总平台门户的日常建设和维护，负责对各子平台门户的业务指导。③平台牵头单位。其主要职能是负责提出资源整合与平台建设方案，并依据平台建设整体框架和项目实施计划，联合相关部门和单位，分解任务，明确责任，保障平台建设顺利实施，主要负责各子平台的日常建设和维护。④平台管理办公室。其是由山西省科技厅设立的，主要职能是负责山西省科技资源建设与共享的统筹管理。具体为：组织制定科技资源共享的总体规划和实施方案；负责制定科学数据汇交和科技文献的共建共享制度；协调科技资源的共建共享，组织技术标准研究；协调科技基础条件平台中心站点开展工作；参与建设项目的立项、管理和验收；参与各科技信息服务站点的招标、认定、考核和评估；管理专项资金等。

7.3.4　平台管理制度规范

自 2005 年山西省设立了专项资金计划，启动山西省科技基础条件平台建设工作以来，平台建设与管理始终坚持执行相关的政策法规与管理规章。平台的制度规范主要包括一些相关的法律规范、管理办法、规范标准等，其中，以共享为特征的运行机制是制度体系的内核。2007 年国家修订的《科学技术进步法》规定了科技资源开放共享的有关条款，确保了科技资源开放共享工作有法可依，并且还研究起草了《国家科技基础条件平台运行管理暂行办法》《国家科技基础条件平台经费管理暂行办法》和《国家科技基础条件资源数据共享使用管理规定》等。为此，山西省通过边实践、边总结、边建设

---

① 山西省科技基础条件平台共享机制研究项目组 . 山西省科技基础条件平台共享机制研究报告 [R]. 山西省科技厅，2009.

的方法，参照国家平台的制度体系，根据山西省的实际情况和特点，不断制定和完善省属区域平台的制度体系。已经运行和正在试运行的规章制度主要有《山西省科技基础条件平台建设实施方案》及其配套的若干实施办法:《山西省科技基础条件平台建设项目管理办法（试行）》《山西省科技基础条件平台建设项目绩效评估办法（试行）》《山西省大型科学仪器协作共用暂行管理办法》《山西省科技信息资源共享暂行管理办法（试行）》《山西省科技基础条件平台信息资源托管与运行管理办法（试行）》等。初步营造了有效运营和稳定发展的制度环境，推动了平台运行的制度化，保障了平台建设计划的实施。

山西省为制定平台相关政策与法规，还做了以下工作，具体包括:第一，研究确定平台的政策框架，在总框架的指导下，研究制定平台建设的详细规划，以及与平台建设相配套的资金投入、建设投资与管理的责任与利益、部门协调机制、平台建设激励机制等;第二，建立与国际规范接轨的政策法规体系，借鉴国外和国内沿海发达区域的建设经验，制定既符合省情又能与国内外规范接轨的共享法律法规体系;第三，建立平台研究机制与人才队伍，组织专门的研究机构和人才队伍，把平台建设与运行的法律法规研究纳入地方立法程序;第四，研究制定地方性政策法规，保障科技资源共享的地方性法规、保障科技基础条件平台建设与运行的组织管理制度等;第五，建立平台共享的监督与绩效评价体系等。这些平台制度规范是平台建设与运作的核心，能够推动平台运行的制度化，保障平台建设计划的实施。

7.3.5 平台建设管理标准规范

由于科技资源具有多样性、异构性和复杂性等特点，建设科技平台，实现科技资源共享，标准规范必须先行。山西省科技基础条件平台建设管理标准规范研究遵循国家科技基础条件平台标准化细则，实现了平台建设管理的标准化。具体的进展细则包括:一是平台标准化工作体系初步形成。山西省科技基础条件平台设立"体制与管理制度研究"类，并拨出专款用于平台管理标准化方面的研究，促进了平台标准化工作的统筹规划与管理;二是形成了一批技术规范，使科技资源收集、保藏和研究有章可循。在资源数字化过程中，初步建立了科学分类、统一编目、统一描述的技术规范体系;三是对已整合的存量科技资源进行了标准化整理和数字化表达，为共享服务奠定了基础。通过标准化工作解决了科技资源整合难度较大的问题，使保存在不同部门且属于不同领域的异构性科技资源得以在较短的时间内实现标准化整理和数字化转换，进一步提升了科技资源的规范化水平；四是平台标准化工作配备专业化的人才队伍。平台集聚了一批具有丰富标准化工作经验的专家和工作人员，在实现平台标准化工作中发挥了重要作用，提高了平台标准化工作的科研和管理水平；五是促进了平台信息化建设，提高了科技资源共享利用效率。平台资源标准化工作的开展实现了平台门户系统统一通畅的数据汇交、信息导航检索和资源利用，实现了各领域平台分散异构数据库的互联互通、信息共享和业务协同。平台建设管理标准规范确保了科技资源的整合、开放共享和对外服务。

7.3.6　平台评价

为了加强山西省科技基础条件平台建设项目立项管理的科学化和规范化，专门设立了山西省科技基础条件平台建设项目立项评估办法。全省范围内向省科技厅申报的"山西省科技基础条件平台建设"的所有项目都是评估的对象；评估的目的和任务是对申报的项目进行科学评估和论证，为科技基础条件平台建设项目的立项提供科学的决策依据，并且坚持"独立、客观、公平和科学；整合、独有、服务和共享；公共性、基础性和优势领域优先支持；创新"等原则。在平台发展的过程中，不断为用户提供服务，在此过程中，随着科技投入的不断增加，科研设施、条件及其组织、管理、信息等要素配置也不断进步。为了使平台更好地发展，每个阶段所要完成的任务及实现的目标不同，为了确保平台目标的实现，不同阶段对平台工作目标实现状况进行了测量和评价。

山西省科技基础条件平台建立了平台科技资源共享服务评价指标体系，分为三个层级：一级指标是总目标，由科技资源整合、网络基础条件与运行管理、服务成效 3 个分目标组成；二级指标由实现分目标的影响因素构成；三级指标由各影响因素下的评价指标因子构成。这些指标不仅能为不断完善平台自身建设、提高开放共享服务水平提供依据，而且可以为平台之间服务效果的比较及对平台进行评价提供依据。评估以定性和定量相结合的方法，采用"背对背"或"面对面"的方式进行，经过对平台科技资源共享服务的评估，实现对平台管理的科学化与规范化。

7.4　平台加盟管理

　　加盟是指自愿加入山西省科技基础条件平台的共享服务体系，成为平台的加盟单位，并将其拥有的科技资源通过平台网站进行开放共享的行为[①]。山西省科技基础条件平台作为推进山西省科技创新与科技成果转化的有力支撑和保障体系，越来越受到各级政府及部门的重视。许多拥有科技资源的单位参与到平台的建设与共享服务中，一般通过子平台的形式进行加盟。

7.4.1　平台加盟工作

　　平台加盟方法：具备条件的申请单位，须经过加盟评定，方可成为加盟单位。按申请单位的来源，将加盟评定流程分为两类：第一类是普通申请单位的加盟评定流程，通过平台项目的申请、网上信息填报与审核、报送书面材料、项目评审通过、签订任务书确认加盟；第二类是未申报平台项目的科技资源拥有单位有意加入平台建设和资源共享。

　　实现科技资源共享是平台的总目标，总平台的职责主要有两方面[②]：一方面，总平台承担着对各加盟平台的环境规范与技术支持，如对各加盟平台建设进行协调、指导、规范，同时提供网络环境、计算机技术及工具的支持；另一方面，总平台不断地努力提升各加盟平台的服务效能与资源增值，如对加盟子平台资源进行集成、整合、建立共享机制等。根据总平台的上述两种职责，其工作内容主要体现为以下三个方面[②]：第一，对各主体所提供科技资源的信息化表示进行规范化、统一化建设；第二，对各加盟平台科技资源的领域规范、表现规范等进行收集，然后邀请各方面的专家，如计算机专家、数据规范专家、系统规范专家等进行协商，参照一些国际、国家的标准，制定出全面的科技资源信息规范；第三，将各加盟平台与总平台建立资源链接系统，一方面可以规范各加盟平台的管理，另一方面可对各加盟平台资源进行有益补充，为用户提供增值服务。

　　总平台作为各加盟平台的"总揽者"，无论从各加盟平台的建设还是运

---

① 陆晓春. 激活创新之源 成就创业之梦：上海研发公共服务平台建设纪实 [M]. 北京：化学工业出版社，2010：52–53.

② 王莉，胡高霞. 科技基础条件平台中总平台和子平台的角色探讨 [J]. 电脑开发与应用，2009（1）：19–22.

转，都为其提供了数据、技术、人员等方面的指导和规范，使总平台与各加盟平台有效协作、互相支撑，共同实现科技资源共享的目标。

7.4.2　平台加盟要求

为规范加盟行为、推进加盟单位对外开放共享其科技资源，提供优质高效的共享服务业务，加盟的单位需服从平台计划任务书所规定的要求。作为山西省科技基础条件平台的加盟单位，需满足以下至少一个要求：一是大型科学仪器设施共享服务机构须拥有通用性强、技术性能先进、运行正常、出具数据准确、加工精度高、配有熟练操作人员、能向社会提供共享服务的仪器设施；二是科技文献与情报服务机构须拥有一定规模数据文献、情报、信息资源的集成，可为用户提供文献检索、全文下载、中英文全文传递、电子图书在线阅读、科技查新与情报信息等服务；三是科学数据服务机构须拥有各类特色、一定规模、权威、数字化的国内外科技数据资源等多种数据库，可为用户提供按学科和服务分类的查询、在线检索、委托查询、委托建库等数据共享服务；四是专业技术服务机构须具备某一领域内成熟的专业技术，有较好的前期工作基础，已经对外提供专业技术服务并拥有相对稳定的用户群；五是资源条件服务机构须拥有一定规模、特色的实验材料，并具备相关资质证书；六是技术转移服务机构须具备提供成果转化、技术评估、技术转移、项目认定、需求配对、政策咨询、宣传推广等服务能力，并具有良好的前期工作基础、用户资源及宣传推广渠道。

加盟平台需遵循以下规范[①]：第一，需遵循总平台规范。各加盟平台在做好自己工作之外，应积极参与总平台规范制定工作，派专业人员积极学习。总平台所制定的数据规范、接口规范、服务规范、表现规范等，都是在基于各加盟平台工作之中制定的。各加盟平台应积极遵循总平台的这些规范，以更加深入地进行平台科技资源共建与共享工作；第二，积极整合数据。作为加盟平台，应该在总平台的指导下，积极进行自身数据的整合，保证数据规模、更新数据及时、数据共享等。平台在为用户提供资源服务时，一定要保证所提供资源的规模与质量，使用户在加盟平台上体验到与其他网站不一样的服务。并且由于各领域在不断发展，数据持续更新，平台应不断关注新数

---

① 王莉，胡高霞.科技基础条件平台中总平台和子平台的角色探讨[J].电脑开发与应用，2009（1）：19–22.

据，根据实际情况，制定不同的数据更新周期并实施。各加盟平台的科技资源应该以便利的途径提供给总平台，实现数据共享，或者实现一个接口，供总平台随时访问各加盟平台的资源；第三，达成共享承诺。科技基础条件平台建设、维护是一个长期的工作，无论是总平台还是加盟平台，应达成共享承诺，凡是参与平台建设的单位都应遵循共享承诺，将平台的互通接口永远打开，真正实现科技资源共享。上述三个条件全是围绕两个主体（总平台和各加盟平台）和一个目标（资源共享）来要求的，这也正是科技基础条件平台建设的目的所在。

科技基础条件平台建设是提升山西省科技竞争力的一项重要举措，平台建设质量的优劣会在一定程度上影响山西省科技竞争实力的提高。因此，明晰平台的工作，明确总平台与各加盟平台的关系，对于山西省科技基础条件平台的建设和发展将起到重要的作用。根据国家科技基础条件平台建设的规划与指导方针，结合山西省的实际情况和特点，围绕山西省科技总体发展战略，结合山西省科技基础条件平台的建设服务与发展，按照《山西省科技基础条件平台建设与运行管理办法》作为子平台的条件，可实现平台加盟。

7.4.3 平台加盟单位

围绕山西省科技基础条件平台建设研究的 8 个专题研究方面，即科技文献共享与服务平台建设、科学数据共享平台建设、网络支撑环境共享平台建设、自然科技资源共享平台建设、大型科学仪器协作共享平台建设、技术转移服务平台建设、专业创新公共服务平台建设及制度与体系的建设，各类平台都有其加盟单位，协助平台的建设、运行与发展。各类平台的加盟单位分别为：科技文献共享与服务平台加盟单位 30 家，科学数据共享平台加盟单位 24 家，大型科学仪器协作共享平台加盟单位 123 家，自然科技资源共享平台加盟单位 19 家，技术转移服务平台加盟单位 41 家，专业创新公共服务平台加盟单位 77 家，网络支撑环境平台加盟单位 27 家，制度与体系建设加盟单位 4 家。这些加盟单位覆盖了企业、科研院所、公共图书馆、高等院校、科技中介机构等，各类社会资源"齐聚"平台建设，为山西省科技基础条件平台的科技资源建设与共享做出重大贡献。

第八章

山西省科技基础条件平台科技资源共享服务模式

8.1　平台资源共享服务模式的构建与支撑

山西省科技基础条件平台以提高山西省科技创新能力和竞争力为目标，以科技资源开放共享为服务重点，充分利用现代科技，为促进全省经济发展和科技进步提供强有力的资源支撑。山西省科技基础条件平台科技资源共享服务模式以山西省科技资源为基础，充分发挥了项目承担单位的积极性和能动性，实现了科技资源开放共享。

8.1.1　平台资源共享服务模式构建的原则

山西省科技基础条件平台共建共享过程中，为加速山西省科技成果的转化、应用和增值，实现科技创新，平台科技资源共享服务模式的构建严格遵循了如下原则。

（1）整体性原则

在政府宏观调控下，平台项目承担单位已经形成了跨系统的协调管理机制，统一规划、统一布局和统一管理，发挥整体效益和联合保障优势，以此来降低共建共享过程中用户需求的不确定性而引发的经济损失，降低了跨行业、跨机构科技资源整合对山西省科技资源共享服务模式的影响。

（2）引导驱动原则

目前，山西省正处于资源型经济转型的阶段，市场运行新机制需要时间完善，因此，组织机构的宏观调控引导及市场驱动就起着举足轻重的作用。山西省制定和设计了利于科技资源共享的政策和保障机制，营造了良好的科技资源服务环境，通过平台引导企业关注高等院校及科研院所的科研成果转移与专业创新服务，提高了科技成果转化率，让市场机制得到了有效发挥[①]。

---

① 吴先华，郭际.基于产业集群构建区域创新系统的几点思考[J].科技与管理，2006（5）：1-3.

（3）实效原则

山西省科技基础条件平台科技资源共享服务模式构建过程中，追求实际效果，首先考虑到科技基础资源的比较优势，其次是科技基础资源的整合发掘潜力，可持续地为用户提供资源支持。平台拥有一只稳定的专业队伍，有明确的管理机构和制度保障，山西省科技基础条件平台发挥了科技创新的引领与支撑作用，平台共享服务模式切实有效地支撑了科技创新，推动经济的发挥，为山西省乃至全国的经济社会发展提供服务。

（4）增值原则

增值原则是山西省科技基础条件平台不同于传统资源平台的特性之一，平台科技资源的共享服务为山西省企业及行业发展创造了新的价值。科技资源的价值产生具有一定的显性和滞后性，在模式选择中对价值的衡量不以科技资源的即时价值为标准，而是综合考虑即时价值与长远价值、显性价值与隐性价值，并做出评估，增值的含义不仅具有决定性也具有相对性，即在多种模式的选择中应遵循"两利相权取其大"的原则[1]。

（5）整体最优原则

整体最优，指组织建立系统及系统的经营管理都达到最佳程度。以科技文献共享与服务平台为例，各加盟单位以提供科技文献资源支撑科技创新为目标，发挥自身资源优势建设子平台，解决了平台中海量资源建设、标准化、互操作等问题，平台科技文献共享服务已经基本能够满足用户需求。

（6）开放性原则

随着世界经济一体化进程的加快，互联网给科技资源的共享提供了一个超越时空的开放性条件。而科技资源的国际性共享伴随着国际性流动这个过程，从而实现科技创新的国际化。因此，山西省科技基础条件平台的科技资源共享服务，不仅强调国内或者山西省内的知识主体的相互联系，更加注重与其他国家及地区的科技资源流动关系[1]。

（7）标准化原则。

山西省科技基础条件平台功能设计的核心在于"共享"，而"共享"又必须以标准化为基石，标准化是平台资源共享服务模式功能设计要遵循的基本原则之一。如果没有标准化原则，就会使山西省科技基础条件平台资源共享的构建独立于整个科技资源之外，这无异于数字资源建设早期阶段的"孤岛"

① 王婉. 基于知识供应链理论的科技信息资源整合模式研究 [D]. 长春：吉林大学，2008：39-50.

现象①。这一共享平台服务功能设计，不仅仅要实现山西省科技资源的共享，而且还要与全球所有科技资源共享。遵循这一标准，山西省科技基础条件平台与其他资源平台形成一个互联互通的共享网络体系，真正实现科技资源的共享。

（8）安全原则

安全原则是山西省科技基础条件平台科技资源共享服务模式的重要原则之一。安全的保障机制不仅是平台自身建设所必需的，而且是其为用户提供服务的最基本保障。科技资源安全体系是科技基础条件平台共建共享的重中之重，为了顺利实现科技资源的共享，山西省科技基础条件平台加强了工作人员科技信息安全意识，采取了有效措施和技术手段，以保证系统安全、可靠、稳定的运行，建立和完善了科技数字化、应用系统、数据库管理等各环节的科技信息安全规章制度，建立了科技数据备份和应用能力，提高了信息化条件下的平台安全保障能力。

（9）可扩展性原则

山西省科技基础条件平台科技资源共享服务模式构建不仅仅着眼于短期发展，更要以未来长远发展为大计。如今，用户对资源质量和服务水平的需求不断提高，山西省科技基础条件平台在服务模式构建时充分考虑到未来的服务扩展，以便平台在运行过程中发现自身不足并及时进行改进和完善。

8.1.2　平台科技资源共享服务模式构建

山西省科技基础条件平台力求有效整合各类科技资源，为科技创新提供基础性支撑作用。为此，平台科技资源共享服务模式以项目为主线，通过政府主导单位的统一标准制定，各参建单位严格按照项目标准完成任务，力求将总平台与各子平台完美连接，并通过门户网站服务、科技资源服务、手机APP 服务、资源导航服务、联合参考服务、增值服务及监督评估等方式服务用户，如图 8-1 所示。

---

① 杨爽，贾晓青，周志强 . "长吉一体化" 科技信息共享平台功能设计 [J]. 情报科学，2013，31（7）：146–151.

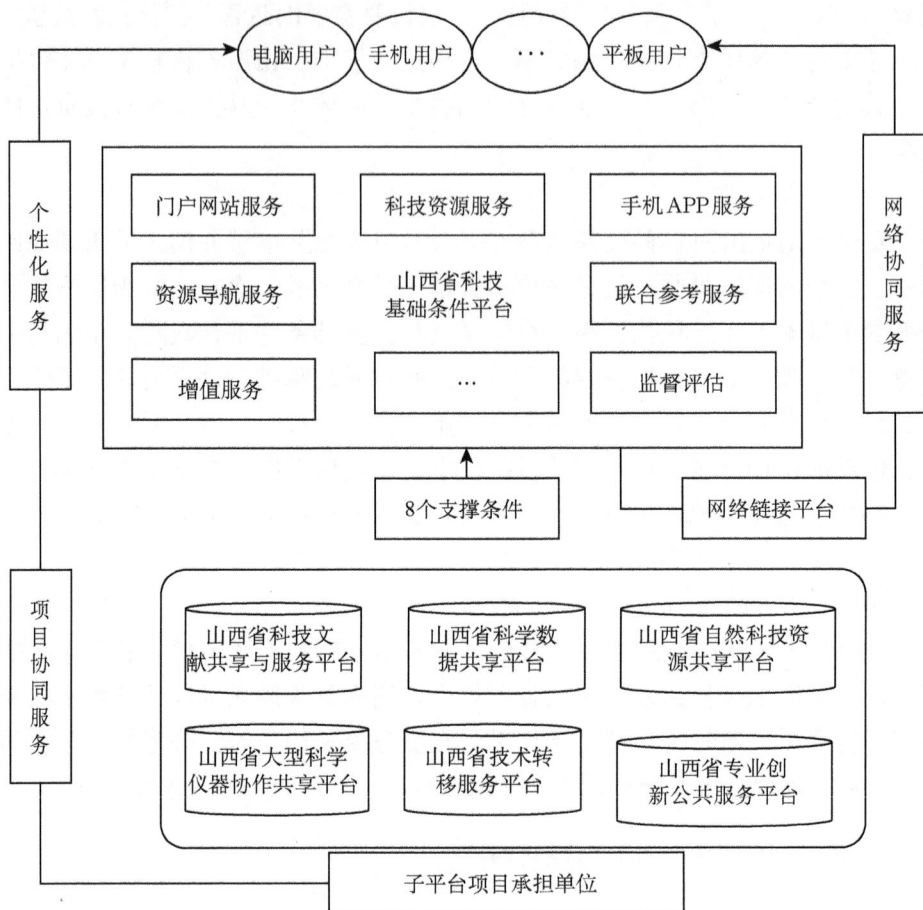

图8-1　山西省科技基础条件平台共享服务模式

　　山西省科技基础条件平台于2005年启动，运行截至2015年，已经累计总投资1.47多亿元，立项500多项。

　　山西省科技基础条件平台通过重点支持、整合资源、深度挖掘，建成了一大批面向科技、注重技术研发与推广的专业创新公共服务平台和技术转移服务平台；与此同时，建设并完善了支撑山西省科技基础条件平台运行的网络环境支撑体系，已经基本建设完成科技资源、物质资源广泛覆盖的具有山西省特色的基础条件共享平台。

8.1.3　平台科技资源共享服务模式的支撑条件

　　山西省科技基础条件平台建设需要各方共同努力，来自政府、资源、技术、原则与目标、人才、制度、资金、法规等方面的支持是必不可少的。

（1）政府支撑

政府通过完善法规体系，强化制度创新，加强对平台建设的指导，深化资源配置方式改革，调整财政科技经费支出的结构，结合山西省科技基础条件平台建设总体要求，统筹安排涉及科技基础条件建设的经费，使平台运行得到稳定的经费支持。鼓励和引导社会力量参与平台建设，加强平台建设的科学决策和监督管理，建立评估监测机制和相应的保障系统，确保平台的高效运行和财政资金的合理使用。

（2）资源支撑

山西省科技基础条件平台主要对科技文献、科学数据、自然科技资源、大型科学仪器资源开展对外开放共享服务[①]。一是科技文献：重点支持能够对山西省社会建设和科技创新水平提升提供信息支撑服务的专业科技文献及拥有资源的单位。二是科学数据：包括化工、装备制造业、钢铁、农业、林业、气象、水利、煤炭等相关部门和行业长期持续积累的数据资源，以及科技计划项目的数据，对其进行整理、汇交和建库，构建集中与分布相结合的省级科学数据中心群。三是自然科技资源：重点扶持了动物、植物、微生物菌种、土壤等资源的保护和开发利用；支持种质资源收集与保存、生物资源评价与利用；支持对山西生物产业有促进作用的国外重要战略生物资源引进、驯化及开发利用。四是大型科学仪器：支持为山西省重点行业产业转型升级和战略性新兴产业发展提供支撑服务的重点实验室、工程（技术）研究中心、科研中试基地、检验检测机构、分析测试中心、科技企业孵化器等现有各类创新平台基地，重点支持相关科研基础设施与条件建设，完善大型科学仪器共享平台建设，开展对外开放共享服务。五是技术转移资源：主体包括科技成果信息服务体系、知识产权信息服务体系、科技创业服务体系和技术产权交易服务体系4个子平台服务体系。六是科技创新资源：从山西省优势产业、新兴产业的战略需求出发，支持专业创新公共服务平台，主要有中药现代化科技创新平台、镁及镁合金产业科技创新平台、表面活性剂绿色化技术创新平台、植物分子育种技术创新平台等。

---

① 邵舒扬，黄革新，王伟，等.山西省科技基础条件平台认定考核指标体系研究[J].山西科技，2015（6）：10–12.

（3）技术支撑

山西省科技基础条件平台资源共享服务模式是一个复杂的体系，从科技资源的收集、整理、交换、传递到开发利用，每一个环节都需要现代信息技术的支持。为了山西省科技基础条件平台的未来可持续发展，平台已经利用计算机技术、通信技术、网络技术、多媒体技术、数字技术、复制技术、声像技术、软件技术、机器自动翻译技术及人工智能技术等使科技资源的组织、加工、存储、传播发生了质的变化，科技创新资源获取更加方便、快捷[1]。

（4）原则与目标支撑

在山西省科技基础条件平台建设的过程中，各部门总体上坚持了以下原则：①发展的原则。推进山西省的经济跨越式发展，实现建设经济强省的目标和全局，把科技基础条件平台建设纳入山西省经济和科技发展的总布局中。②创新的原则。以信息化、网络化和国际化，推动科技基础条件平台建设向纵深发展。③整体规划和分布设施的原则。立足山西省实际，统筹规划，整合原有科技资源，做到远近结合、示范先行、注重实效、突出特色、分步实施和协调发展。④政府主导、多方共建的原则。政府在平台建设过程中发挥了政策引导、宏观布局、管理监督的主导作用，高等院校、科研院所、中介组织等优势互补。⑤资源整合共享的原则。平台建设突出资源共享的核心，积极探索新的管理、运行体制。

（5）人才支撑

山西省科技基础条件平台的资源建设、开放、共享与服务等，最终是要靠人来运作的，人才是科技资源成功整合实现共享的关键要素。人才队伍的支撑：一是明确了牵头单位和承担单位的关系，有稳定的专业服务队伍；二是科技平台有固定的专业人员维护和管理平台的日常运行，大部分专业人员具有高级职称和高学历，专业知识雄厚。

（6）制度支撑

山西省科技基础条件平台建设实行政府领导负责制，各大子平台由牵头部门负责提出年度平台建设重点和任务。为了保障科技基础条件平台建设顺利实施，联合其他相关部门和项目承担机构，以子项目的形式分解任务；为

---

① 信息技术 [EB/OL]. [2016−10−17].http://baike.baidu.com/item/%E4%BF%A1%E6%81%AF%E6%8A%80%E6%9C%AF/138928.

了确保科技基础条件平台资源的连续性、新颖性和长效性，平台建设实行项目储备积累和滚动支持的机制；在平台建设服务过程中，制定了平台建设方案、实施办法、平台建设及运行管理制度，用制度规范管理。

（7）资金支撑

山西省科技基础条件平台科技资源共享服务，其实是一项投资巨大的工程。从科技资源的整合，到平台基础设施的建设、技术的研发，再到服务模式的运营，每一个环节都需要大量的资金投入。在解决资金投入问题的过程中，政府、项目承担单位共同努力。政府通过项目拨款，给予项目承担单位资金资助，项目承担单位配套一定的资金及资产和设施，并且鼓励和引导社会资金投向技术转移和科技创新领域。

（8）法规支撑

法律法规作为由国家强制力保证实现的社会规范，对于人类的信息活动具有指引、评价、预测、强制的作用，它是规范各种信息行为、整合资源共享的重要手段。其协同作用体现在：防止非公开信息的泄漏、协同科技资源的及时传播、保证各单位之间的协调与沟通等方面[1]。山西省科技基础条件平台建设主要涉及以下几个方面的法律：第一，知识产权法律。在山西省科技基础条件平台资源整合过程中，信息搜集、信息组织、信息服务、信息网络建设等各个环节都有可能涉及知识产权问题；第二，信息安全法律。科技成果转化中必然涉及有关高新技术、尖端技术的机密资料和一些内部机密资料，科技资源整合既要促进科技资源正常传播与交流，又必须做好信息保密与安全工作；第三，信息市场法律。在市场经济条件下，科技创新活动也涉及诸如科技信息产品交易、科技信息市场公平竞争及科技信息市场管理问题，这都需要加强对科技信息市场的立法管理。

8.2　平台共享服务模式的类型与规范

8.2.1　平台共享服务模式的类型

山西省科技基础条件平台是以社会化服务为核心的，充分利用科技资源促进科技创新，促进科技资源的社会化利用及开放共享。"开放、共享、服务"

---

① 张素丽. 产学研联盟知识产权风险评估及适用法律研究 [J]. 佳木斯职业学院学报，2016（4）：120–121.

是山西省科技基础条件平台科技资源实现社会化服务的总原则，也是平台工作的总目标[①]。

（1）网络服务

1）门户网站服务

山西省科技基础条件平台总平台门户，是山西省科技基础条件平台建设成果的展示窗口。自 2005 年起，以山西省科学技术厅网络管理中心作为总平台建设的牵头单位，在山西大学、太原工业大学、太原师范学院等高等院校的共同合作下，总平台门户网站已经建设完成。山西省科技基础条件平台的总平台门户网站，为用户利用山西省科技基础条件平台科技资源提供了统一的访问入口，各子平台具有特色的应用系统、文献资源、数据资源和互联网信息资源统一集成到总平台门户之下，同时，总平台门户网站根据用户群体的特点和角色的不同，提供了个性化的服务内容，并通过对门户网站数据库内的事件和消息进行综合处理传输，把用户群体有机联系在一起，提供个性化共享服务。

2）移动端 APP 服务

用户通过 APP 可以方便快捷地登入信息系统获取信息[②]。可以说，智能移动客户端服务是提升平台人性化服务水平的重要手段，用户可以通过智能手机、平板电脑、掌上电脑等多种终端，随时随地接入互联网来获取信息和服务[③]。随着微信、QQ 等即时通信工具的快速发展，山西省科技基础条件平台下一步的任务就是将已经建设好的网站、数据库资源不断地进行移动端 APP 资源服务改造。

（2）科技资源服务

山西省科技基础条件平台采用多种手段和方式，在全省范围内实现科技资源的优势互补、优化配置，大力推进科技资源开放共享力度，加强科技资源协作服务。尤其是对科技文献、科学数据、大型科学仪器、自然科技资源开展资源检索服务、资源推送服务、个性化定制服务、分析检测服务、科技创新服务、参考咨询服务、科技分析与评估服务、资源利用培训服务，以及

---

① 邵舒扬，黄革新，王伟，等.山西省科技基础条件平台认定考核指标体系研究[J].山西科技，2015（6）：10–12.

② 客户端[EB/OL].[2016–10–06].http://baike.baidu.com/view/930.htm#4.

③ 王维斐，李德英，李旭，等.基于政府网站的智能移动客户端设计和分析[J].电子政务，2014（11）：112–118.

种子、标本、菌种保存服务等。用户通过山西省科技资源共享网站，方便快捷地获取资源，有效提高了科技资源的利用率。

（3）虚拟联合参考咨询服务

虚拟联合参考咨询服务是山西省科技基础条件平台的强大服务功能之一，平台汇集了来自各行各业的专业科技人才，依托专家学者们丰富的经验和学科知识，为山西省的科技创新提供服务。这些高层次且具有实践经验的专家，通过多种途径为用户提供虚拟咨询服务。

（4）增值服务（技术转移、专业创新）

1）技术转移开放服务

技术转移开放服务主要是风险投资、技术产权交易、科技企业孵化、技术推广应用、科技成果转化、科技咨询与评估等服务，实现了以公共资源共享为主要形式的服务。平台完善开放服务模式，开展了科技信息服务、科技培训服务、技术交易服务、风险投融资服务、科技交流服务、科技培训服务、技术合同登记服务等。在公共服务方面，还开展了政策法规、中介服务机构、创新基金申请、技术转移新闻公告、专家咨询系统、人员队伍、联系方式等服务。这些服务进一步增强了产学研协同攻关能力、优化产学研技术转移协同环境，加快技术转移速度，实现了技术转移资源的综合利用。

2）专业创新开放服务

专业创新开放服务从山西省优势产业、新兴产业的战略需求出发，直接为产业创新服务。近年来，坚持把解决企业当前实际问题和产业长期发展相结合，重点围绕产业发展的薄弱环节和企业技术创新中亟待解决的共性技术和需求服务，形成了一批科技创新、成果转化基地，建立以企业为主体、市场为主导、产学研相结合的技术创新公共服务、成果转化与推广服务、产业技术人才培训与交流服务等，加快了创新要素向企业转移，提升了企业的创新力。

8.2.2　平台共享服务规模式的规范

山西省科技基础条件平台标准规范规定了山西省科技基础条件平台门户所需的核心信息资源、各类资源的语义定义，以及科技基础条件平台门户信息资源的标识、内容、管理和维护等描述信息。

（1）资源整合开发标准规范

山西省科技基础条件平台在资源整合时执行了统一的规范。资源整合规范作为平台良好运行的基础，主要解决了平台科技资源的组织、加工、整合等问题。根据资源采集、加工、组织管理、维护更新、发布、集成等资源信息化和整合的流程，科技资源标准涉及以下标准规范。

1）资源加工规范

山西省科技基础条件平台资源加工规范描述了科技资源的整合工作，以及应达到的技术要求。在科技信息资源采集、处理、上传、标引、著录、汇交、存档等工作过程中，统一标准，降低了平台科技资源供应链上的需求不确定而引发的经济损失；对于模式构建，执行了规范化的技术标准和协作规则；在执行统一的技术标准规范时，实行统一的用户界面、数据格式、数据库建设规则；数据加工处理过程中具有长远考虑，不仅仅是山西省内的标准规范，更多地参考了国际标准和国内标准[①]。

2）元数据标准

山西省科技基础条件平台资源整合涉及不同的学科门类，元数据标准可以规定用于描述科技资源的元数据的编制规则、格式和描述要求，将科技文献、科学数据、技术转移等平台的数据有机整合在一起。通过规范各类型的数据形式，不仅节省了时间和经费，还统一了山西省科技基础条件平台主管部门及参加单位对标准规范的认识和理解，这是科技基础条件平台资源共建共享的基础。

3）分类编码标准

根据科技资源的学科属性和特征，将其按照一定的原则和方法进行区分和归类，按照规定的分类体系和排列顺序，对科技资源进行组织分类。山西省科技基础条件平台是横跨多个学科领域的科技资源服务体系，其中，各学科资源特点不同、承担单位多，统一的资源整合开发标准是平台资源建设关键所在，分类编码标准能够对科技资源进行组织分类，有利于平台对用户的规范化服务。

（2）管理服务规范

平台的建成是各承担单位共同努力的结果，为了更好地服务用户共享科技资源，山西省科技基础条件平台资源的发布、数据的汇交管理、用户和资源的安全管理，以及不断更新资源的质量控制遵循了统一的管理服务规范。为满足山西省科技基础条件平台的资源共享服务规范化管理，已经颁布了《山

---

① 王婉. 基于知识供应链理论的科技信息资源整合模式研究 [D]. 长春：吉林大学，2008：39-50.

西省科技基础条件平台建设与运行管理办法》《山西省科技基础条件平台建设实施方案》《山西省科技基础条件平台建设方案》及各子平台的管理办法。

1）发布管理规范

山西省科技基础条件平台面对巨大的用户访问量，提供满足个性化需求的服务，因此，山西省科技基础条件平台发布管理规范规定平台在共享服务模式下，资源发布的总体原则、组织实施过程、资源分级、资源审核、发布形式、信息发布的责任落实等内容。

2）数据汇交规范

山西省科技基础条件平台是山西省科技资源整合分类、有机联系、跨越各子平台的资源共享服务网络。项目各承担单位遵循统一的标准规范，本着共建共享的服务原则，组织、整合科技资源，再将科技资源数据汇交给平台数据中心。

3）安全管理规范

数据安全极为重要，不仅要在保存数据环节中提高质量，同时，数据添加、修改、发布过程中都应该提高数据安全性。除了数据（资源）安全，用户访问山西省科技基础条件平台产生的个人用户数据资源同样非常重要，在大数据环境下，用户数据是分析用户行为，为用户提供个性化服务的关键，因此要重视安全管理。

4）质量控制规范

山西省科技基础条件平台共建共享过程中，在原有资源共享平台的基础之上，遵循质量控制规范，依照用户的资源需求，提供了全方位的科技资源服务，营造随时随地、方便快捷的科技资源共享环境，以科技资源质量控制规范化带动现代化，实现并提升了山西省科技资源的利用效果。

8.3　平台科技资源服务模式的组织形式

山西省科技基础条件平台充分利用信息与网络等现代技术，以平台为载体汇聚科技资源为科技创新提供支撑。它的服务组织模式主要有3个：政府为主导的行政体制组织模式，以共享为核心的资源整合与服务组织模式，以效率为先的监督考核服务组织模式。

8.3.1 行政体制组织模式

山西省科技基础条件平台共组织实施了 500 多个项目，从科技资源整合的角度看，经历了一个由分到合的渐进过程。从资源共享服务来看，各平台科技资源集中到总平台，开展对科技资源开放共享服务。这个资源整合到开放共享的过程中，行政体制组织显得尤为重要，如图 8-2 所示。

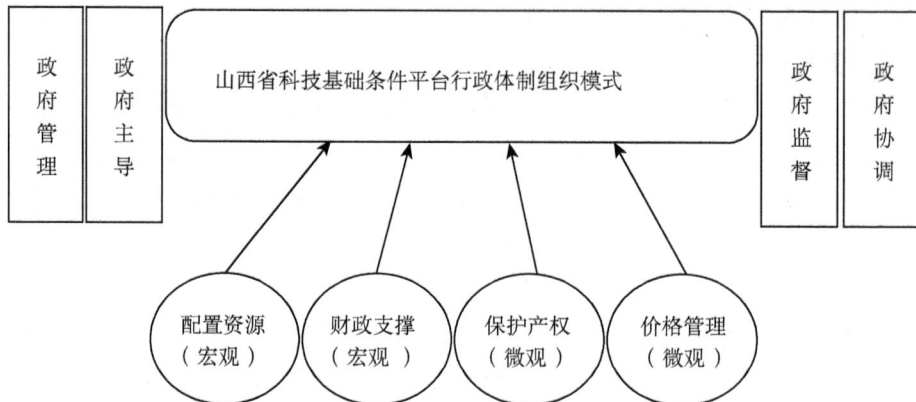

图 8-2　山西省科技基础条件平台行政体制组织模式

（1）专门的机构主导机构

科技资源的公共管理者是政府机构。政府层面的山西省科技基础条件平台管理系统是总平台与六大子平台正常运营的保障。第一，大部分的科技基础条件资源是国家财政长期投资积累形成的，具有公共产品的属性，政府的管理是必要的；第二，山西省科技基础条件平台建设是政府引导区域科技创新服务经济发展的典型，属于政府主导行为；第三，科技资源整合的过程中，部门及整合任务的分工需要政府的统筹与协调；第四，科技基础条件平台是可持续发展的长期任务，需要政府的监督和支持。

（2）政府发挥的职能

目前，在山西省科技基础条件平台科技资源共享服务过程中，政府的职能可以概括为 3 项：政治职能、社会职能和经济职能，而政府的科技资源组织职能则应包括在政府的社会职能和经济职能之中。政府需要承担提供基础研究和关键与重大共性技术领域研发资源投入的重任，在科技资源需求领域进行科技资源的配置，提升全省整体的自主创新能力。

对此，在建设山西省科技基础条件平台的过程中，政府所采取的组织形式是从宏观上引导平台科技资源配置，通过审批项目、严格规范验收标准，对平台统一管理，对科技基础条件平台给予财政支撑；从微观上，政府采取了相应政策措施禁止科技资源垄断、共谋行为，保护知识产权，限制不公正交易，制定了促进技术交易和科技成果转化的相关法规，主要是对科技投入、技术交易、专利申请和转让、公益性领域进行有关进入、退出、价格等方面的管理，各项目承担单位自觉严格遵守相关法规，从而顺利地完成项目成果审核。此外，政府还通过制定促进科技资源共享的社会性规章制度，防止知识产权侵权行为，保值增值科技资源。

8.3.2 资源整合与服务组织模式

科技资源的整合与服务，其基本要求是对各类型的资源进行标准化的整合，按照资源挖掘与利用的规律，对山西省科技基础条件平台资源的整合与服务利用主要采用两种组织模式：资源整合与服务组织，如图 8-3 所示。

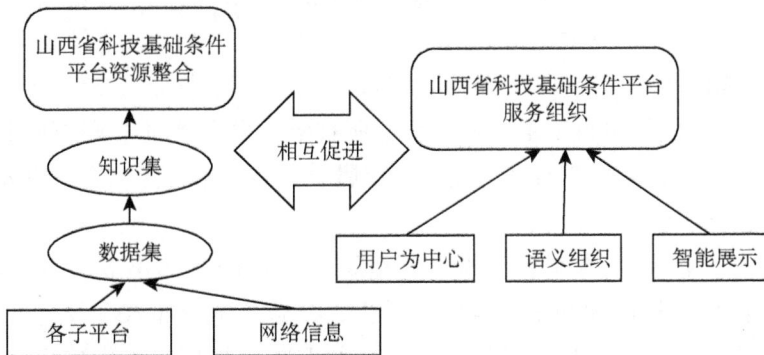

图 8-3 山西省科技基础条件平台资源整合与服务组织模式

（1）资源整合

资源整合的组织模式是对数据和知识集成。山西省科技基础条件平台有两类资源，分别是科技基础性资源和科技创新性资源，科技基础性资源主要是对数据的整合，而科技创新性资源是知识集成；总平台包含网络支撑环境，是承载科技资源实现社会化服务的网络支撑环境[1]。

---

[1] 王伟. 山西省科技基础条件平台建设成效浅析 [J]. 科技情报开发与经济，2015，8（17）：97-99.

1）数据集成

数据集成是指在原来的基础上加以综合建设，它是资源整合的基础。山西省科技基础条件平台资源整合的科技资源包括来自各子平台建设机构的科技文献、科学数据、自然科技资源和科学仪器设备资源，这些资源依托各个参与单位的原始积累，为用户提供科技创新支持。例如，山西财经大学图书馆参与建设财经类文献资源数据库建设，其发挥财经类院校的优势，结合区域特色，对晋商文献资源进行整合，满足了用户对晋商发展历史的信息需求。

2）知识集成

数据集成是资源整合的基础，但不是山西省科技基础条件平台的终极目标，平台的最终目标是对分布资源进行有效集成，将原始数据中的相关内容重新组织成新的信息，或对原始数据进行分析，得出用户需要的结论性或咨询性产品，向用户提供综合的、有咨询决策性质的信息[①]。山西省科技基础条件平台的另一类资源是科技创新共性技术资源，主要包括技术转移服务和专业创新公共服务，这类资源是对数据资源的提炼，满足用户的技术创新需求。例如，2015年，太原理工大学立项申请的"机电装备动态测试与分析平台"，中国辐射防护研究所申请的"山西省生殖毒理非临床安全评价实验平台建设"，以及中国煤炭科工集团太原研究所有限公司申请的"煤矿掘进与运输机械实验大数据处理系统研究"项目，都属于共性技术资源的知识集成。

（2）服务组织

山西省科技基础条件平台的服务组织模式是服务的集成。所谓服务集成，就是在数据集成和知识集成的基础上，整合集成分布式和异构性资源，继而根据用户的需求，提供动态的统一的服务或根据用户需求进行个性化定制，以提供有个性化特征的服务[①]。山西省科技基础条件平台的服务组织有四个特点：一是以用户为中心，对科技资源动态聚合和优化重构，平台网络支撑环境建设的指导思想就是以人为本；二是以资源的规范组织，特别是基于语义的组织为基础；三是对整合的资源提供一体化的展示和智能化获取途径，如已经建成的山西省科技基础条件平台的总平台就是对各子平台资源的一体化展示；四是需要依托网络环境和网络技术得以实现。

---

① 胡昌平. 面向用户的信息资源整合与服务 [M]. 武汉：武汉大学出版社，2007：89-96.

8.3.3　监督考核（或评价）服务组织模式

监督考核机制是山西省科技基础条件平台长期良好运行必不可少的一环，山西省科技基础条件平台主张监督与考核并举，两者相互补充。

（1）考核组织模式

山西省科技基础条件平台的考核机制主要是指对平台的各项绩效进行评价和考核，以激励项目单位成员进行后续的研发和服务。考核的结果可以作为政府对其进行滚动资助的依据，效果差的平台应该进行完善[①]。引入优胜劣汰的竞争机制，防止项目承担单位搭便车的行为，并且因为其公共性，平台最好可以分内部考核和政府考核多维度进行。

山西省科技基础条件平台对服务绩效进行综合评价，构建评价考核指标。平台选取指标的原则是先分析平台的整体指标，再从平台的总体指标中选取有关共享服务绩效的指标。从平台自身特点出发，全面系统地体现各项目单位的共享服务绩效的广度和深度。

山西省科技基础条件平台服务考核组织模式的所有指标构成一个完整的体系，每一个指标，都可以从不同的角度和层面对总平台、各子平台及其建设单位的共享服务绩效进行考核，每一个指标在这一体系中起到的作用不同，通过专家打分的形式确定其不同的权重。

（2）监督（或评价）组织模式

科学完善的规章制度和质量管理体系是平台高效运行的基础，加强监督管理是保证平台服务有效推行的重要手段，这些监督手段包括法律规范、舆论监督、用户反馈。

1）法律规范

从政府层面对山西省科技基础条件平台的运营服务进行监督。平台服务运行过程中以遵守互联网、知识产权、隐私权等相关法律作为基础，在此基础上各平台及其参建单位共享服务符合山西省科技基础条件平台服务运营的规章规范，如《山西省科技基础条件平台建设与运行管理办法》《山西省大型科学仪器资源共享暂行管理办法》《山西省科技基础条件平台项目绩效评估办法》等。

---

① 葛丽敏. 公共科技服务平台的功能定位与组织模式研究 [D]. 杭州：浙江工业大学，2008：76-77.

2）舆论监督

从社会层面实现了对山西省科技基础条件平台资源建设的监督。山西省科技基础条件平台的舆论监督可以有效弥补政府考核管理的不足。目前，各种媒体对社会的影响力已经达到了前所未有的高度，主要载体的社会舆论虽然不能对平台的共享服务实施强制性规范，但是其深远和广泛的影响力有时候还胜过强制性手段。以新闻为例，它的影响面大，反映问题时效性强，具有广泛的群众基础，非常适合网络支撑环境下的平台监督。

（3）用户反馈

用户层面对平台共享服务水平进行监督。平台的资源整合与共享服务都是以用户为导向的，用户是山西省科技基础条件平台科技资源的直接使用者，对于平台评价最具有话语权。用户对平台的信息反馈可以通过平台门户网站、呼叫中心、专家窗口直接收集整合，保存至独立的数据库，作为评价平台共享服务水平最具指导意义的意见和建议，平台将这些意见和建议作为平台完善服务的依据。

8.4　平台科技资源共享协同服务模式

互联网的快速发展已经给平台科技资源的共享提供了一个超越时空的开放性条件。科技资源数量的增长远远超出了人们的想象，科技资源的整合及共享是山西省科技基础条件平台要面临的两大问题，这在很大程度上决定着平台发展的命运。山西省科技基础条件平台充分考虑到这个问题，开展了资源共享的协同服务。平台坚持资源共享和互利的原则，服务机构通过项目或者协议，共同开发、共享和利用科技资源，以实现科技基础条件资源的效用最大化[①]。

8.4.1　科技资源共享协同体系结构与功能

不同种类资源的整合方式各有不同特点，各子平台针对不同的资源对象，有着不同的资源选择性。但是，为了用户能够方便共享科技资源，科技资源共享协同体系结构与功能需要统一，如图 8-4 所示。

---

① 胡昌平.面向用户的信息资源整合与服务 [M].武汉：武汉大学出版社，2007：119-121.

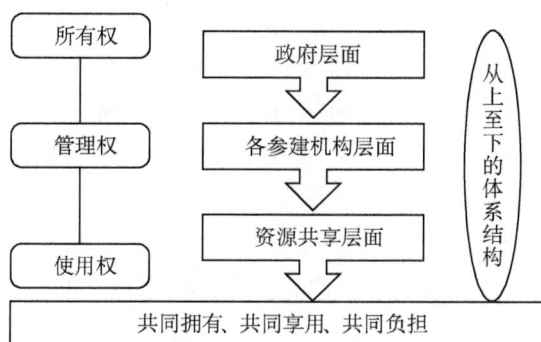

图 8-4　山西省科技基础条件平台科技资源共享协同体系结构

（1）体系结构

协同反映了事物之间、系统或要素之间的配合性和整体依赖性而引发的合作 [①]。山西省科技基础条件平台共享协同服务模式的着眼点是促进山西省科技资源的开放共享，将科技资源系统、多层次、多角度地传递给用户，以满足不同类型、不同层次用户的个性化需求，突出用户的地位，全方位地为用户服务。

第一，从政府层面来讲，山西省科技基础条件平台的科技资源整合来源于政府长期的投资建设，政府是科技资源整合的领导者；第二，从参建机构层面来讲，它们是资源的所有者和管理者，直接决定了科技资源服务的质量；第三，从资源共享层面来讲，用户作为科技基础资源的使用者，其具有科技资源协同服务评价的话语权。

科技资源共享协同对资源进行合理使用、投入产出、资源节约的意义深远，这就需要从所有权、管理权及使用权三者的责、权、利出发，确定共同拥有、共同享用、共同负担的从上至下的体系结构。

山西省科技基础条件平台科技资源共享协同服务的基础是科技资源，主体是政府、科研院所、高等院校、公共图书馆和相关企业，支撑是科技资源的开发、整合、标准规范、网络信息技术、协同服务协议（或任务书）、管理办法及平台服务环境等服务，平台通过统一的规划及项目承担单位的分工合作，向用户提供科技资源共享协同服务。

---

① 季晓林 . 网络环境下信息服务的新模式：协同服务 [J]. 晋图学刊，2004（4）：10-13.

（2）体系功能

山西省科技基础条件平台科技资源共享协同服务模式主要是为了适应山西省科技进步和经济发展，为了满足对科技资源有需求的科技用户。政府以项目为中心，与省内拥有科技资源且有开发整合科技资源能力的单位，通过鉴定任务书所开展资源共享的一种服务方式，这种共享协同服务方式是在同一链条上进行的垂直式资源共享服务，其内容集中、深入。这种资源共享协同服务模式是建立在各项目承担单位高度合作的基础上的。

8.4.2 项目共享协同服务模式

山西省科技基础条件平台的建设需要各建设单位协同合作，以山西省科技文献共享与服务平台为例，它是以山西省科技情报研究所作为牵头单位，省内高校图书馆、公共图书馆、科研院所等单位联合共建完成的，科技文献共享与服务平台的建成，有利于保障科技创新活动的进一步完善[①]，实现了科技文献资源共享协同服务。

山西省科技文献共享与服务平台的建设是一项复杂的系统工程，涉及图书馆学、信息学、管理学、计算机科学等多个学科，通过现有的用户资源，分析当前各种类型群体的不同资源需求，建成适合用户使用的资源共享与服务平台。平台按照严格的标准与规范，在政府的政策及法律法规的引导和资金支持下，整合各单位与机构的科技文献资源，实现科技文献资源共建共享，为各类型数据库提供统一的平台，为不同用户提供科技文献集中检索与利用服务，如图8-5所示。

山西省科技文献共享与服务平台在建设过程中，各参建单位与机构根据项目任务书的要求，选择其特有文献收藏，对这些机构所拥有的各种文献资源及其建设的相关数据库进行整合。现已建成的科技文献共享与服务平台整合资源有：山西高校科技文献、山西工程科技文献、山西农业科技文献、山西医学科技文献、山西财经科技文献、山西重型机械制造科技文献、山西军工机械科技文献、标准与专利文献等[①]。用户可登录总平台门户网站方便、快捷地利用这些资源。

---

① 武翔宇. 基于利用视角的山西科技文献资源共享服务模式构建 [J]. 晋图学刊，2013（1）：27–30.

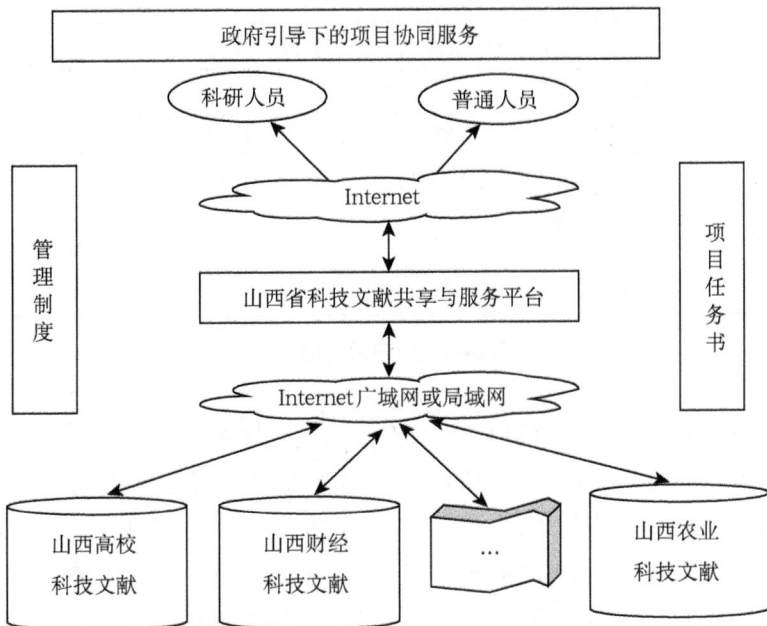

图 8-5 山西省科技文献共享与服务平台项目共享协同服务

8.4.3　网络协同服务模式

网络协同服务模式主要是面向大众或诸多用户群体的科技资源服务机构的常用模式。这是既保证大多数用户的资源需求，又为需要提高资源服务层次的用户提供的一种协同服务模式。

山西省科技基础条件平台资源网络协同服务模式是面向省内用户，链接国家科技基础条件平台网站、各省市科技基础条件平台网站及国内其他大型科技资源平台网站，为山西省用户及社会各类科技用户提供科技资源的一种网络协同服务模式。山西省科技基础条件平台通过建设门户网站、与各大平台无缝链接，形成了并行、开放协同共享的服务联盟，如图 8-6 所示。

总门户网站栏目内容主要包括：总门户及各子平台统一标识；六大子平台入口；新闻动态、通知通告、管理办法、平台建设等网络协同服务。协同服务模式在科技资源共享的协同服务中往往交叉应用。值得注意的是，这种网络协同服务需要建立在各成员高度合作的基础上，否则就会坠入重复建设和盲目竞争的怪圈，为此必须有一个正确的协同服务机制[①]。

---

① 胡昌平.面向用户的信息资源整合与服务 [M].武汉：武汉大学出版社，2007：129-130.

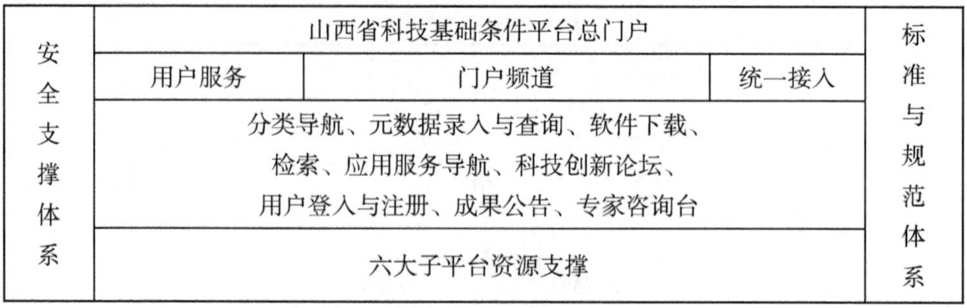

安全支撑体系	山西省科技基础条件平台总门户			标准与规范体系
	用户服务	门户频道	统一接入	
	分类导航、元数据录入与查询、软件下载、检索、应用服务导航、科技创新论坛、用户登入与注册、成果公告、专家咨询台			
	六大子平台资源支撑			

图 8-6　门户网站服务

　　协同服务机制需要以互联网为基础，以流程协同为主，以人为本。协同技术是从互联网发展而来的，所以它强调的是基于互联网的跨区域、跨组织、跨部门的协作；流程管理是近年来非常重要的一种管理模式，基于网络链接的流程管理串联了网络协同服务的各个基本流程。以人为本是网络协同服务模式的核心，山西省科技基础条件平台网络支撑建设运行的各个环节都是以用户作为核心的[①]。

8.5　平台个性化定制服务模式

　　21 世纪是突出个性、倡导创新的时代。由于信息技术的发展和用户资源需求层次的不断细化，山西省科技基础条件平台在建设规划之初，就决定要对用户开展个性化定制服务。这种个性化定制服务是多层级的，因为山西省科技基础条件平台涵盖了多种资源类型、多个子平台系统、多种功能模块。

8.5.1　个性化的资源整合过程

　　山西省科技基础条件平台基于个性化服务的资源整合具有以下特点。
　　（1）主动适应用户个体科技资源需求的动态化
　　山西省科技基础条件平台的用户，其身份组成不同，用户的科技资源需求会随着自身年龄、职业、学历等变化而变化，而且还随环境的变迁而改变。用户为适应环境和自身发展的需要，不断产生新的资源需求，特别是在

---

① 胡昌平 . 面向用户的信息资源整合与服务 [M]. 武汉：武汉大学出版社，2007：131-132.

网络环境下，用户对资源服务的期望值及质量要求，比之过去有了很大提高，个性化资源整合服务既要针对用户需求提供挖掘最贴切的资源，又要依据个性化特征，主动搜集用户可能感兴趣的相关科技资源，甚至预测用户可能的个性发展，提前搜集用户需要的相应资源，最后以个性化定制方式展示给用户。

（2）强调用户与资源建设及服务的互动

个性化定制服务要求与用户进行充分的互动。在交互的过程中了解用户的真实意图。山西省科技基础条件平台作为资源提供者，在资源建设和服务中充分支持了用户的习惯和行为，并帮助用户做出最优的选择。用户也根据自己以往的检索体验，通过自己的思维方式和评估准则，判断检索工具和系统的执行效率。选择最优的资源检索工具、最适合的检索过程及检索表达方式来实现和促进自己对资源的检索和利用。用户参与服务的过程会极大影响个性化定制服务整体质量[①]。

（3）实现个性化服务的多样化集成

随着个性化资源服务的进一步发展，用户对山西省科技基础条件平台资源服务的集成化要求越来越高，获取资源的格式、途径与方式也呈现多样化趋势，除了传统的资源提供、数据服务、搜索导航等服务方式外，还实行移动代理、语音信箱等多种获取资源的方式。

用户希望信息服务系统能够根据自身的客观情况，动态地变换资源提供的方式、格式与途径，多种形式的资源服务使得个性化定制服务的对象从过去的个别重点用户扩展到各类型用户（图8-7）。

山西省科技基础条件平台所提供的个性化定制科技资源经过高度整合，使用户能够多样地选择资源信息形式、内容、传递方式，并便捷地获取。

根据不同的用户，采用不同的服务策略，利用数据挖掘技术实现个性化定制服务中用户偏好的动态挖掘，为用户提供不同的服务内容，使用户获得根据用户特定的资源需求量身定制的资源。

---

① 胡昌平.面向用户的信息资源整合与服务 [M].武汉：武汉大学出版社，2007：135–137.

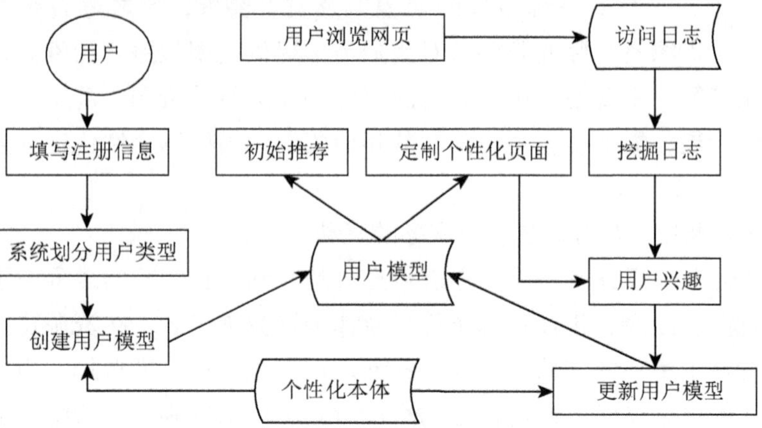

图 8–7   用户个性化服务集成

8.5.2   个性化定制服务对资源整合的要求

山西省科技基础条件平台个性化定制服务是以资源整合作为保障的，科技资源的整合程度直接关系个性化定制服务能否有效实现科技资源的传递。如果没有完备的资源整合体系为依托，则难以提供高效、主动、一站式的个性化定制服务。因此，山西省科技基础条件平台个性化定制服务对资源的整合提出了更高的要求。

（1）架构个性化科技资源体系

山西省科技基础条件平台个性化科技资源服务从用户的需求出发，充分搜集用户个性化资源需求，构建整合各种载体、各种资源类型的科技资源体系。在资源整合中，针对用户个人的问题、环境、心理、知识等特征来设计与开发资源系统功能，根据用户对获取资源的处理情况动态调整知识库，体现了基于用户需求驱动的资源整合与服务功能重构。值得指出的是，在个性化的科技资源整合中，避免了资源重复、分散建设，在组织机构、组织功能、技术标准等方面摸索出一条真正实现资源共享的道路，在组织管理方面确定了合作实现资源与技术共享的方案；各相关资源单位与机构，打破了原有的部门隶属关系，进行了资金、设备、人员等方面的集成，推进了组织服务创新。

（2）以用户为中心确立整合目标

山西省科技基础条件平台以"用户为中心"，从效率、可靠、可持续的角度出发，进行科技资源整合，配置相应的服务技术和管理。在基于个性化定制服务的定制资源组织过程中准确反映了用户需求，保障用户参与建设过程。严格按照用户获得效益的高低来评价资源整合的效益，据此确定资源整合目标，设计服务功能。山西省科技基础条件平台在资源组织与开发中，注重资源推送和知识导航，在科技资源与服务的整合开发和个性化定制服务方面下功夫，方便用户，以优质服务吸引用户。

（3）建立以用户为中心的科技资源网络

山西省科技基础条件平台利用信息技术，依托国家信息基础设施，建立了以用户为中心的信息资源网络。利用网络构建资源体系的整体性和关联性，使多渠道的资源有序化和知识关联网络化，实现了跨学科领域的相互沟通和相互渗透，发挥了资源共享的整体功能。对符合用户个性化资源需求的网络资源进行挖掘，将其潜在价值加工成知识产品，优化网络信息资源配置，实现了科技资源广泛存取与高度共享，满足了用户日益增长的科技资源需求。

8.5.3　个性化定制服务基本模式

山西省科技基础条件平台的个性化定制服务以资源整合为前提，强调的是资源面向用户的集成，其要点是在网络定制服务、互动服务、知识库服务、传播服务和个性化咨询服务中实现资源的定向整合。

（1）网络定制服务

山西省科技基础条件平台的网络科技资源定制服务是针对用户的特定资源需求而提供的服务，它采取以用户为中心，主动报送资源的服务模式，直接针对每一个用户，从服务内容到服务风格都力图符合用户需求，体现用户的个性化。用户可以根据自己的需要选择信息机构所提供的各种固定栏目定制相关新闻、资源和物质服务等。平台根据用户权限在基本功能、用户界面、信息资源等方面提供个性化的信息服务，实现不同用户登录后具有不同的用户风格界面，能够访问不同的科技资源，欣赏不同的多媒体文件等。个性化定制服务是基于不同用户信息活动的过程，动态适应性地进行科技资源整合服务，在这种服务模式下科技资源组织不再保持固定的体系结构，而是动态组合变化以适应和支持用户资源利用活动。

在山西省科技基础条件平台个性化定制服务中，主要采取两种服务形式：一是个人定制，即用户可以按照自己的目的和需求，在某一特定的系统功能和服务中，自己设定资源的来源方式、表现形式，选取特定的系统服务功能等。此种服务是最简单、直接的个性化服务，其实质是用户从山西省科技基础条件平台已经准备好的各类服务中，选择自己所需要的。原则上，每个用户都能对资源定制的内容、定制页面和定制信息的返回方式提出个性化要求。二是系统预测，即山西省科技基础条件平台通过对用户提交的资源信息和系统记录的用户访问习惯、栏目偏好、特点等信息进行分析，或寻找相近需求用户群，自动组合出对用户有用的最新资料，并发送给用户。要让用户对服务满意，起关键作用的就是根据用户的定制和用户模型对用户的跟踪分析，将资源与用户兴趣匹配，找到用户真正需要的。山西省科技基础条件平台个性化定制的实质是资源找人的服务模式，它可以帮助用户减少寻找资源信息的时间，提高用户浏览和检索的效率。

（2）互动式资源服务

山西省科技基础条件平台互动式资源服务是一种动态服务模式，它通过与用户双向沟通和交流，来调整资源整合内容及服务形式，提高服务质量。山西省科技基础条件平台互动式服务有实时互动、延时互动和合作互动3种主要类型，包括数字参考咨询、网上信息传递、定题服务、网上文献购置申请、网上馆际互动等多种服务形式。整体而言，不断采用新信息技术研制的软件为互动服务提供了方便快捷的工作平台，丰富的科技资源为开展互动服务奠定了平台资源交流的基础。

（3）自主建立知识库服务

山西省科技基础条件平台个性化定制服务模式一般是通过知识库系统软件来完成的。用户提交问题表单后，它会自动提醒资源提供者，并帮助用户追踪资源提供的状态。这个提问者提出的问题和回答者对问题的解答将记录在检索数据库里，该数据库被称为知识库，这个数据库不是问题和答案的简单堆砌，而是通过整理形成的具有参考价值的资源产品。它不仅包括问题和答案信息，还包括对解答咨询问题有益的附加资源、参考文献，以及跟踪反馈、评价分析、统计数据等资源信息。

在山西省科技基础条件平台个性化定制服务中，还有其他一些服务模式。例如，信息转播服务，即通过采集和转播来实现对互联网上的科技资源有选择的访问。对于某些出于经济、保密等原因不能大规模在线使用互联网资源的用户来说，这种服务是有意义的。当然，在智能技术及网络技术的推动下，各种个性化定制服务方式还在不断涌现。从整体看，目前山西省科技基础条件平台的个性化定制服务层次和水平还有待提高，许多实践和理论上的问题需要不断进行更深入、系统的探讨。

个性化定制服务改变了传统被动服务的模式，开创了主动发展道路。山西省科技基础条件平台信息工作人员应充分利用现代信息技术的潜力，积极开拓个性化定制服务的新领域，使山西省科技基础条件平台的用户服务工作步入可持续发展的新阶段。

8.6　平台技术转移与科技创新共性服务模式

2005—2015 年，在山西省科技基础条件平台项目中，政府对技术转移服务平台与专业创新公共服务平台及科技基础设施建设项目投资 6005 万元，超过平台总投资的 1/3，充分证明了山西省科技基础条件平台建设过程中对科技创新服务及技术转移服务的重视。

8.6.1　科技创新共性服务模式

山西省专业创新公共服务平台建设不同于现有科技资源的整合与集成，其平台服务的宗旨在于提高产业或行业的整体技术水平与创新能力[①]。山西省是全国中药材资源大省之一，药材品质好、自然蕴藏与人工种植产量大。将中药资源优势转化为产业优势，需要解决的问题和创造的条件很多，特别是现在山西省中医药市场化程度较低，中医药成本与销售价格"倒挂"，中医药企业很难依靠自身产生经济效益。为了解决这一问题，从 2005 年起，由山西中医学院中药制剂工程研究院牵头、山西大学药学系、山西省中医药研究院、山西省医药与生命科学研究院、山西省亚宝药业集团股份有限公司等单位承担了中药现代化科技创新平台项目建设。

（1）平台基本情况

中药现代化科技创新平台构筑了能够支撑山西省中药产业可持续发展的科技基础。山西省经过几年的共同努力，建构起一个基础设施完善、仪器设备先进、能够面向中医药学研究和中药产业发展提供有效技术支撑和服务的中药现代化科技创新平台。平台已经建成了中药材质量标准检测技术实验室、中药微粒制剂技术中试中心、中药提取分离技术实验室、中药药效和安

---

① 王伟 . 省科技基础条件平台建设成效浅析 [J]. 科技情报开发与经济，2015（25）：97–99.

全性评价技术实验室，同时，拥有全面面向中药制药企业开展新技术服务的能力，建立了平台孵化新技术及有效服务的长效管理机制[①]。

在平台的支持下，山西省中医药科技创新能力明显增强，近年来研究开发了中药制剂和剂型、中药产业化、中药新药临床前研究、中药质量标准控制、中药提取分离等中药产业化相关技术，研制了中药或医药科技产品，包括药品、健康食品和功能性化妆品等 20 多种产品，申请或获得 20 多件中国专利，发表了 50 多篇学术论文，培养了多名硕士和博士研究生[②]。

（2）平台服务运行机制

中药现代化科技创新平台拥有一套科学的管理章程，制定了统一的中药质量标准、服务规范和流程，实现了技术、资金、项目和人才的共享，各参建单位共同打造了中药现代化技术服务品牌。通过政府的持续项目支持和资金投入，使平台的技术服务能力有了质的提升，在中药科学研究、实验产品资源开发能力、实验中药资源供应链、实验中药质量监控技术、中药产品实验服务技术等方面已经跨入国际先进水平。

在山西省科技厅的领导下，山西中医学院作为平台的牵头单位，定期组织专家对平台的运行提供咨询和技术支持，解决了技术服务过程中的难点，保证了中药现代化科技创新平台的整体服务效益。同时，平台根据各参建单位的资源特点，合理调整平台资源，扩大了平台对外服务的质量。中药现代化科技创新平台日常运行过程中，由各参建单位负责各子台的管理与运行，子平台对外服务及相关途径争取的经费归各自所有，可独立支配。各子平台上级主管部门对各自子平台享有领导权，以发挥平台的整体效应，保证平台的正常运行，实现对内、对外服务的"双赢"。

8.6.2 技术转移公共服务模式

目前，技术转移服务平台是山西省科技基础条件平台中技术转移服务的代表。山西省科技基础条件平台的技术转移服务是在统一聚集和发布技术转移信息的基础上，充分调动各服务机构的积极性，通过技术转移中介服务

① 王海滨. 山西搭建中药现代化科技创新平台 [N/OL]. [2007–11–05]. http://www.cnki.net/kcms/detail/detail.aspx?dbname=CCND2007&filename=KJRB200711050061&dbcode=CCND.

② 董建忠，王伟. 山西省科技基础条件平台建设成效与对策 [J]. 科技情报开发与经济，2012，6（19）：142–144，160.

机构，实现服务机构间信息、资源和人才的共享，在促进服务机构协同服务、提供技术集成组织协调、技术扩散推广应用、服务跟踪协调管理、服务机构评估考核、服务数据在线统计分析等方面，提供了有效的技术和服务支撑。

（1）平台基本情况

山西省技术转移服务平台以山西省生产力促进中心、山西省科技基础发展总公司、山西省高新技术创业中心、山西省技术产权交易所、山西省科技成果转移中心、山西省科技市场等9家单位为主共同组织实施，加盟单位有38家。

在资源整合方面，山西省技术转移服务平台主要将科技成果信息、知识产权信息、专利信息、科技创业孵化信息、技术产权交易信息、工程化中试条件信息、投融资信息、科技中介机构服务功能信息及专业人才信息等有关技术转移服务的信息进行整合，建立了一个统一的、覆盖全省各行各业和各地区的技术转移服务平台门户网站。

（2）平台服务运行机制

山西省科技基础条件平台技术转移服务模式分为线上服务与线下服务两个主要部分，这两种服务方式相互结合，能够基本满足平台用户对先进技术和成果的需求。

1）线上服务：搭建数据集成及多角色服务的网络平台

对接国家技术转移相关的标准，以供需信息发布平台的形式汇集并发布各机构的供需信息；同时，在山西省搭建包括技术需求方、成果提供方、中介服务方、投融资机构等各类技术转移活动主体多角色汇交的网络平台，通过提高信息传递和匹配效率，促进各类技术转移主体的交流与沟通，同时带动技术转移市场的活跃与繁荣。具体的服务功能如下。

①提供信息服务平台：山西省高等院校、科研院所、企业等研究成果需求信息的统一发布查询平台；

②项目展示查询平台：区域高新技术成果、项目查询发布展示等；

③服务机构推介平台：山西省各类服务机构及其服务能力、业务流程展示；

④专家咨询交流平台：在线咨询、技术评估、技术认定、合同咨询等专家服务；

⑤政策查询咨询平台：成果转化项目认定等政策查询、咨询及落实指导

服务。

山西省科技基础条件平台的线上网络平台服务，能够充分利用互联网的即时性，通过网络满足用户的服务需求。

2）线下服务：基于科学管理协作机制的服务协作

山西省技术转移服务平台结合国家科技基础条件平台发展建设计划，组织依托山西省现有的一批有区域特色、有一定服务能力的技术研发机构，特别包括基于研发优势的高等院校、科研院所机构及基于组织服务优势的机构，为平台的线下服务提供支持。承担山西省技术转移服务平台项目的建设单位，将各类技术要素资源与信息充分集聚、互补和共享，发挥机构间相互合作的放大效应，实现了服务机构整体服务能力的提升及区域科技成果转化，如图 8-8 所示。

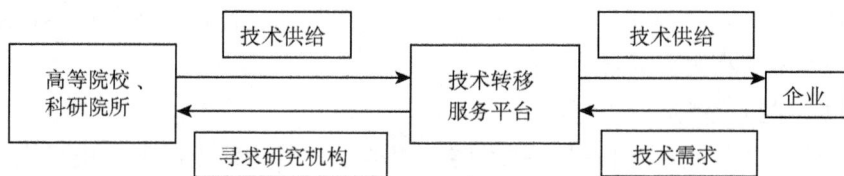

图 8-8 技术转移线下服务模式

第九章

山西省科技基础条件平台科技资源服务环境

　　科技基础条件平台是科技创新活动的物质和信息保障，是科技创新成果产生和转移的基础，是科技人才成长的摇篮，是创新体系的重要组成部分，是服务于全社会科技进步与创新的基础性支撑体系[①]。

　　2002 年 7 月，科技部做出启动我国科技基础条件平台建设的重大决定，并成立国家科技基础条件平台建设领导小组。2003 年 6 月，平台建设领导小组决定将国家科技基础条件平台建设工作纳入"十五"各科技计划的年度工作计划，并把平台建设纳入国家中长期科技发展规划中。2004 年 6 月，科技部、发展改革委、教育部、财政部联合制定并发布《2004—2010 年国家科技基础条件平台建设纲要》，指导国家科技基础条件平台建设。2005 年 7 月，科技部、财政部、发展改革委、教育部联合制定并发布《"十一五"国家科技基础条件平台建设实施意见》（国科发财字〔2005〕295 号），明确提出要建设研究实验基地和大型科学仪器设备共享平台等六大基础平台，共涉及 24 个方面的重点建设任务。2006 年，国务院发布的《国家中长期科学和技术发展规划纲要（2006—2020 年）》中，特别强调了科技基础条件在提高我国自主创新能力和建设创新型国家中的作用[②③④]。经过多年努力，我国科技资源共享平台建设取得了巨大成绩，已认定了 23 个国家基础条件平台，其他地方专业平台也不断涌现，"初步建立起跨部门、跨区域、多层次的资源整合与共享网络体

---

① 姬有印，陈国栋.科技基础条件平台用户特征分析与服务 [J]. 信息系统工程，2010（11）：127–128.

② 刘闯."国家科技基础条件平台"英文术语的等效对应研究 [J]. 中国基础科学，2004，6（2）：30–32.

③ 图书情报工作动态编辑部.《"十一五"国家科技基础条件平台建设实施意见》正式发布 [J]. 图书情报工作动态，2005（8）：12–13.

④ 国务院. 国家中长期科学和技术发展规划纲要（2006—2020 年）[J]. 经济管理文摘，2006（4）：4–19.

系"①。我国在建设科技基础条件平台方面所做的努力有目共睹。我国积极整合现有科技资源，构建了一个开放共享的高水平的国家科技基础条件平台②。

基于国家科技基础条件平台的发展，山西省于 2005 年积极开展科技创新。山西省科技基础条件平台资源的建设和服务积极有力地优化了社会环境和信息环境，为高校、企业、科研院所及科技中介机构提供创新条件，开展创新服务，推动创新发展，加快山西省综合实力的提高，为山西省转型发展提供了重要的支撑。本章着重对山西省科技基础条件平台的服务环境进行研究，从社会环境、信息环境、用户环境及资源服务的角度分析科技基础条件平台的建设与共享服务的现状，以环境保障科技基础条件平台的资源开放共享，同时以科技基础条件平台的科技资源服务不断优化服务环境，进一步推动山西科技创新的发展。

9.1 社会环境及其优化

山西省位于我国中西部地区，属于典型的内陆高原省份，其经济、科技发展均落后于东部发达省市。山西省科技基础条件平台建设有利于山西省经济社会与文化的跨越式发展，科技基础条件平台建设与山西省社会环境有密切联系。

社会环境一般指的是社会政治环境、经济环境、法制环境、科技环境、文化环境等宏观环境，也指人类生活的微观环境，如家庭、劳动组织、学习条件和其他集体性社团等。对于山西省科技基础条件平台的环境来说，社会环境的影响主要包括以下 4 个方面：①政治环境；②经济环境；③科技环境；④文化环境。上述环境对山西省科技基础条件平台建设具有较大影响作用，既可以起到推动、促进等积极作用，又可以起到阻碍、迟滞等消极作用。山西省科技基础条件平台应用于社会，并服务于社会，社会整体大环境对其影响深远。

9.1.1 政治环境

科技基础条件平台是科技创新的物质基础，也是科技持续发展的重要前

---

① 国家科技资源共享服务工程技术研究中心 [EB/OL]. [2012–12–15].http://www.nstic.gov.cn/l–side/115_content.jsp?type=3.

② 刘燕华.打造"两大平台"全面提升科技竞争力 [J].中国科技产业，2003（9）：5–11.

提和根本保障[①]。长期以来，国家政府部门非常重视科技基础条件平台建设。《"十一五"国家科技基础条件平台建设实施意见》明确指出了我国"十一五"期间国家科技基础条件平台的重点建设内容。《国家"十二五"科学和技术发展规划》中也提到了要加强科技创新技术和平台建设，进一步完善科技基础条件平台和技术创新服务平台的建设布局，强化支撑服务能力建设，同时，更加突出平台的开放运行和为研发创新提供公共服务的能力[②]。

　　依据国家总体形势，山西省人民政府、山西省科技厅在 2005 年启动山西省科技基础条件平台建设项目，制定相关政策规定，同时，省政府专门设立了平台专项，成立了平台管理办公室。随后从 2011 年开始，山西省人民政府协同各相关部门正式开启山西省"十二五"科技创新创业重大专业项目。到 2014 年年底，山西省各部门共邀请和协调了 300 多家科研院所、高等院校、企业在 7 个山西省重点项目上集中优势资源研究，并已经在一些国家或山西省重点关注的技术上取得重大成绩，特别是已经研发出一批有强大市场竞争力的产品，用于为山西省提供创业转型活力和动力[③]。为了构建创新大省，促进山西省科技创新的发展，山西省先后出台了《关于加快推进科技进步和创新的决定》《关于加快区域科技创新体系建设的若干意见》等系列政策文件，编制了《山西省中长期科学和技术发展规划纲要》等，构建了具有本省特色的自主创新激励政策体系。一系列体制机制的构建，为山西省科技基础条件平台的科技资源共享扫清了障碍，并提供了必要的政治保障和法律保障[④]。

9.1.2　经济环境

　　山西省作为能源重化工基地，正面临经济转型跨越发展的机遇，但整体上基础设施落后，竞争乏力，近几年经济发展总量一直处在全国排名末尾。据山西省 2015 年国民经济和社会发展统计公告显示，山西省 2011—2015 年国民生产总值分别为：11 214.2 亿元、12 126.7 亿元、12 665.3 亿元、12 761.5

---

① 王迎春.国家科技基础条件平台运行服务的市场化研究初探 [J].科学与管理，2013（2）：60-63.

② 科技部.国家"十二五"科学和技术发展规划 [Z].2011.

③ 齐泽坪.努力打造中国乃至世界的煤基科技高地 [N].山西经济日报，2014-02-09（2）.

④ 罗永鹏.山西省科技创新平台运行效率评价研究 [D].太原：太原科技大学，2013.

亿元及 12 802.6 亿元①。山西省国民生产总值近五年基本处于停滞状态，要让政府部门拿出更多经费投资科技基础条件平台建设，是非常困难的。据山西省科技经费投入统计公告统计，2014 年山西省研究与试验发展经费及投入为 152.2 亿元，比 2013 年下降 1.8%；研究与试验发展经费投入强度（与地区生产总值之比）为 1.19%，比 2013 年下降 0.04 个百分点。从中部六省看，山西省 2014 年的研究与试验发展经费投入排第 6 位；从全国 31 个省（市、自治区）看，山西省研究与试验发展经费投入排在第 20 位，比 2013 年下滑 1 位，经费投入强度排第 16 位②。尽管山西省经济发展不景气，政府财政收入下滑严重，但山西省政府部门依然对科技投入非常重视，科技经费投入保持稳定，就山西省科技基础条件平台建设而言，山西省人民政府 2005—2015 年共投资 14 776 万元。

经济转型对新技术的迫切需求是近年来煤炭行业的渴望，产业结构的转型升级，环境日益恶化的巨大压力，都要求煤炭行业的新技术能迅速跟进并广泛推广使用，以技术的发展促进科技的飞跃。传统的山西经济给人的印象就是"靠煤吃饭"。煤炭经济低迷使得近年来山西省经济发展举步维艰，陷入低谷。在较长时期内，中国经济发展中的主要能源来自煤炭，工业原料也依赖煤炭。据相关数据显示，在一次能源消费中煤炭的比重高达 50%，这个比重预计在一段时间内不会改变。而山西省工业利润 80% 左右来自煤炭工业，煤炭在整个产业结构中呈现畸重的态势。不合理的经济格局，导致山西省工业经济抗风险能力极其薄弱，形成了一荣俱荣、一损俱损的局面③。科技经费投入不足是山西省科技基础条件平台所处的首要经济环境。

9.1.3　科技环境

山西省政府部门意识到经济转型跨越发展的重要性，将经济发展重心转移到依靠知识、科技进步和创造力上，特别是对科技基础条件平台建设的持

① 山西省 2015 年国民经济和社会发展统计公告 [EB/OL]. [2016–02–29]. http://www.stats.gov.cn/tjsj/zxfb/201602/t20160229_1323991.html.
② 2014 年山西省科技经费投入统计公告 [EB/OL].[2015–12–30]. http://www.stats–sx.gov.cn/tjsj/tjgh/ndgh/201512/t20151230_38917.shtml.
③ 王栩 . 浅谈外部环境对科学系统的输出作用：以山西科技创新为例 [J]. 山西经济管理干部学院学报，2015（3）：74–77.

续投入和重视。在 2005—2008 年，山西省政府部门对科技基础条件平台总的投入达 4170 万元，年均经费投入为 1042.5 万元；而在 2009—2015 年，山西省政府部门对科技基础条件平台总的投入为 10 606 万元，年均经费投入约为 1515.1 万元[①]。可以看出，山西省政府部门对科技基础条件平台的经费投入是逐年增长的。但是从全国科技基础条件平台总的经费投入上看，山西省的经费投入还是比较少，受经济环境发展的影响较为明显。

山西省对于科技创新的发展与科技环境的优化十分重视。在 2014 年《国家创新驱动发展战略山西行动计划》中，山西省提出了建立科技创新城。围绕山西省科技创新城建设，山西省相关部门又提出了 3 个方面的计划：首先是部署煤、电和新材料产业创新链，吸引一批国内外高端研发机构设立分部。鼓励企业与高等院校、科研院所合作兴建新型科技研发机构，开展基础性、战略性、前沿性科学研究和共性关键技术研究，打造低碳技术创新高地。其次是构建全程化科技服务链。重点是建设集科技文献、科学数据、研发设计、检验检测、知识产权、标准信息、技术交易、专业咨询等于一体的科技资源服务平台，创新体制机制和政策。最后是建立创新城统计制度，实行统计考核与激励机制。山西打造"硅谷"，谋划创新驱动战略，将依托山西省科技创新城建设，探索建立科技基础条件平台开放共享机制。创造公平开放的市场环境，支持企业开展国际国内科技交流合作，加大对有市场竞争力的科技成果的推广转化力度，支持高等院校、科研院所科研成果在省内转化[②]。同年，山西省委、省政府制订"131"总体构架，引导全省由资源依赖向创新驱动转变，转型跨越发展进入攻坚阶段。此举可谓高屋建瓴。其中，第一个"1"是《国家创新驱动发展战略山西行动计划》，宏观上定位，从大局上对整体发展布局做规划；"3"是由 3 个文件构成的，《山西省低碳创新行动计划》引领山西产业发展的前景，《山西科技创新城建设总体方案》是具体的战略部署，把重点放在煤炭产业实现清洁、安全、低碳、高效上，《围绕煤炭产业清洁、安全、低碳、高效发展拟重点安排的科技攻关项目指南》是战略抓手，具体排兵布阵；第二个"1"是《山西省委、省政府关于深化科技体制改革加快创新体系建设的实施意见》，它的出台为转型跨越保驾护航。"131"

---

① 山西省科技基础条件平台共享机制研究项目组 . 山西省科技基础条件平台共享机制研究报告 [R]. 山西省科技厅，2009.

② 尤佳 . 山西"硅谷"谋划创新驱动战略 [J]. 发展导报，2014（10）：6.

总体构架是以重大且具标志性的工程为龙头和牵引，对于山西转型跨越要依托的创新产业在发展过程中遇到的瓶颈和限制，该构架重点给出了解决问题的方法，并给予各方面的具体规划部署。作为"131"的指导性文件的科技攻关项目指南，重点围绕煤炭清洁、安全、低碳、高效生产展开，选取了涉及这四大领域的 16 个科技攻关项目，重点引导，下力气扶持[①]。

9.1.4　文化环境

山西省科技基础条件平台科技资源建设与服务的关键在于对科研工作者科技资源的共享意识及其认同感，即科技基础条件平台的文化环境，科技资源共享制度的文化环境是科技基础条件平台文化环境的一种表现形式。科技资源共享的文化环境是指影响科技资源整合、共享及平台搭建的各种文化条件的总和，是存在于主体周围对主体有着深刻影响的文化系统[②]。科技资源共享的文化观念是指拥有或需求科技资源的主体应该具有与他人共享科技资源的意识[②]。目前，从国内用户共享意识的现状来看，还缺乏科技基础条件资源共享的社会氛围和运行机制。社会各界无论在认识上，还是在实践上，对资源共享对于科技创新的重大革命性变革的意义认识不足。科研机构、企业和科研人员，对共享的社会价值认识不足。科研人员还未树立起科技资源"我为人人，人人为我"的正确认识，认为共享就意味着资源丧失，共享只能得不偿失，甚至会培养出竞争对手。整体来说，社会意识还停留在低水平的封闭自守的层次上[③]。

在科学的发展过程中，哲学、宗教、艺术等其他文化形式为科学提供了思想导向或方法借鉴。山西省科技基础条件平台的发展在某种程度上受到根深蒂固的中华传统文化的深刻影响。山西自古就是一个文化底蕴深厚的地区，晋商文化源远流长，五千年文明看山西，地上文物全国总量第一。但改革开放后，在工业社会高速发展的强烈冲击下，山西省的生态环境也遭受着民族传统及生态观念的扭曲与背离。在山西，以环境为代价换取经济利益是过去时代的缩影，人们迫切寻找新型的经济发展方式与科技创新模式，使整

---

① 王栩 . 浅谈外部环境对科学系统的输出作用：以山西科技创新为例 [J]. 山西经济管理干部学院学报，2015（3）：74–77.

② 李庆霞 . 科技资源共享的文化观念和文化环境 [J]. 学术交流，2007（3）：181–184.

③ 山西省科技基础条件平台共享机制研究项目组 . 山西省科技基础条件平台共享机制研究报告 [R]. 山西省科技厅，2009：102.

个社会重新回归与自然的和谐共存①。从总体上看，山西省科技基础条件平台
建设前的资源共享程度就较高，省科技情报研究所和省分析测试中心一直承
担着省内科技文献的联机检索、馆际互借和省内大型科学仪器设备的协作共
用等资源共享建设任务，整体上看效果较为显著②。目前，山西省公众科技资
源共享意识存在以下特征：①对基础性资源本身所具有的公共性、公用性特
征认识清晰，具有实现基础性资源社会共享的意识；②同时对提高资源使用
效率的责任意识也较强②。

9.2　信息环境及其影响

2002 年 10 月 22 日，国家信息化领导小组批准颁布的《国民经济和社会
发展第十个五年计划信息化重点专项规划》界定了信息化的内涵，指出："信
息化是以信息技术广泛应用为主导，信息资源为核心，信息网络为基础，信
息产业为支撑，信息人才为依托，法规、政策、标准为保障的综合体系。"从
而准确、清晰地表述了当前和未来一段时期我国信息化建设的主要内容，以
及应用、资源、网络、产业、人才、法规政策标准在信息化体系中的位置及
相互之间的关系③。信息化扩大了经济活动范围，同时也开辟了山西省科技基
础条件平台信息环境，提高了科技资源的整合与共享④。近年来，山西省针对
信息化，尤其是网络信息化也提出了很多优化政策，体现出山西省对于信息
发展、信息创新及信息竞争的重视。

科技的迅速发展使得当今时代的科技资源在数量、结构、分布和传播范
围、类型、媒体形态、内涵、控制机制、传递手段、服务模式等方面，都呈
现出新的特点：数量大、类型多、非规范、分散无序、更新更快、具有很大
的自由性和任意性等特点。这些特点无疑使当今时代的资源开发和管理活动
面临着更加复杂多样的局面和前所未有的难度⑤。原信息产业部信息化推进司

---

① 王栩 . 浅谈外部环境对科学系统的输出作用：以山西科技创新为例 [J]. 山西经济管理干部学
院学报，2015（3）：74–77.

② 山西省科技基础条件平台共享机制研究项目组 . 山西省科技基础条件平台共享机制研究报
告 [R]. 山西省科技厅，2009：130.

③ 张微 . 东北区域发展中的新经济因素研究 [D]. 长春：东北师范大学，2005.

④ 游五洋 . 信息化与未来中国 [M]. 北京：中国社会科学出版社，2003：73.

⑤ 付力宏 . 论国家网络信息政策 [J]. 中国图书馆学报，2001（2）：32–36，81.

副司长赵小凡指出：信息化推进司当前的工作重点就是抓好信息资源的开发利用工作，把信息资源开发利用作为推进信息化的核心内容，制定有关信息资源的政策和措施，指导各部门、各地区信息资源开发利用工作，协助业主推进国家信息资源开发利用重大工程等[①]。信息化的推进，信息网络的生存和发展离不开现代信息技术的支撑。全球一体化信息环境的不断完善，方便了信息的快速生产、扩散和获取。但铺天盖地、快速刷新、良莠混杂的信息也为新技术、新概念、新做法、新经验的准确判断、系统吸收和有效利用带来严峻的挑战。科研、生产、决策、管理过程对相关信息资源的针对性搜集、有序化处理、知识提取的需求将进一步提高[②]。这些也正说明了当今时代创新科技的迫切性。

目前，这种信息环境正为山西省内科技基础条件平台创造了发展的温床。山西省科技基础条件平台就是运用信息网络等现代技术，对科技资源进行战略重组和系统优化，建立以共享机制为核心、以资源整合为主线，促进省内科技资源高效配置和综合利用的有效方式[③]，其以资源共享与整合为基础，旨在科技资源的开放共享。因此，科技资源需要平台高度处理和整合后才能为更多的用户所利用，才能真正服务于社会。

山西省科技基础条件平台的建设不仅能够使得科技资源被合理利用，而且能够快速推动全省科学技术的发展与进步。山西省积极搭建科技基础条件平台不仅可以将省内科技资源进行整合处理，更能够使得资源共享率提高，提高平台的建设效率和建设质量，推进山西省科技的发展。信息为山西省参与重大科学工程建设、科技基础条件平台建设等科技工作提供了必要的技术支持，使山西省科技基础条件平台形成了"面向经济建设主战场、发展高新技术及其产业、加强基础研究"3个层次的战略格局，并建立了比较完善的科学研究和技术开发体系，从而有力地推动了科技水平的提高[④]。山西省科技基础条件平台资源共享服务近年来的发展为科技水平的提高创造了有利条件，

① 申江婴. 信息产业部信息化推进司副司长赵小凡阐述推进我国信息化建设的框架思路 [J]. 人民邮电，1999（5）：20.

② 李涛. 新竞争下的科技信息发展分析 [A]. 创新：核科学技术发展的不竭源泉，中国核学会2009年学术年会，2009.

③ 胡兴旺. 政府科技基础条件资源和平台委托代理研究 [J]. 企业活力，2006（7）：74-75.

④ 吴玉鸣，徐建华，李建霞. 中国区域信息发展水平：因素分析与综合集成评估[J].经济地理，2004（5）：321-325.

因此，只有培育了强大的信息发展能力，进行不断创新，才能通过信息发展支撑科技的发展。

9.3　用户环境及其影响

山西省科技基础条件平台是为知识和技术的生产、传播和应用提供科技资源和基础设施支撑，为科技创新的研发活动和成果转化活动提供基础性支撑作用的大型服务支撑系统。对山西省科技基础条件平台的环境深入研究，必须对其用户环境进行相应的深入分析，并通过分析相应的用户环境，研究其对于科技基础条件平台资源开放共享所带来的影响。山西省科技基础条件平台建设正在经历从建设向服务范式转变的过程，以用户为中心的开放共享服务模式是一种适应科学研究发展，以科技创新、开放共享为特点的用户广泛参与的服务模式。科技基础条件平台的开放共享正好适应了这一创新形态。山西省科技基础条件平台主要的服务对象是从事或有志于从事科学研究和技术开发的人员及各级各类关注科技创新、制定相关推进创新活动制度与构建科技创新体系的科技管理人员。山西省科技基础条件平台的用户分为4类：高校、科研院所、科技中介机构和企业[①]。

9.3.1　高校用户

山西省高校是科技基础条件平台科技资源的共享与服务主体，高校是科技创新的基地、高新产业培育发展的源泉、山西经济发展的重要科技支撑、山西科技创新队伍的主要力量。高校师生用户大量利用科技基础条件平台的资源进行科研项目的研究与探讨，因此，高校用户可以说是科技基础条件平台科技资源的主流用户。

2002 年，科技部和教育部联合下发了《关于充分发挥高等学校科技创新作用的若干意见》，教育部在北京召开了"高等学校加强科技创新工作座谈会"。自此，高校在国家创新体系中的战略地位和重要作用被充分肯定，国家的科技创新任务也将越来越多地落在高校的肩上。2006 年，我国被 SCI、EI、ISTP 三大检索工具收录的科技论文数量再创新高，达 17.2 万篇，跃居世

① 苏梅青.基于用户满意的科技创新平台服务质量评价研究[D].泉州：华侨大学，2015.

界第 2 位①，其中，高校的国际科技论文所占份额达到 83.7%②。"十五"期间，高校累计获得国家自然科学奖 75 项，占全国授奖总数 55.07%；技术发明奖 64 项，占全国授奖总数（可公布项目）64.40%；科技进步奖 433 项，占全国授奖总数（可公布项目）53.57%③。高校已成为我国知识创新和技术创新的重要基地，是国家和地方经济发展、科技跃升和社会进步的重要支撑。科学研究不仅是高校发展的重要内容，也是高等教育、科技发展的一部分，更是国家创新型体系建设的基础和核心。因此，高校的科学研究能力和科研水平已经是衡量一个国家基础研究和高技术前沿领域原始性创新能力的重要标志，也是科技基础条件平台资源共享服务的主体用户群④。

目前，在高校积极推动校园科研的过程中，利用平台资源的用户不少，实现了科技基础条件平台资源的有效利用，科技成果得到了很好的转化。高校主要的科技成果包括项目、论文、专利等，另外还有新产品、新技术、新工艺等⑤，显然，高校的科研开展过程中具有以下四大特点：①在科学研究的内容方面，高校科学研究偏重于基础研究，以论文、专著、研究报告为主，知识性特点明显；②在人才结构方面，高校聚集了大批专家级的科研人员，其中，以中青年为主，科研过程中形成了对各层次科研人才的自主培养模式；③在科研团队组建方面，通常是以课题为导向，经过自由组合形成科研团队；④在科研氛围中，高校科研氛围相对自由，科研的自由度较高②。从这些特点也可以体现出高校用户在科研工作中注重论文、著作、专利、新产品、新技术、新工艺等方面的资源利用，注重平台的科技资源使用。因此，从高校用户角度考虑，科技基础条件平台还需进一步将两者进行结合，提高高校科研水平，加强科研的实践性，促进科技基础条件平台的产出率。

高校用户是使用科技资源的主流力量，若高校内缺乏高科技人才，则科研项目的落实率将大大下降。从高校自身的角度而言，高校对科研人才的培养主要体现在两方面：一方面，科研是提高和培养大学教师的根本途径。教师从事科研，可对自己原有的知识结构、思维方式等进行不断自我更新，这

① 中国科技统计资料汇编（2007）[EB/OL]. [2016-09-03]. http://www.sts.org.cn/zlhb/zlhb2007.htm.

② 纪秀君. 我国国际科技论文总数跃居世界第二 [N]. 中国教育报，2007-11-16（001）.

③ 周济. 2006—2010 年教育部高等学校教学指导委员会成立大会上的讲话 [R]. 中华人民共和国教育部公报，2006（10）.

④ 王维懿. 高校科研发展战略规划研究 [D]. 南京：南京理工大学，2008.

⑤ 胡一波. 科技创新平台体系建设与成果转化机制研究 [J]. 科学管理研究，2015（1）：24-27.

就是科研的一种人才产出，他们在学校研究、科技创新、人才培养中起着中流砥柱的作用。另一方面，科研又能产出一批创新型学生群体。参与科研锻炼的学生，有机会进入学科新领域，有机会学习使用现代的仪器设备，有机会与优秀教师接触并向他们学习，使得学生的创造能力得到培养和提高[①]。因此，高科技人才对于平台资源的共享服务至关重要。如果高校没有高科技人才，即使建设再多的科技基础条件平台，整合再多的科技资源，对于高校而言也无意义。

目前，山西省高校一共有六七十所，山西省科技基础条件平台包括了山西省各高校所拥有的各类科技资源和科研实验室，是提升山西省科技基础条件平台创新能力和创新效率的重要力量[②]。山西省高校近年来科研发展相对积极，成果也较为显著。但由于山西省地理位置的因素及整体经济发展水平的相对滞后，在吸引高科技人才方面并没有优势。同时，山西省经济结构常年以煤炭产业为主，最近几年才开始逐渐调整，力求将山西从能源重工业省份转型为创新型省份。因此，其经济转型也仍在努力进行中，这就推动了山西省各高校积极努力进行科研创新，产学研结合，利用科技基础条件平台进行科研项目的实践性开发，开展技术转移、成果转化公共服务，全方位提高高校科研水平，促进理论性科研向实用性科研转化。山西省各高校目前的科技发展现状和趋势为山西省科技基础条件平台科技资源共享服务创造了良好的用户环境。

9.3.2　科研院所用户

科研院所也是山西省科技基础条件平台的主体用户，其既是平台的建设者又是平台资源的利用者，科研院所用户需要利用科技平台的大量科技资源和成果进行有关科技研发的实验。科学研究院、研究所等科研单位具有不同的分类，如国家级和地方科研单位，自然科学和社会科学科研单位，基础研究、应用基础研究和应用开发类科研单位等。从科研院所本身的特征来看，其在科研水平、科研能力等方面更加专业化，所研究的问题也更加具有目的性和实践性。与高校用户相比，科研院所研究实验内容往往较为精准，实验产出率也较高，并不拘泥于理论研究。科研院所的科技资源包括研究过程中

---

①　王维懿. 高校科研发展战略规划研究 [D]. 南京：南京理工大学，2008.

②　罗永鹏. 山西省科技创新平台运行效率评价研究 [D]. 太原：太原科技大学，2013.

的基础产品、中间产品及专利信息等，科研院所所需科技资源具有较强的应用性，专业化分工更细，专业性更强，同样也具有较强的开放性[①]。科研院所的真正优势是开展科技创新、参与科技成果转化并孵化产业，最终目的是服务于经济社会发展[②]。

科研院所作为科技创新的主体之一，在山西省科技事业的发展中发挥着不可替代的作用。山西所需要的高水平、高质量科技成果往往需要科研院所进行开发和研制。山西省近年来重视并关注科研院所的发展，完成了科研院所改制，激励科研人员更高效地开展科研工作，从而提高其科研能力和科研效力，促进科研成果的推广应用。

近年来，山西省研究院所充分发挥其在自主创新中的骨干和引领作用，资源配置进一步优化，研发能力进一步提高，服务意识进一步增强，正努力成为一支能够为山西省经济和社会发展提供有力支撑的科技队伍。2009 年，山西省独立科研机构已有 211 个，包括自然科学和技术领域机构 133 个，社会与人文科学领域机构 20 个，科学技术信息与文献机构 12 个，县属研究与开发机构 33 个，转制机构 13 个[③]。山西省正处于转型发展期，科研院所需要尽快利用搭建好的科技基础条件平台进行科技资源开放共享服务，从而推动其科研的进步与创新。因此，山西省科研院所进行的科研工作正潜移默化地推动着科技基础条件平台资源开放共享服务的发展，为山西省科技基础条件平台创造了良好的用户环境。

9.3.3 科技中介机构用户

科技中介机构是使用山西省科技基础条件平台的重要力量，其需要利用科技资源进行技术的开发、产品的更新迭代、系统的管理升级等。科技基础条件平台可以帮助科技中介机构快速整合所需的科技资源，并为其提供更多的共享资源。山西省科技中介机构以信息、咨询、评价、开发、培训、转让为主要服务内容，通过减少技术创新运作成本与降低风险，推动技术集成创新活动的发展，协助创新主体进行技术投资、技术交易、科技信贷活动，推

---

① 苏梅青. 基于用户满意的科技创新平台服务质量评价研究 [D]. 泉州：华侨大学，2015.

② 郑传金，王一先，汪建文，等. 科研院所科技创新平台构建初探：以贵州科学院为例 [J]. 贵州科学，2014，32（6）：78-82，87.

③ 闫丽霞. 2009 年山西省科学技术机构统计调查报告 [J]. 科技情报开发与经济，2010（31）：135-136.

进技术创新的提升和优化[①]。科技中介机构在促进经济和社会发展方面主要有以下5点作用：①优化创新环境，提高技术创新主体的创新能力；②建立中间转化渠道，加速科技成果向产业转移；③发挥市场调节功能，实现生产要素的优化配置；④提供专业化服务，推进高新技术产业进程；⑤规范市场主体行为，实施对市场的监督和调节[②]。我国的科技中介机构大体可以分为两类：一类是为用户初始科技研发活动提供支持和服务的中介机构，如生产力研究中心、科技开发中心、工程技术中心等；另一类是为科技成果应用和扩散提供服务的中介机构，如科技信息系统、科技园区、科技评估中心、技术创业服务中心、科技孵化器、创新创业企业股权融资与交易中心等[③]。高效发达的科技中介机构可以帮助新型小微企业快速成长，为企业解决资金、法律问题，解决产品推向市场的一系列创新服务保障问题，因此，完善的中介服务组织将会大大提高企业创新能力和效率[④]。

　　科技中介机构是联系高等院校、科研院所、企业、社会和政府的桥梁和纽带。它既是一种"催化剂"，促进科技知识的产生和转移，又是一种"胶合剂"，能把知识创造的源头与客户公司紧密联系起来，使它们相互作用、相互衔接，使科技资源配置最优化，科技知识价值最大化。科技中介机构有时本身也是科技创新的源头，在担当"催化剂"和"胶合剂"的同时，可以捕捉新的科技型经济机会，创造出新的行业，开辟新的经济增长点。科技中介机构以专业知识、专业技能为基础，与科研院所、企业、高校等要素市场建立紧密联系，为科技创新活动提供重要的支撑性服务，在有效降低创新风险、加速科技成果转化进程中发挥着不可替代的关键作用，对于提高山西省创新能力，加速培育高新技术产业，推动产业结构化升级具有十分重要的战略意义[①]。因此，科技中介机构利用科技基础条件平台资源开展科技产品研发与科技服务，为客户提供良好的科技服务体验，推动企业、社会、政府、高校、科研院所等的科研管理人员科技需求的实现。山西省科技基础条件平台为科技中介机构创造了丰富的科技资源，为其更好服务提供了便利的条件。

　　中共中央国务院在《关于加强技术创新、发展高科技、实现产业化的决定》

①　吴琴，吴大中，吴昕芸. 基于科技平台与科技传播推进高校成果转化研究 [J]. 科学管理研究，2016（3）：41-44.

②　王晓娟. 高校科技成果转化中介的运行机制研究 [D]. 西安：长安大学，2008.

③　苏梅青. 基于用户满意的科技创新平台服务质量评价研究 [D]. 泉州：华侨大学，2015.

④　罗永鹏. 山西省科技创新平台运行效率评价研究 [D]. 太原：太原科技大学，2013.

中提出："大力发展科技中介服务机构。科技中介服务机构属于非政府机构，它是科技与应用、生产与消费不可缺少的服务纽带。"山西省近年来颁布了《山西省科学技术进步条例》《山西省促进科技成果转化条例》等有关法规，要求引导专业技术力量开展科技中介服务，加快建设科技中介服务共享平台和加强科技中介组织的网络化建设。

山西省科技中介机构对于科技基础条件平台建设的影响显著，他们既是项目的承担者又是平台技术成果转移和科技创新的组织引导者，充分发挥中介专业服务优势，做好平台资源与市场需求的对接活动，弥补高校和科研院所在市场方面的能力缺陷。山西省科技基础条件平台所需要的服务主体不仅包括企业、高校和科研院所，而且包括从事科技研发的企业。尤其对于高新企业来说，科技基础条件平台服务为其提供了前所未有的机遇。更为重要的是，行为主体的联盟化，进一步提升了科技基础条件平台共享服务的用户环境[①]。

以目前发展趋势来看，山西省科技中介机构正在努力完善自己的科研服务体系，力求为企业、政府、事业单位等带来更好的科技产品与科技服务。这也正说明了，山西省科技基础条件平台的资源开放共享无疑会使科技中介机构的发展更快、更好。

9.3.4　企业用户

企业用户是山西省科技基础条件平台的另一个主流用户。市场竞争是科技创新的重要动力，市场需求是企业科技创新的导向，科技创新是企业提高竞争力的根本途径，一个企业只有充分利用科技资源不断创新才能占有更大的市场，获得更多的利润。从这个意义上说，企业用户是科技创新的主体，是山西省科技基础条件平台的主要用户。随着改革开放的深入，我国企业在基础创新中发挥着越来越重要的作用。企业在科技创新方面具有天然的优势与动力，企业直接利用平台科技资源参与市场经济活动，与客户直接打交道，能敏锐地发现市场潜在需求，同时抢先占据市场，实现利润最大化的目标，并驱使其积极投入科技创新，而科技企业更需要利用科技基础条件平台资源从事科技创新。

企业需要利用平台资源和条件进行新产品的研发和新技术的创新。产品

---

① 岳素芳，肖广岭．公共科技服务平台的内涵、类型及特征探析 [J]. 自然辩证法研究，2015（8）：60–65.

只有不断开发创新，企业才有竞争力。《国家中长期科学和技术发展规划纲要（2006—2020 年）》中明确指出："要强化企业在技术创新中的主体地位，建立以企业为主体的、市场为导向、产学研相结合的技术创新体系。"因此，科技基础条件平台的建设目标聚焦于提升产业发展水平，推动区域经济的发展，抓住国家科技创新体系建设的难得机遇，围绕科技前沿和国家需求，在竞争中求发展，在市场中求生存[①]。随着平台的运行与服务，越来越多的企业都对平台服务产生需求，平台与企业之间进行科技资源共享与科技合作对企业的创新活动影响显著，山西省科技基础条件平台已成为影响企业创新活动的关键节点[②]。创新企业特别是中小型企业具有在科技创新平台上寻求科技资源与科技合作的强烈愿望和动机，科技基础条件平台的建设对于其意义更为重大[③]。随着山西经济的发展，企业面临的社会、经济、技术、环境等方面的问题越来越复杂，企业之间的竞争更为激烈。企业要想增强市场竞争力，在新的市场环境中立于不败之地，就必须及时了解新技术的发展动态、市场变化情况、竞争对手状况，并不断创新，不断研发新产品，保持企业旺盛的创新能力。从这些方面来看，山西省科技基础条件平台科技资源共享服务无疑为企业的创新发展及科技研发带来了福音。

总之，山西省是一个经济欠发达省份，要想积极推动省内经济的发展，必须顺应时代潮流，加强科学技术的研发，积极努力推动山西省经济结构的转型。从高校、科研院所、科技中介机构及企业四大用户目前科技资源需求的角度分析，它们都是山西省科技基础条件平台的主要用户。山西省科技基础条件平台所整合的科技资源不仅为高校、科研院所、科技中介机构及企业提供稳定的科技知识来源，还带来最便捷的科技资源共享服务。这四大用户对科技基础条件平台科技资源的迫切需求，也积极营造了宽松的山西省科技基础条件平台资源共享的用户环境。

9.4　资源服务与环境互动优化

山西省科技基础条件平台是山西省经济社会发展和科技进步的重要基

① 邬备民. 高校科技创新平台建设若干问题探讨 [J]. 研究与发展管理，2011（3）：130–133.

② Hidding G J，Williams J，Sviokla J J.How platform leaders win[J].Journal of Business Strategy，2011，32（2）：29–37.

③ 苏梅青. 基于用户满意的科技创新平台服务质量评价研究 [D]. 泉州：华侨大学，2015.

础，是聚集各种科技资源的支撑平台，具有促进技术研发、优化产业结构、提升科技创新能力的功能，是科技创新活动中不可或缺的重要载体。2005年，山西省启动了山西省科技基础条件平台的建设，整合省内科技资源和条件设施，加强了科技资源共享服务、大型仪器设备共享服务、科研资源配置开发服务等资源服务，优化了科技基础条件平台所处的社会环境、信息环境及用户环境。资源服务与政治经济环境、科技文化环境、信息环境、用户环境的互动优化研究不仅可以促进科技基础条件平台更好地适应环境，而且能使社会、信息及用户环境更好地推动科技基础条件平台的发展。

9.4.1 资源服务与政治经济环境互动优化

科技基础条件平台资源共享服务，对于其所处的政治环境而言具有重大的意义。正如前文分析所述，科技资源的政治环境首先需要实现科技资源共享，完善科技基础条件平台建设与服务的政策法规体系，特别是要充分利用宪法和《科学技术进步法》中与科技资源共享直接或间接相关的内容[1]，科技基础条件平台的建设与服务也一定遵循其相关法制政策。科技基础条件平台不断建设、不断完善，就需要不断地补充法律法规，进一步优化科技资源的法制内容。山西省人民政府在整个科技基础条件平台的建设中，一方面从制度上不断完善法律法规、规章制度，不断转变自身的职能角色，创造一个优良的创新环境；另一方面，政府也为平台建设服务创新活动提供资金支持和保障。在山西省科技基础条件平台的运行中，政府始终扮演着主导者、扶持者、推动者的重要角色[2]。这样，山西省科技基础条件平台的服务过程中就会无形推动着山西省科技资源法制建设的进程，同时，也对政府等发挥政治决策作用起到的鞭策作用。

9.4.2 资源服务与科技文化环境互动优化

对于科技文化环境而言，资源服务有利于大力营造科技基础条件平台建设及资源开发共享的氛围。目前的科技资源拥有单位，无论是科研院所，还是企业、高校，其本身对科技基础条件平台的价值认识不充分。山西省科技

① 于兆波. 论"科技资源共享法"的上位法体系与立法路径 [J]. 科技法制论坛，2007（5）：10–14.

② 罗永鹏. 山西省科技创新平台运行效率评价研究 [D]. 太原：太原科技大学，2013.

基础条件平台搭建不仅是科技界的事，更需要全社会的关心和参与^①。山西省科技基础条件平台的建设促进了科技成果的研发，提升了科技在人们心目中的认知度，获得更多社会人士的关注。山西省科技基础条件平台研发创新产品，提升产品创新力，不仅激发了市场活力，而且加速了资金流动，从而加速山西省的经济结构转型，推动其成为资源型经济转型省份。山西省科技基础条件平台的发展不仅是对科技的发展，更是对文化的发展。文化需要创新，文化需要科技，文化的创造力需要科技基础条件平台的不断支持。科技基础条件平台的建设可以为科技类服务活动的有序开展创设良好的文化氛围。山西省科技基础条件平台主要从以下两个方面优化文化氛围：①建立和维护良好的科技文化秩序。科技基础条件平台正常的使用往往会呈现出多用户、多任务的复杂状态，出现分时处理或分段处理的复合状态。为了确保服务平台的有效运作，需要建立和维护科技基础条件平台内部良好的服务秩序，包括科技中介机构、科研院所、高校、企业等之间的关系规则，使用科技基础条件平台的准入规则，开展各种科技资源利用活动的行为规则等，从而营造良好的科技资源服务文化氛围；②建立和优化有利于提高科技基础条件平台服务质量良好的公共文化环境。山西省科技基础条件平台所需的外部环境表现为法律制度的行为规则，在山西省现有的行政管理体制和机制下，表现为政府所出台的有关法规和规章^②。这样内外秩序合一，推动整体科技资源共享服务的发展进程，优化科技资源共享服务文化环境。近年来，随着各类影视媒体对科学技术高标准、高规格需求的不断增加，科技基础条件平台在文化创造领域也逐渐发挥着巨大的作用。山西省科技基础条件平台推动了文化产业的创新，也加快了文化的发展速度与质量的提高。这样一来，不仅完善了山西省科技基础条件平台运作的文化环境，而且相对促进了科技基础条件平台科技资源的高效服务。

9.4.3　资源服务与信息环境互动优化

对于科技基础条件平台的服务，从信息环境角度而言，不仅可以促进冗杂的科技资源向整合、共享的趋势发展，还可以推动信息化进程，推动建立科技资源共享信息网络，支持各方的公共科技资源加入共享范围。资源服务

① 吴家喜. 我国科技资源开放共享公共服务体系的构建 [J]. 社会科学家，2011（12）：126-129.
② 蒋坡. 论科技公共服务平台 [J]. 科技与法律，2006（3）：7-10.

促进了山西省科技计划支持而产生的科研数据及科学数据库的强制共享，使得科技资源成为真正的公共物品，便于科技平台的搭建与科技资源开放共享①。山西省科技基础条件平台资源共享服务推动了山西省高校、科研院所、科技中介机构及企业之间的结合，共同开发和创造，促进科技资源开放共享。科技基础条件平台科技资源建设与共享使得山西省更加明确了以自主知识创新为目标，增强原始创新能力，集中自身所拥有的资源优势、高科技人才优势和学科优势，努力打造一流的科技平台，使山西省实现了平台建设与科技创新团队建设相互促进的良性循环，从而促进山西省科技创新能力与核心竞争力的不断提高，为山西省整体科技创新实力的高速发展做出贡献②。山西省重视对科技基础条件平台的科学规划，明确平台建设原则、目标、任务、布局，形成资源整合、结构合理、功能完善、法规健全、人才保障的科技基础条件平台体系，为山西成为创新型省份做出重要支撑③。通过建立科技基础条件平台资源的共享运作机制，进一步强化资源的开放共享，平台用户都能公平地获得政府投入建设的各类科技资源。科技基础条件平台依据不同行业特点开展资源共享服务，实事求是，注重实效，创新了服务运作机制。

9.4.4　资源服务与用户环境互动优化

对山西省科技基础条件平台资源的利用，使得山西省高校能从市场需求与导向出发，大力拓展科技成果转化信息传播空间，增强科技转化率④，并利用所产出的科技成果服务于社会和市场，从而更加优化平台的高校用户环境。利用产学研结合方式，积极开展科学研究和学科建设，使科技资源更好地服务于高校用户。高校大力推动教学、科学研究，科研质量不断提高，科研竞争力持续提升。

科研院所用户利用山西省科技基础条件平台资源，提高了科研院所的技术创新服务能力，在科学研究中更多地创造经济效益，减少财政的负担⑤。科

---

① 吴家喜.我国科技资源开放共享公共服务体系的构建[J].社会科学家，2011（12）：126–129.

② 王晴，杭雪花.关于高校科技平台与科技创新团队建设的几点思考[J].产业与科技论坛，2010（9）：118–120.

③ 孙庆，王宏起.地方科技创新平台体系及运行机制研究[J].中国科技论坛，2010（3）：16–19.

④ 吴琴，吴大中，吴昕芸.基于科技平台与科技传播推进高校成果转化研究[J].科学管理研究，2016（3）：41–44.

⑤ 黄慧玲.厦门市科技创新平台体系的建设与评估[J].中国科技论坛，2013（4）：5–11.

研院所充分调动各合作主体的积极性，加大科技研发方面的投入，加强了研发创新与经济社会的发展，科研院所创新活动被纳入政府科技计划，成为科技经费投入的重点单位[①]，科研院所促进创新产学研合作模式，并充分发挥不同主体的优势，使山西省科技基础条件平台形成多元投入、资源共享、协调合作的局面[②]。

科技中介机构用户利用科技基础条件平台资源提升科技服务质量，加快其发展速度，积极推进科技资源创新和共享，为科技中介机构提供更多的客户，挖掘更多的科研成果，使得科技基础条件平台科技资源在科技中介机构中的利用率有所提高。

山西省各类企业利用科技基础条件平台组织行业企业联合，攻克行业共性、关键性技术，掌握核心技术，拥有自主知识产权，建立公平共享知识产权的机制，提高其对科技基础条件平台的使用率，完善高新技术实验室的配套设施。另外，企业利用科技基础条件平台公共资源研发现代高科技装备生产技术，以提高其产品的科技含量，不断提高企业的科技创新实际水平[③]。充分利用科技基础条件平台，积极努力服务于企业科技创新，使资源服务与用户环境互动优化，形成更优质的用户环境。

① 李纪珍，赫运涛．基于国家和地方互动的技术创新服务平台建设 [J]．中国科技论坛，2010（9）：5-10.
② 付俊超．产学研合作运行机制与绩效评价研究 [D]．武汉：中国地质大学，2013.
③ 梁晓霞．山西省科技创新能力评价及提升研究 [D]．太原：中北大学，2009.

第十章

山西省科技基础条件平台资源共享服务保障机制

山西省科技基础条件平台科技资源共享，对山西省的科技进步、技术发展、社会繁荣做出了重要的贡献。但随着信息技术的发展，大数据时代的到来，数据结构的多元化、科技资源的安全问题等越来越明显，这对山西省科技基础条件平台资源共享服务提出了新的挑战。为了使山西省科技基础条件平台资源共享服务能更好地应对挑战，提升服务的质量，本章就山西省科技基础条件平台资源共享服务保障机制从政策法规保障、标准规范保障、人才保障、资金保障、用户保障、环境保障 6 个方面展开分析，提出了建议和实施策略，使得山西省科技基础条件平台资源共享服务保障机制能够更加完善。

山西省科技基础条件平台是为公共用户开发的，为用户和社会提供更好的资源服务，真正实现各类资源的共享而建立的山西省科技基础条件平台资源共享服务保障机制。在整个科技资源共享服务的保障体系中，政策法规保障、标准规范保障是山西省科技基础条件平台资源共享服务开展的制度支撑，人才保障是科技资源共享服务得以实现的重要条件，资金保障为平台资源共享服务提供物质基础条件，用户保障是科技平台资源共享服务正常运行的根本保证，环境保障是平台资源共享服务正常运行的重要影响因素。

10.1 政策法规保障

平台政策法规是来约束平台工作人员和用户行为的行为规范，是进行行为约束的最高标准。随着信息技术的不断发展，科技基础条件平台资源共享服务涉及各个部门的人、财、物等多方面的问题，不得不使用国家及省相关强制性的法律、法规和政策来规范人们的行为，本节主要从用户、资源、平台建设与共享 3 个方面讨论政策法规的保障策略。

10.1.1　用户服务的政策法律保障

（1）建立用户身份认证制度

山西省科技基础条件平台科技资源涵盖了医药卫生、钢铁、能源、化工、科研、教育等各行各业，类型多样、内容丰富。为了更好地服务于山西，保障山西省科技基础条件平台资源及用户信息的安全，平台建立了用户身份认证制度。在应用计算机及网络系统确认操作者身份的过程中所应用的技术、手段，以及在这个过程中所涉及的一切科技资源都是用一组特定的数据来表示的，所有对用户的授权也只能是针对用户数字身份进行的授权。身份认证技术是为了保证用户以数字身份合法使用平台的第一道应用系统安全关口[①]。山西省科技基础条件平台所建立的用户身份认证制度，不仅能够确定用户是否对平台资源拥有访问和使用权限，以防止攻击者获得使用权限，对平台的资源和服务进行破坏，而且能够对用户在山西省科技基础条件平台上所共享资源的价值及用户对资源共享所能做出贡献的潜力进行评估。

（2）制定资源共享的相关规定

山西省科技基础条件平台是高校、科研院所、公共图书馆及企业，以项目为纽带共同建设的资源共享的平台，它涵盖了这些单位所拥有的科技资源和基础条件，如钢铁、能源、农业、医疗、高新技术和各科研院所、高校等相关机构所拥有的公益性、基础性科学数据资源等各类资源。这些资源都是项目承担单位在其行业、领域的技术和知识等方面的创新。作为使用这些资源的用户，在进行资源共享的过程中，理应保护资源生产者的合法权利，尤其涉及行业内部重要信息资源时，要自觉遵守《知识产权法》《山西省科技基础条件平台建设和运行管理办法》和《山西省科技基础条件平台信息资源共享管理暂行办法》。不同的用户所拥有的资源量及对资源的使用频率各不相同，对各种资源价值的评价标准也不尽相同，各种资源的时效性也不相同，不同的行业、企业、个人拥有不等的资金去构建、获取、创新自己的科学技术、企业知识、信息构架。因此，不同的行业、企业、个人对山西省科技基础条件平台资源共享所做出的贡献是不同的，而共享的目的是为了弥补资源富有者和资源贫瘠者之间的信息鸿沟，缩小信息差距，以最大限度实现科技资源的共享和资源的"精准扶贫"。在资源共建共享过程中，用户对资源的利

---

① 　身份认证技术 [EB/OL].[2016–09–03]. http://epub.cnki.net/kns/brief/result.aspx?dbPrefix=CRPD.

用要有一个具体的规范。加入平台的建设单位也是资源的用户单位，用户首先应由平台的管理人员进行身份认证。在身份认证过程中，平台会根据用户的不同情况评估用户对平台资源的贡献和使用情况，通过法律法规来平衡《知识产权法》与"科技资源共享"之间的关系，尽可能在资源的共建共享过程中实现公平公正。这样不仅有利于维护项目承担单位对自己在科技、技术等领域所创造财富的专属权利，而且有利于激发用户在应用这些新技术，利用科技资源、知识的时候对其进行创新，不断地更新当前的科技资源和知识，更好地推动平台资源高效运转和科技的发展。

（3）项目承担单位既是科技资源的使用者又是科技资源的生产者

山西省科技基础条件平台是一个资源共享的平台，注册用户不仅是资源的使用者，大部分也应该是资源的生产者。山西省科技基础条件平台的创建者只是担任了资源管理者的角色，管理人员主要是了解用户需求，进行科技资源的整合与开发。身为山西省科技基础条件平台的管理者，对平台中的科技资源只拥有这些资源的管理权，不拥有对这部分科技资源的所有权，因为平台中有些资源是资源信息生产者所提供的原始资源信息，未经过平台管理者的深层次开发、加工。另一部分资源是经过了平台资源管理人员的深加工或是平台工作人员自行创建的资源，平台对于这些资源便具有了所有权。山西省科技基础条件平台对没有所有权的资源可以根据用户的需求适当提供有偿服务，而对于平台具有所有权的资源，平台向用户提供开放与共享服务。平台鼓励项目承担单位对科学、技术与知识进行创新，促进科技资源的共建共享。

10.1.2　平台建设及资源共享的政策法律保障

（1）建立健全评价监督层面的法律法规

科技基础条件平台的建设是山西省实现资源共享的基础和前提。山西省科技基础条件平台的建设过程是对资源的序化过程，方便用户对各类资源进行远程的获取利用和深层的开发研究，这在一定程度上推动了山西省经济和科技的发展。为了提供高质量的资源共享服务，就要从源头上控制资源的质量，对资源的服务要着眼于开放共享、统筹全局。第一，山西省制定了《山西省科技基础条件平台建设项目立项评估办法》《山西省科技基础条件平台建设项目绩效评估办法》，主要针对平台科技资源的建设、共享，建立起一套从建设源头到共享服务的统一管理体系，将平台的建设与服务置于广大的社会监管之下，由社会对资源的质量进行评价。第二，制定了《山西省科技基础条件平台信息资源共享管理暂行办法》和《山西省大型科学仪器资源共享暂行管理办法》等资源共享政策。针对科技基础条件平台共享资源所属性质做出不同的规定。平台的资源按其属性可划分为公益性资源与非公益性资源，在资源利用时，根据其不同的属性制定不同的使用规则，对公益性资源与非公益性资源有合理的区分标准，从而调动公益性资源的持续创新性，保护非公益性资源贡献者或持有者的合法权利。第三，在大数据时代，资源共享不仅是山西省内部的资源共享，而且是全球资源共享，山西省在进行资源共享相关的法律法规建设时，注意与国家及国际法律与法规相接轨，为山西省科技基础条件平台科技资源共享开辟了更广阔的空间。

（2）建立健全平台资源共享服务的法律法规

山西省科技基础条件平台在资源共享服务法律法规的建设中，统筹全局，放眼全国与突出平台自身的特色相结合。由于科技基础条件平台是山西省人民政府为了应对复杂的国际国内形势、提升山西自主创新能力及推动山西创新体系与创新型省份建设的重要战略举措，所以，结合山西省当前实际情况，为建设适合工业、农业、林业、化工、医疗、科研、教育等各方发展的，又具有自身特色的科技基础条件平台，根据《2004—2010年国家科技基础条件平台建设纲要》和《山西省科技发展"十一五"规划》的精神，山西省于2005年制定出《山西省科技基础条件平台建设方案（2006—2010）》，于2008年制定《山西省科技基础条件平台建设实施方案》等切合自身发展现状的法律法规，为山西省科技基础条件平台的资源共享服务提供法律保障。

（3）制定科技资源的使用和管理办法

山西省科技基础条件平台涵盖的资源种类多、数量大，覆盖科技领域的各个方面内容，既有大型的科学仪器，又有实验材料、科学数据、自然资源。这些资源所属的学科领域和结构特点各不相同，物理载体和使用方法也各不相同，但又要通过这些资源之间的联系将它们统一于山西省科技基础条件平台来进行管理和使用，因此，需要对山西省科技基础条件平台资源共享服务制定出一套合适的使用和管理办法。例如，在山西省科技基础条件平台中大型科学仪器协作共享平台是四大基础性科技资源平台建设中唯一的物理化资源平台，反映出山西省经济和社会的发展对于山西省科技基础条件平台资源共享服务的重视程度极高。如何对设备、资源进行利用，利用的规范及操作流程有哪些，如何申请使用和具体条件等，在《山西省大型科学仪器资源共享暂行管理办法》中都制定了明确的规定和详细的管理办法，使大型仪器设备资源的利用效率得到了提高，最终实现了资源利用的最大化。山西省在平台的搭建过程中，不盲目追求资源的数量，严把质量关，建立严格的资源纳入制度，对已有的资源有清楚的记载，进行分类整合，避免资源重复建设所带来的资源浪费现象。借鉴国家科技基础条件平台、国外科技资源管理等各方面的政策法规，将其与山西省科技基础条件平台的实际情况结合，制定出《山西省科技基础条件平台建设与运行管理办法》。

10.2　标准规范保障

科技资源的标准规范是实现资源共享的前提，山西省科技基础条件平台标准规范的制定与完善，有利于平台标准化的实现，有利于实现平台与其他专业、领域所搭建平台的无缝对接。

10.2.1　平台资源建设的标准化保障

在进行科技资源建设时，各项目承担单位按照具体任务来整合科技资源，现有的科技资源不仅包含文本、图形、图像等静态和视频、音频、动画等动态的数据资源，还有实体、标本、菌种等资源，资源的异构性增加了山西省科技基础条件平台资源共享的难度，而实现资源共享的前提是对资源进行建设，在进行资源开发整合的过程应对资源在采集、加工整理、存储进行标准化的操作，因此，平台对科技资源建设制定了严格的要求与标准。

（1）语义标准化

数据的语义表达是进行语义层次上数据共享及交换的基础[1]。各个专业、行业、领域的发展过程中都会产生具有专业属性的语词，不同的语义信息要通过不同的语词进行表达，不同的语义所代表的内容也是不一样的。在开发整合中，人们对同一资源认知的不同将会导致资源重复建设、资源冗余现象，这种现象无疑会增加数据资源整合过程的负担，在平台科技资源建设过程中也会导致资源的重复建设，进而导致资源的浪费，也会给用户的信息检索带来不必要的负担。因此，在资源建设时，平台对数据进行了语义标准化，语义标准化的实现，提高了后期资源共享效率，通过语义标准化使得资

---

① 俞茜. 地理信息共享保障机制的研究 [D]. 长春：吉林大学，2005.

源的开发者、资源的利用者对同一数据资源有了共同的认知，从而提高了资源的检索、利用效率，更好地实现了资源共享的价值。

（2）数据的完整性

山西省科技基础条件平台资源共享服务，不仅有具体物理实体的大型科学仪器协作共享子平台向人们提供实验器材，科学数据共享平台、科技文献共享与服务平台、自然科技资源共享平台、专业创新公共服务平台、技术转移服务平台等子平台向人们提供科技文献、科学数据成果的同时，还要对科技创新过程进行记录，对计划项目的数据进行收集、加工与整理，最后将这些资源存放在资源共享平台中。平台整合各种载体、各种类型的科技资源，使之成为一个有机的整体[①]。用户不仅可以通过应用平台上的科技文献、科学数据成果进行新的科技创新工作，而且能从这些平台对科技创新的记录过程中学习到科技创新的思路与方法。对于一些用户来说，保存他们使用记录数据的完整性，不仅可以展现用户对平台资源共享的利用与建设的贡献情况，而且可以通过数据的完整性挖掘用户的使用规律，对已建设完善的平台资源进行二次开发，并针对用户需求进行资源的专题性服务，实现山西省科技基础条件平台资源共享服务由"被动服务"向"主动服务"的转化，提高资源的利用效率与价值。

（3）数据格式的标准化

科技资源在子平台的建设过程中，不乏出现资源重复构建、资源冗余的现象，这无疑会影响资源进行管理、利用效率，尤其是异构数据的冗余现象。为了方便对科技资源进行管理，提高科技资源的利用效率，平台对资源的数据格式进行标准化。在山西省科技基础条件平台资源共享服务中，用户既是使用者又是资源的建设者，由于不同的项目承担单位所熟悉的数据格式、所掌握的数据处理技能、拥有的信息技术是不同的，针对上述情况，平台制定了《元数据标准制定与实施》《山西省科技基础条件平台标准规范》《大型科学仪器分类编码》《山西省自然科技资源分类编码系统》等。数据格式的标准化不仅可以使得资源更加有序，对于保护资源的安全也具有重要价值。例如，图片的保存就可以有很多形式，但有的保存形式极容易导致数据的失真，对于这种情况就要确保数据的安全性、真实性，立足于数据资源的长久

[①]　武三林，张玉珠，等. 山西科技文献共享与服务平台管理及利用机制研究 [M]. 北京：科学技术文献出版社，2015：150.

保存与利用来进行数据格式的标准化。对山西省科技基础条件平台上的资源进行资源检索，也是山西省科技基础条件平台资源共享服务中非常重要的一部分，即每一个共享子平台都能提供个性化、知识化、一站式的检索服务。用户需求的不断提高，对信息的检全率与检准率提出了新的要求，除了对结构化数据一般检索之外，还希望能对半结构化数据、非结构化数据进行检索与分析。当用户使用山西省科技基础条件平台资源共享服务进行资源检索时，希望检索出来的资源中不仅包含结构化的数据，还包含非结构化数据，实现检索的一站式服务。因此，加快对数据格式的标准化，有利于资源的序化整理，在资源利用时也更加方便用户。

10.2.2　平台资源共享服务的标准规范化

2015 年，在北京召开的全国科技平台标准化技术委员会工作会议指出，平台标准化是促进平台有序、规范、高效运行的技术措施，是科技资源整合共享与服务的基础保障。平台标准化工作主要强化四方面的工作：一是加强顶层设计，初步细化和完善科技平台标准化体系及与之配套的组织管理体系统筹推进平台标准研制工作；二是加强对已发布标准的宣传贯彻和培训，注重标准在平台建设和运行服务中的应用实施；三是标准起草单位应加强与领域权威机构的联合，共同研制标准文本，广泛征集各方面的专家意见和建议；四是标委会秘书处要加强对标准起草的业务咨询和指导，严格规范标准立项和报批程序，提高国家标准研制水平[①]。根据全国标准化会议精神，山西省科技基础条件平台十分关注平台资源共享服务过程中的标准化工作，具体开展了以下 4 个方面的标准规范化工作。

（1）逐步细化平台科技资源共享服务的标准化体系

这些年，山西省科技基础条件平台建设和资源共享服务制定了一些标准规范，并不断地对暂行的标准进行细化和完善。在摸清目前已建设平台、已拥有资源的具体情况下，从宏观上制定标准规范管理办法，将筹集到的资金投入资源共享中。各子平台在标准规范化制定与修订、执行过程中立足山西省科技、社会、经济发展的现状，放眼未来，开展平台科技资源共享服务，实现平台与其他地区、其他领域资源共享服务平台的连接，为山西省科技基

---

① 本刊通讯员．2015 年全国科技平台标准化技术委员会工作会议在京召开 [J]. 内江科技，2015（2）：66.

础条件平台科技资源开放共享标准规范体系的建立与完善奠定基础。

（2）合作制定资源建设与共享标准

山西省科技基础条件平台资源共享服务不能仅仅依靠政府或高校、科研院所、企业与其他部门，它需要多方面的合作，还要与共享的群体、协调部门、咨询机构等协作完成各项任务。共享的群体多，资源数量、种类及格式也很多，这就需要不同的部门相互协作完成各项任务。由于在资源的建设与服务过程中，不仅有专业人员的参与，还有企业、社会团体等各方面的人员参加，需要资源的建设者与使用者和相关单位专家一起形成一个标准化制定小组，大家集思广益，共同完善资源建设与共享的标准规范。

（3）对已经发布的标准规范贯彻实施

山西省科技基础条件平台资源共享服务涉及各行各业，平台将标准的实施落实到各项目的任务中，以保证标准化在平台资源建设与服务的各个环节、各个部门得到贯彻实施。例如，对科技资源的存储、管理有着标准规范的操作程序与方法，对于科技资源的加工、资源的深度挖掘有元数据标准，平台研发者相互配合、相互沟通，按照各个程序所设定的标准与自己的专长相结合，将自己所承担的部分做好，实现资源在整个平台建设与服务过程中的标准化。

10.3 人才保障

《国家中长期人才发展规划纲要（2010—2020）》中提出，人才是指具有专门知识或专业技能，进行创造性劳动并对社会做出贡献的人，是人力资源中能力和素质较高的劳动者[①]。人才强国战略是我国经济和社会发展的一项基本战略，当前要实现山西省科技基础条件平台资源共享服务，毫无疑问，必须要完善相关的人才保障策略。

10.3.1 人才的培养

（1）对专业基础理论人才的培养

山西省科技基础条件平台对人才的要求是多元化的，在对人员进行培训

---

① 国家中长期人才发展规划（2010—2020）[EB/OL].[2016-09-03].http://jnjd.mca.gov.cn/article/zyjd/zcwj/ 201102/20110200133509.shtml.

时采用分类实施、分级负责的原则[①]。在分类实施方面，针对不同专业人员入职时自身掌握技能的不同，合理安排他们从事不同类型的资源服务工作。这样使得所有的工作人员不仅能够快速地了解工作内容和职责，掌握工作所涉及的基础理论和方法，提高工作效率，而且在进行职员培训等工作时，可以进一步组织他们对平台开发与服务的更高、精、尖端内容进行深入的学习，从而在工作中实现互助学习与自我学习相结合。在工作中，互助学习与自我学习能更快地将新的东西融入平台的工作中，便于工作人员在今后的工作中利用这些新的知识、技术方法进行资源的深度加工和创新服务，不断推动山西省科技基础条件平台资源共享服务的深入。同时，对工作人员来说，学有所用，学有所成，既能调动起工作人员工作、学习的积极性，又有利于工作人员实现自己的价值，激励他们在工作中有所创新。在分级负责方面，根据平台技术的发展，分批组织人员外出参加学习培训、学术研讨会，将自己所得所感传递给大家。在这个过程中，技术、知识与经验等资源相互碰撞，也会激发出新的内容。

（2）对复合型人才的培养

这里的复合型人才主要指具有多学科背景的掌握多种理论知识的人才。山西省科技基础条件平台科技资源数量大、学科与种类多，对于工作人员来说，要把不同学科门类的资源整合到统一平台，实现资源的共享服务，这就需要他们在掌握好本专业的知识与技术的同时，学习其他专业的基础知识与基本技能，如对不同平台搜索引擎都有所了解并能熟练应用。在进行资源整合的过程中，要考虑到用户通过门户界面对资源进行检索时是否方便快捷，这需要工作人员拥有用户服务及信息检索与组织的相关知识。山西省科技基础条件平台工作人员不仅能为用户提供科技资源共享服务，更多的是要面向资源的深度开发和应用。由此可见，山西省科技基础条件平台资源共享工作对人才的要求已不仅仅是拥有扎实专业基础理论知识和掌握专业技能，而且更需要具有多学科背景的，同时又掌握一定的计算机操作技能的全面复合型人才，因此，平台非常重视复合型人才的培养，强调学用结合，使理论知识和操作技能在实践工作中得到提高。

（3）对专业人才的培养

科技基础条件平台的概念具有三层，在第二层，科技基础条件平台不仅

① 张叶. 全国文化信息资源共享工程资源建设模式及其保障机制研究 [D]. 西安：西北大学，2014.

包括物质与信息保障系统，而且包括以共享机制为核心的制度体系和服务于平台建设与运行的专业人才队伍支撑体系。专业人才队伍支撑体系是平台建设和运行的必要条件，平台专业人才队伍以专业技术人才和管理人才为主要构成[1]。山西省科技基础条件平台对专业人才的培养主要从三方面入手：第一，对于山西省科技基础条件平台资源共享服务的人才实施培训，以自我学习和岗位工作相结合的方式，要有对科技基础条件平台进行维护、操作等相关技术的经历；第二，因为平台有专门对科技资源进行维护、操作及承担服务功能的人员[2]，因此，对专业人员的培养要注意其科技资源服务职能的发挥，有资源服务的相关经历，树立起资源共享服务的意识；第三，建立起资源共享服务的评价和监督机制，让用户对提供科技资源共享服务的专业技术人员进行评估和监督。

（4）对管理人才的培养

作为山西省科技基础条件平台资源共享服务的管理人员，需要对专业人员、资源及山西省科技基础条件平台的运行过程进行管理。因此，管理人员仅仅具备某一方面的技能是不够的，需要拥有扎实的科学理论知识，需要对山西省科技基础条件平台资源共享服务的各个子平台的功能有所了解，同时还要具备一定的人际协商技能。管理人员要了解各种资源大体分布情况，熟悉山西省科技基础条件平台资源共享服务和各项管理机制制度，这样才能进行平台管理，才能对服务工作进行监督，对专业人员进行考核。针对管理人员的培训，仅仅通过学习管理知识是不够的，要与实践相结合，在实践工作中掌握管理的方法与技巧，了解各项目组的职责，不断开拓自身的视野，提高自身的能力，实现自身的价值。

10.3.2　人才的管理

从图 10-1 可以看出，复合型人才、专业人才、管理人才共同构成了山西省科技基础条件平台的人才队伍，人才队伍建设是山西省科技基础条件平台正常运行与提供服务的重要保证。为了提高人才的素质与工作效率，对人才的管理提出了以下几点建议：第一，对于人才队伍的建设要有长远目标。从 2005 年开始搭建到目前为止，山西省科技基础条件平台在人才队伍的建设

---

[1]　张圣恩. 科技基础条件平台建设 [J]. 太原科技，2005（5）：8-9.

[2]　张贵红. 我国科技创新体系中科技资源服务平台建设研究 [D]. 上海：复旦大学，2013.

上已经具有了一定的规模，但在目前资源共享服务的过程中也出现了专业人才流失等现象，这就要求平台要不断地完善人才队伍建设。因此，平台要从源头上对人才队伍的质量进行控制，提高人才选拔的要求，不仅要选用高学历、高技能、高素质人才，更要选用安心岗位工作的人才。科技资源共享服务的重点在于开放共享，在平台项目人才的选用上要注意对人员奉献精神的考量，针对山西省科技基础条件平台资源开放共享服务的长远目标选拔"德才兼备"的人才。第二，为了提高平台专业人员的工作积极性和工作效率，需要建立一套对人员工作岗位的监管考核机制。在这个机制中，需要平台和

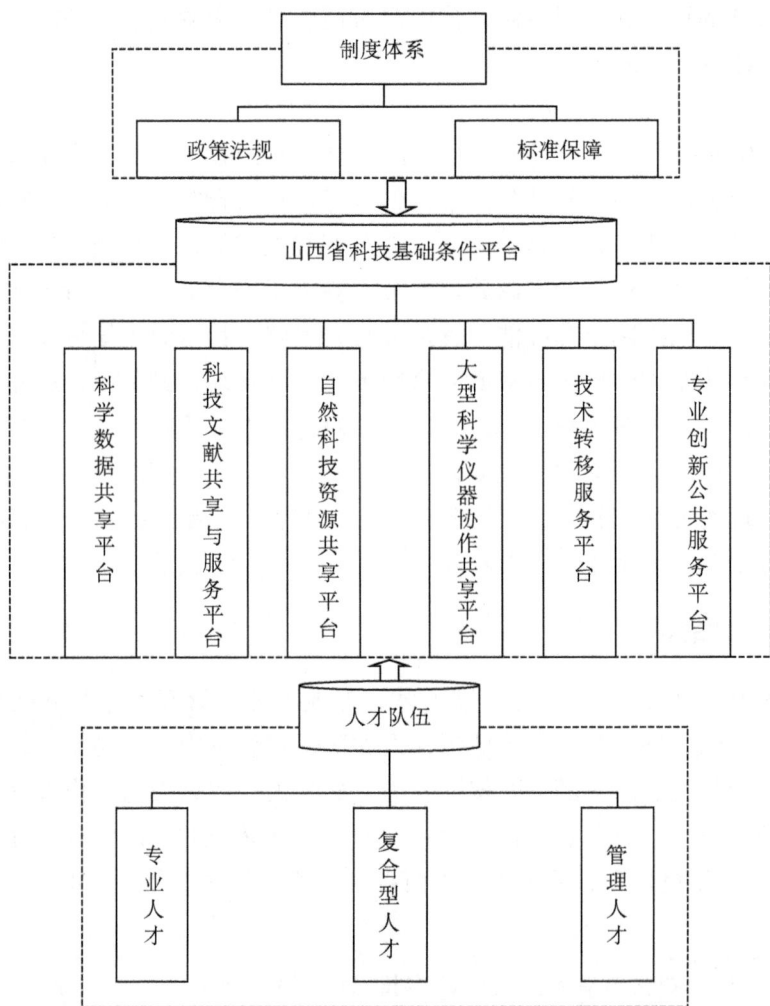

图 10-1　山西省科技基础条件平台专业人才队伍构成框架

用户对专业人员的工作进行监督评价，结合专业人员在资源共享服务过程中贡献的多少，对其实行一定的奖惩。这样不仅有利于提高专业人员的工作效率，也有利于专业人员在科技资源共享服务过程中自身价值的实现。

10.4　资金保障

为了保证山西省科技基础条件平台资源共享服务的可持续开展，不断地向用户提供高质量的资源，必须要有足够的资金支持。山西省科技基础条件平台除政府以项目的形式投资外，也有各项目承担单位配套经费和产学研部门的投入，产学研的经费来源是多方面的。资金来源保障主要可以划分为政府、高校、科研院所、公共图书馆、企业 5 部分。在保证有持续性资金来源的同时，平台加强对经费使用的监督管理工作，并设立相应的山西省科技基础条件平台管理办公室，项目经费的监督管理由平台管理办公室和科技厅负责。

10.4.1　经费来源

山西省科技基础条件平台资源共享服务主要是面向全省甚至是全国，由于其资源服务以公益性服务为主，实现资源共享作为山西省科技基础条件平台资源共享服务的终极目标。政府投资是平台主要的资金来源，政府投资包括中央政府与山西省人民政府两部分，政府投资具有资金来源稳定、数额巨大、可信度高的特点。这部分资金主要用于山西省科技基础条件平台资源共享服务基础设备的购买、资源的采购与加工、科技资源的服务等。政府投资除了直接的资金输入之外，还可以以间接的方式支持。例如，直接给平台的相关部门配备相关的基础设备或者主动向平台贡献自己所掌握的资源。政府作为山西省科技基础条件平台资源共享服务的投资人，也是平台的使用者，可以通过平台所提供的用户体验等深入了解资源共享服务的当前状态，以便以更加灵活的方式支持平台资源共享服务的推进。

作为高校、公共图书馆和科研院所等项目承担单位，是通过政府将项目投资与单位配套经费相结合的方式获得投资。高校、公共图书馆作为事业单位所配套的投入有资金投入与固定资产的投入。对于科研院所，现在虽然是企业化管理，但他们所配套的投入有政府项目经费的投入，院所配套经费的投入、资源的投入，固定资产投入，还有科研成果和技术的投入，投入的资金虽与政府投入的资金一样受到宏观调控的影响，但这些单位对资金拥有的自主权利相对较大，对外投放的资金相对较少。承担平台项目的科研院所、高校、公共图书馆等提供科技资源，实现资源共建共享，共同推进山西省科技基础条件平台的发展。这些单位除了可以向山西省科技基础条件平台提供项目配套资金之外，也可以向平台提供人员培训、技术、知识产权、专利等方面的支持，与山西省科技基础条件平台的各个方面加强合作，互利互惠，实现双赢，共同推动资源共享服务的发展。

企业投入的资金具有不稳定性，追求一定的利润目标。对于这部分资金，山西省科技基础条件平台通过与企业合作的方式，将企业可共享的资源投入到平台中，进行资源共享，各企业、行业在技术、知识、管理方法等方面的资源也可以通过平台获取。企业在进行资源共享服务时，也能深度挖掘企业的资源需求，有针对性地为企业提供科技、技术、企业决策等方面的帮助。企业为山西省科技基础条件平台资源共享服务提供信息、人员、技术、资金等方面的支持，与山西省科技基础条件平台资源共享服务实现良性互动，建立长期友好合作关系，提高资源开发与利用的效率。

产学研联合体是以平台项目为支撑，由高校、科研院所及企业自愿组织到一起，开展科技创新、联合攻关的团队，他们根据自身的实际情况分别进行投资。产学研联合体对山西省科技基础条件平台资源共享服务的依赖性更强，虽然这两部分的资金来源会较其他部分的资金来源少，但是他们对于资源的创新能力却不容小觑。例如，山西中医学院、山西大学、山西省中医药研究院、山西省医药与生命科学研究院、山西省亚宝药业集团股份有限公司等共同建设的中药现代化科技创新平台，就是一个产学研结合的成功案例[①]。产学研联合体在山西省科技基础条件平台创建中的价值为平台增添了新的活力，推动平台的发展，使平台的资源和服务更加完善，为平台技术转移、专业创新服务和资源的深层次开发应用节省了时间和成本，提供了更多可利用的资源。这种"产学研联合体"的方法也是为山西省科技基础条件平台提供经费保障的一种方式，同时，也实现了山西省科技基础条件总平台与子平台之间的资源开放共享。

① 董建忠，王伟.山西省科技基础条件平台建设成效与对策[J].科技情报开发与经济，2012（19）：142-144，160.

10.4.2　资金管理监督保障机制

对资金的监管也是经费保障的重要组成部分，应该设置一个独立于山西省科技基础条件平台之外的监管部门。该部门的人员由熟悉山西省科技基础条平台资源共享服务的人员，以及政府、事业单位、企业、社会团体等资金投入方的代表人员共同构成平台资源共享服务物资监督管理部门，如图 10-2 所示。

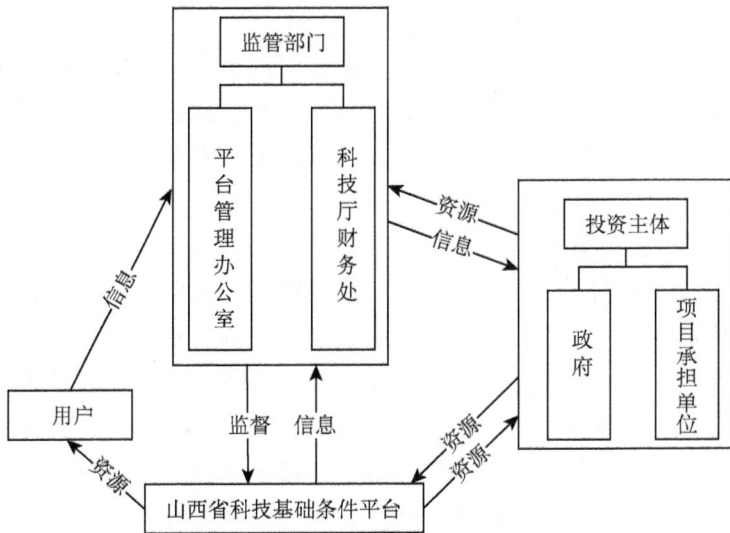

图 10-2　资金监督管理流程

如图 10-2 所示，山西省科技基础条件平台资源共享服务的主体大致可分为两大类：一类是与山西省科技基础条件平台资源共享服务有投资关系的投资主体，另一类是仅使用平台资源的用户。政府、高校、科研院所、公共图书馆、企业，作为向山西省科技基础条件平台提供经费保障的投资主体，将自己所拥有的资金、人员、技术及知识产权和专利等，在山西省科技基础条件平台上进行资源的共享，用户使用这些资源，既促进了社会对这些科技资源的利用，又推动了科技资源开放共享的创新。投资主体对山西省科技基础平台资源共享服务的直接投资部分需要由监督管理部门来监督其利用。应将政府投入及项目承担单位配套投入资金支出向监督管理部门"晒"出，保证账务的公开、透明。山西省科技基础条件平台将自己资金的"收入""支出"

及使用需求情况与平台资源共享服务的运行情况等信息反映给监督管理部门，并接受平台项目的中期检查和验收，组织专家组评价核实，并根据平台资源共享服务的运行效率和效果，对资金的使用做出裁决。项目承担单位和用户主要向监督管理部门提供辅助监督管理的信息，要对用户进行满意度调查，对山西省科技基础条件平台的应用情况进行反馈。山西省科技基础条件平台直接针对反馈的问题做出相应的解决措施，而监督管理部门则可以根据用户反映的问题对山西省科技基础条件平台的资源共享服务进行评价，并提出今后平台资金使用管理的建议。

山西省科技基础条件平台主要向主管部门提出资金需求信息，主管部门根据资源的利用情况、资金的储备情况和平台当前设备配置等各方面实际情况的考量进行项目资金发放，同时，山西省科技基础条件平台资源共享服务对于资金的使用情况也要反馈给监督管理部门。监督管理部门不仅对平台资源共享服务进行监督管理，也对项目承担单位实施监督管理，不同的投资主体按规定为山西省科技基础条件平台注入资金、技术或提供人员培训等服务。政府资金的注入是政府对基础设施建设的投资，是政府进行宏观调控的一部分，因此，要对这部分资金加强监管。山西省科技基础条件平台资源共享服务的投资一旦签署合同任务书，就具有了法律效益，受国家法律的保护。山西省科技基础条件平台资源共享服务覆盖面积广，集聚了山西省内各方面的资源，对推动山西省科技、经济和社会的发展有着巨大的潜能和无限的动力。因此，加强对山西省科技基础条件平台资源共享服务支持力度的同时，也为提高资金的利用率加强对资金的监管。监督管理部门、山西省科技基础条件平台、用户、政府与项目承担单位分别承担不同的职责，在对资金的监管上做到了分权与制衡，对资金利用的前期、中期、后期全过程进行监督，提高了资金的利用效率。

10.5 用户保障

山西省科技基础条件平台资源共享服务最终面向的对象是用户，随着用户对科技资源类型需求的多样化，对资源质量的高要求，山西省科技基础条件平台所提供的资源共享服务水平和质量不断提高，科技资源的服务转向深层次、多样化、智能化、专题化的知识服务，在不断完善用户信息管理的基础上，建立了用户保障的服务模式。

10.5.1　开放共享与主动服务结合

山西省科技基础条件平台为了能更好地为用户服务，对省内的科技资源进行了摸底调查，确定了平台开放共享的服务目标，即开放共享与主动服务相结合。在资源共享的过程中，用户根据自己的需求检索资源，根据自己的需求主动向山西省科技基础条件平台提出自己的要求，平台科技资源对用户全部开放并提供共享服务。目前，平台积极开展有针对性的主动服务，对用户需求的资源进行二次深度挖掘，通过平台网站、手机、邮件等方式向用户主动提供科技资源推送服务、个性化定制服务等，实现跟踪定题服务。为了吸引更多的用户，平台服务突出了山西省特色科技资源。平台利用新闻媒体进行宣传，走出去培训用户，建立检索站点等方式，主动开展服务，提高了科研资源的利用率。山西省科技基础条件平台资源共享服务是一个开放的系统，用户不仅可以利用资源，还可以对服务进行评价与反馈。通过用户的评价与反馈，平台发掘用户需求，有针对性地开展资源开放共享服务，提高了资源利用效率。

10.5.2　资源服务与知识服务结合

随着现代科技的不断进步，信息的爆炸式增长，人们对科技资源的要求不仅仅停留在获取科技资源这一简单的层次，更多的是需要科技基础条件平台提供更深层次的知识服务。用户对科技基础条件平台资源共享服务有新的要求，是平台进行科技资源共享服务创新的动力源泉。知识服务不仅需要对科技资源进行收集、加工、保存、传递，还要对收集上来的资源进行深度的挖掘，针对特殊的用户需求开展专题服务。定题服务和个性化的定制服务，为不同的用户提供不同的专题化知识服务。平台专业人员在向用户提供科技资源共享服务的过程中也在不断地完善自己的知识、理论、技术体系。

10.5.3　用户信息安全的保障

山西省科技基础条件平台上不仅有丰富的科技资源，而且还有很多平台用户信息，为了资源、数据的安全，平台需要建立用户身份认证制度，需要完善相关的法律法规。由于注册、登录山西省科技基础条件平台的用户人数逐渐增加，保证这些用户信息的安全显得尤为重要。除了要完善相关的政策法规以外，还要在技术上和平台资源共享服务的制度制定中进行补充。在技术上，进行用户信息安全系统的优化，确保用户端口的正常运行与用户信息的安全。在资源共享服务的相关规定上，对泄露用户个人信息的行为有明确的处罚规定，对从事用户相关工作的人员进行保密等方面的培训，确保用户个人信息的安全。

10.6　环境保障

2004 年，国务院办公厅转发的《2004—2010 年国家科技基础条件平台建设纲要》提到要营造良好的社会氛围：一是采取多种方式，宣传和弘扬科技资源共建共享的理念，提高社会公共资源的共享意识；二是与科普活动相结合，创造开放条件，使越来越多的社会成员享有使用平台资源和参与科技创新的机会，促进全民科学文化素质的提高。纲要中还提到要加强国家与相关国际组织间的联系，建立稳定的合作渠道，实现国际科技基础条件资源互补共享。根据《2004—2010 年国家科技基础条件平台建设纲要》和《山西省科技基础条件平台建设实施方案》的精神，山西省在环境保障方面做了一些工作。

10.6.1　平台外部环境

从共享层面来看，山西省科技基础条件平台包含了科技文献共享与服务平台、科学数据共享平台、自然科技资源共享平台、大型科学仪器协作共享平台、技术转移共享平台、专业创新公共服务平台和网络支撑环境。从共享受益的范围来看，山西省科技基础条件平台涵盖了工业、农业、服务业等，从共享部门来看，其涉及高校、企业、科研院所、政府部门、医疗机构等各个部门。山西省科技基础条件平台资源共享的目的是实现"开放、共享、服务"的总目标[①]。这一目标的提出，就要求人们在思想上打破传统观念及严格的行业界限，培养资源共建共享的意识。这种意识的培养需要政府、社会各界的共同努力。

在政府层面上，第一，山西省持续加强对山西省科技基础条件平台资源共享服务的重视，真正意识到科技基础条件平台资源是科技活动依赖的物质

---

① 邵舒扬，黄革新，王伟，等.山西省科技基础条件平台认定考核指标体系研究 [J].山西科技，2015（6）：6-8.

基础，是创造社会财富的重要资源，是为进行知识和科技创新提供的信息、技术和设备等方面的支持，是推动山西省经济和社会发展的潜在力量，要将科技基础条件平台资源共享服务提升到全社会关注的层面上，让资源共享进入人们的视野中。第二，逐步完善科技基础条件平台资源共享服务有关的法律法规体系，用完善的法律法规体系减少资源共享服务推行过程中的阻力，为山西省科技基础条件平台资源共享服务提供必要的法律保障。第三，对山西省科技基础条件平台资源共享服务给予更多物资与资金方面的支持。政府通过项目资金拨款的方式支持山西省科技基础条件平台资源共享服务，鼓励和支持为山西省科技基础条件平台资源共享服务建造特殊的物资环境（如房屋、器材的建设），并采取宏观调控与市场配置相结合的方式，为山西省科技基础条件平台资源共享服务带来活力，引导社会各界关注科技基础条件平台资源共享服务。第四，引进国内外先进的技术与管理理念。将国内外先进的技术和管理理念引进来，投放到科技基础条件平台资源共享服务中，体现出资源共享服务的重要性，政府主管推动平台科技资源共享服务的开展，有力地促进了科技资源向生产力转变。

从项目承担单位来看，项目成员都认识到资源共享的重要性。在资源建设与整合过程中学习、借鉴同行的优势，以完善自我的不足。在资源共享的过程中，各合作单位根据具体情况制定相关的规定，在规定中明确各种不同主体在资源共享过程中的权利与义务，以解决资源共享过程中的利益纷争问题，确保项目承担单位与平台在科技资源整合中形成合作共赢、共建共享的氛围。

10.6.2　平台内部软环境的营造

对于科技基础条件平台的服务人员来说，内部环境主要是指工作条件和能够自我实现的环境[1]。工作条件主要由两部分构成，一部分是外在的硬件环境，如房屋、设备。这部分硬件环境的改善得到了政府、社会团体等各方面的支持，硬件条件是平台科技资源整合与开放共享服务所必需的。此外，还要注重室内设计，如室内色彩、绿植布置情况、灯光照明情况、卫生整洁程度等，使平台服务人员和用户享受到舒适的工作和研发环境。另一部分是看不见的软环境，如人文关怀，这不仅包括对用户的人文关怀，更多地是指

---

① 张贵红 . 我国科技创新体系中科技资源服务平台建设研究 [D]. 上海：复旦大学，2013.

对平台工作人员的人文关怀。用户对于山西省科技基础条件平台资源共享服务所提供的人文关怀的满意度情况，可以通过相应的满意度调查得知，而平台工作人员属于山西省科技基础条件平台资源共享的一部分，让其进行人文关怀的满意度评价相对较难。因此，平台对工作人员的人文关怀不光是资金的奖励，为了提高工作人员的工作效率，保护他们正常的人际交往和心理健康的需要，适当地对他们的工作时间进行调休；再者，派他们外出学习、培训，鼓励工作人员在进行资源共享服务的过程中，利用平台资源进行创新活动，并对有创新成就的人员进行相应的奖励，以鼓励他们在实现职业价值的同时，追求更高的自身价值。

第十一章

山西省科技基础条件平台科技资源共享服务评价

科技基础条件平台科技资源共享服务评价是指运用科学、规范的方法和特定指标体系和统一的标准和一定的程序，通过定量定性对比分析，对包括科技基础条件平台一定运行期间的项目总体完成情况、组织管理水平、资源共享效果和项目持续性影响等一系列内容进行综合评价考核[①]。山西省科技基础条件平台如何有效实现其科技资源开放共享服务，体现其服务职能，评价其服务效果，成为当前平台科技资源共享的重要内容。

11.1 国内外科技资源共享服务评价进展

11.1.1 国外科技资源共享服务评价研究

国外较有代表性的评价指标体系是瑞士洛桑国际管理开发研究院发布的《国际竞争力年度报告》。在《国际竞争力年度报告》中提出科学基础设施部分的评价指标主要从科技投入、科技产出和科技发展环境3个方面展开（研发投入产值、基础研究、科技论文数量、诺贝尔奖的数量、专利、法制环境等）。对科技资源与科技基础条件的评价，西方一些发达国家已进行了理论研究，并制定了一系列的评价政策、标准和方法。美国、英国对科技资源与科技基础条件的评价研究做了多年的努力，并对评价指标体系的建立制定了一些基本原则。例如，美国目前对其"重大科技计划（平台）"采取的绩效评价方式是美国消费者满意指数方法。这种方法可以获取丰富的反馈信息，对大型科技计划管理的改进提供了具体的信息支持。通过广泛的评价，不仅有效地加强了科技资源的优化配置，更对整个国家的科研开发提供了帮助。欧盟的科技研发计划服务评价大都是伴随着欧盟各期架构研究计划而演进。

---

① 张贵红，朱悦. 我国科技平台建设的历程、现状及主要问题分析 [J]. 中国科技论坛，2015（1）：17–21，38.

1996 年，欧盟发布了“Sounded Efficient Management 2.0”方案，要求系统性评价绩效，着重于从计划筛选程序、计划管理、计划一般特色、计划产出、成果扩散和利用 5 个方面进行。

11.1.2 国内科技基础条件平台科技资源共享服务评价研究

就我国而言，也有不少学者对科技基础条件平台科技资源共享服务等方面开展研究。例如，一些专家将科学基础设施和技术基础设施看作一个整体，从科技基础设施、科技投入、科技产出、科技发展环境等方面评价科技基础设施发展水平及其对科学研究的支撑[①]。有些学者认为，对国家科技基础条件平台评价监测的基本指标体系，应包括绩效目标、组织实施过程、共享服务、绩效与影响、效率、可持续发展 6 个方面[②]。赵伟等为了保证各项指标整体协调和对不同类型设施评价的一致性，根据评价模式及评价指标设置的原则，建立了以自身发展与支撑条件、共享服务与适应能力、综合效能 3 个因素在内的国家科技基础设施评价指标体系[③]。2011 年，科技部、财政部联合发布了《国家科技基础条件平台资源共享服务绩效考核指标》，绩效考核指标以认定指标为基础，突出国家科技基础条件平台的共享作用，重点考察平台的服务数量与服务效果，重视用户评价反馈[④]。陈丽娜等分析影响自然科技资源共享服务效果因素，推出分层多指标评价体系，从服务深度、服务广度、服务效益、服务质量和服务潜力等方面，构建了国家科技基础条件平台评价指标体系，并对国家农作物种质资源平台进行了实证研究[⑤]。

部分省市也积极开展科技基础条件平台评价体系的探索工作。上海市采取建立分类指导的绩效考核机制，根据项目类型、所处阶段，提出开展科

① 国家科技评估中心 . 科技评估系列丛书：科技评估规范 [M]. 北京：中国物价出版社，2001.

② 国家科技基础条件平台战略研究组 . 国家科技基础条件平台建设战略研究报告 [M]. 北京：科学技术文献出版社，2006.

③ 赵伟，彭洁，黄鼎成，等 . 国家科技基础设施运行绩效评价指标体系的构建 [J]. 科技进步与对策，2007（10）：131-134.

④ 黄珍东，吕先志，袁伟，等 . 国家科技基础条件平台认定指标研究与设计 [J]. 管理现代化，2013（2）：4-6.

⑤ 陈丽娜，方沩，司海平，等 . 国家农作物种质资源平台服务绩效评价体系构建 [J]. 中国农业科学，2016，49（13）：2459-2468.

学、细致的评价体系 ①。四川省从科技基础条件平台的现状出发，坚持客观性、针对性、导向性和可操作性原则，根据反映平台资源共享服务的实际情况，构建了四川省科技基础条件平台绩效评价指标体系 ②。浙江省科技基础条件平台的绩效评价从有利于创新资源的集聚和共享，提高资源的利用率，促进产学研合作，形成科学研究合力，为广大企业提供公共的科学研究服务，降低企业的科学研究成本等功能视角加以展开。山西省充分考虑科技基础条件平台的资源特点，建立了山西省科技基础条件平台认定考核指标体系，设立 4 个一级指标，11 个二级指标，从而使平台不断完善，提高科技资源开放共享的服务水平 ③。

11.2 山西省科技基础条件平台科技资源共享服务评价的意义

科技基础条件平台科技资源共享服务评价的实质是对政府公共财政支出的科技基础条件平台科技资源共享服务评价，反映了政府为满足社会公众对科学研究的需要而进行的科技资源配置活动与所取得的实际效果之间的比较关系，开展科技基础条件平台科技资源共享服务评价具有十分重要的意义。

11.2.1 实现对项目执行单位的监督

通过平台科技资源共享服务评价可以促使项目承担单位按照资源有效整合和高效共享的目标去组织项目实施，协调单位利益、国家利益与社会利益之间的冲突，实现资源共享从制度、政策层面的构建到实际运作的飞跃，真正创造出良好的资源共享环境。

11.2.2 有利于提升平台科技资源建设与共享服务的质量

通过对平台实际运行的考评，发现运行中的问题，总结运行中的经验，进一步调整平台科技资源建设内容和支持方向，持续吸引资源持有单位和个

① 陆晓春 . 激活创新之源 成就创业之梦：上海研发公共服务平台建设纪实 [M]. 北京：化学工业出版社，2010.
② 张娟娟，程劲，高力，等 . 四川省科技基础条件平台绩效评价体系初探 [J]. 技术与市场，2014，21（11）：212–214.
③ 邵舒扬，黄革新，王伟，等 . 山西省科技基础条件平台认定考核指标体系研究 [J]. 山西科技，2015，30（6）：6–8.

人积极参与平台的科技资源建设和共享服务工作。

11.2.3　有利于提高平台科技资源共享服务水平

通过开展科技基础条件平台科技资源共享服务评价，了解平台用户对科技资源建设与共享服务的需求及平台科技资源共享服务的现状，发挥平台用户的需求导向和对平台科技资源共享服务的监督作用，促进平台科技资源共享服务水平的提高，促进科技资源的充分开放共享。

11.2.4　有利于促进平台科技资源共享服务机制创新

科技基础条件平台科技资源共享服务评价紧扣平台科技资源建设与共享服务的关键环节，设定相应评价考核指标，科学规范评价，不断修正，以促进平台科技资源共享服务机制创新。

11.2.5　有利于提高财政资金使用效益

科技基础条件平台科技资源建设与共享服务投入以财政资金为主导，通过平台科技资源共享服务评价导向，有利于调整财政科技经费支出的结构，强化平台科技资源建设与共享服务的资金管理，完善平台资金管理制度，提高资金使用的规范性和有效性，达到提升财政资金管理水平和使用效益的目标。

11.3　山西省科技基础条件平台科技资源共享服务评价体系构建

山西省科技基础条件平台科技资源是在信息、网络等技术支撑下，经过有效配置和共享，服务于全社会科学研究的支撑体系。随着山西省科技基础条件平台科技资源建设与共享服务的不断深入，平台科技资源建设与共享服务已逐渐发展到由以资源建设为主转向以资源共享服务为主的阶段。为进一步发挥平台的功能和作用，充分调动平台参建各方的主动性和积极性，在现有山西省科技基础条件平台科技资源建设与共享服务的基础上，研究建立一套科学、规范、可行的资源共享服务评价体系，客观有效地评价科技资源整合和共享服务情况，准确反映科技资源投资强度和整合力度，检验平台资源共享服务能力和管理水平，是当前平台科技资源建设与共享服务发展过程中一项十分重要和必要的工作。通过开展平台科技资源共享服务评价工作，充分调动平台参建各方的积极性，促进科技资源的开放共享与有效利用，促进平台内部健康发展，同时也为政府对山西省科技基础条件平台进一步的支持投入和制定科技政策提供决策依据，以推进科技基础条件平台持续健康发展。

山西省科技基础条件平台科技资源共享服务评价就是通过评价指标体系的构建，对平台科技资源整合、科技资源共享服务效益、科学研发能力等做出客观、公正和准确的综合评价。

本节结合平台的实际情况，分析影响山西省科技基础条件平台科技资源共享服务效果的相关因素，采用层次分析法（AHP），提出分层的多指标服务评价体系，从服务深度、服务广度、服务效益、服务质量和服务潜力等方面设定服务评价指标，总结资源共享服务效果，指出存在的问题，并对未来平台科技资源共享服务提出建议，为平台管理部门决策提供依据。

11.3.1　山西省科技基础条件平台科技资源共享服务评价基本框架

山西省科技基础条件平台科技资源共享服务评价的基本思路是，坚持科学合理性、全面完整性和客观公正性的基本原则，尊重平台自身发展规律，在设计能准确地反映平台资源共享服务过程的实际发展情况指标体系基础上，全面、系统地评价平台的资源共享服务绩效。

（1）评价体系构成与总体流程

山西省科技基础条件平台科技资源共享服务评价体系主要包括评价主体、评价客体、评价目标、评价原则、评价指标、评价标准、评价方法和评价报告8个方面的内容。

山西省科技基础条件平台科技资源共享服务评价不是一个单一的行为过程，是由多个环节和步骤组成的循环系统流程。评价主体对客体的评价应该围绕着实现主体特定的评价目标，同时还要遵照一定的评价原则，包括使用评价指标、评价标准和评价方法在内的指标体系。最后形成的评价结论以评价报告的形式返回到主体，对主体产生影响。平台科技资源共享服务评价的实施步骤：首先构建分级指标体系，其次为各类指标赋予不同的权重，进行平均加权计算，最后采用多属性决策方法进行综合分析和评价。

（2）评价指标体系的构建

指标体系是山西省科技基础条件平台科技资源共享服务评价的基础，也是科技资源共享服务评价组织实践的难点和焦点，指标体系构建的好坏直接影响到评价的效果。科技资源共享服务评价指标体系是服务评价体系的子要素，通常是一个复杂的分级结构体系。在对平台资源共享服务进行评价时，应建立一套有效的指标体系。

1）指标遴选原则

鉴于平台科技资源建设与共享服务的特性及阶段性特点，在进行项目服务评价中应遵循以下几点原则。

①导向性原则。指标体系的设计不仅要考虑到平台科技资源建设和共享服务的现实基础，更要具有一定的前瞻性和导向性，要充分考虑平台的长远发展趋势和政府的政策意图，引导平台科技资源建设与共享服务的发展方向。

山西省科技基础条件平台科技资源共享服务评价指标体系应发挥导向功能，通过评价过程和评价结论，引导平台认清在科技资源建设与共享服务过程中存在的问题，以利于平台科技资源建设与共享服务的不断完善和深入。

②可比性原则。指标体系既要考虑平台资源共享服务的共性特征，使平台能够在一个相对公平合理的基础上进行比较和判断，又要现实地考虑总平台与子平台的个性特征，尽可能兼顾各平台的个性差异。不仅要便于某一个平台科技资源建设与共享服务过程中的纵向比较，而且要便于各平台间的横向比较。

③可操作性原则。可操作性原则主要指平台所用的评价方法和评价指标体系应该简单明确，尽量做到可测、可比，便于实施。在评价过程中，评价指标全面、简单、容易评价，评价方法实用、清晰、能测。

因此，平台考核指标的选取在考虑反映平台的客观情况和发展趋势的同时，还要充分考虑指标采集、识别和计算的可行程度，确保最初采集指标数据的真实性、准确性、可用性和层次性。在确立指标体系时，应根据各平台科技资源建设与共享服务类型的不同，准确把握各指标层之间及指标相互之间的层次关系，在每一层次的指标选取中应突出重点，对关键的绩效指标进行重点分析。这样有利于正确分析指标间的相互关系，也有利于最终服务评价结果的真实有效。

④客观性原则。平台评价的内容尽量做到标准化和规范化。承担服务评价工作的机构及人员，坚持独立、客观、公开、公平、公正的工作原则，评价机构应对科技基础条件平台科技资源建设与共享服务评价结果的公正性、独立性承担责任。

⑤针对性原则。科技基础条件平台既具有项目的属性，又不同于一般科技项目，在建设目的、成果形式、组织管理模式和运行共享机制等方面都与

一般科技项目有明显的区别，评价体系针对科技基础条件平台的特点进行指标设计。

2）其他因素

①公益性社会效益。评价平台科技资源建设与共享服务要坚持经济效益和社会效益并重，且重点是公益性社会效益的原则。做任何事情都必须考虑其投入产出比，既要考虑投入所带来的直接经济效益，又要考虑投入对环境的间接影响，即社会效益。由于平台的公益性、基础性、共享性，就必须重点考虑其社会效益。只要平台科技资源建设与共享服务实施能够提升山西省科技水平与综合实力，社会效益优良，就应该坚持。虽然经济效益是可以量化的，但评价平台科技资源建设与共享服务的效益绝不能简单地以人力、物力、财力、时间的数量分析来判断平台目标的实现程度，必须注意普遍的社会效益。这是由平台是一项公共事业的性质决定的，是非营利的。与私人组织追求利润和经济效益的目的不同，平台科技资源建设与共享服务的目的是为了促进山西省社会经济的发展，追求的是社会效益。

②长期效益。长期效益是指需要经过一段时间才能产生的影响，或能在较长的时段内维持的影响。平台科技资源建设与共享服务是一项长期的工作，还需要做更多的努力，因此，平台科技资源建设与共享服务评价要坚持短期效益与长期效益相结合、重点是长期效益的原则。

③定性效益。作为公共事业性质的平台科技资源建设与共享服务，有些效益可以量化，称为定量效益，即可以用定量评价方法进行评价，而大多数效益是不能量化的，称为定性效益，就只能用定性评价方法进行评价。所谓定量评价，是指采用定量分析方法，即用一定的数学模型或数学方法，对搜集到的数据资料进行处理和分析，从而做出定量结论的评价。对于能够数量化的评价信息，平台要尽量采用定量方法进行处理、分析和判断，这是因为定量方法较为客观，有说服力。针对不宜量化的评价对象，采用定性评价，做出价值判断。平台科技资源建设与共享服务绩效是多方面的，表现形式多种多样，对于长期性的、间接性的社会效益来说，定性的非量化效益居多。因此，平台科技资源建设与共享服务评价要定量手段与定性手段并用。

④过程效益。平台科技资源建设与共享服务绩效既包括实施过程效益，又包括实施结果效益。其中，过程效益是平台科技资源建设与共享服务评价的重点。公共事业强调的是过程效益与结果效益并重。

11.3.2 平台科技资源共享服务评价指标的选取

指标的确定要依据山西省科技基础条件平台科技资源共享服务机制：第一，要结合绩效考核目标，确定能反映系统绩效的宏观指标；第二，要对确定的宏观指标进行分析，并把宏观指标分解成若干个具体的指标；第三，要考虑指标数据的可获取性和相关性，对具体的指标进行取舍；第四，要根据平台运行的实际情况及专家意见，对每个指标制定相应的标准，同时，根据每个指标对平台绩效影响的权重不同，确定指标体系中每个指标的权重。目前，确定指标权重的方法有很多种，本研究根据实际情况，选用层次分析法来确定指标的权重。

评价指标的选取要体现指标体系的科学性、全面性、系统性和持续性。由于山西省科技基础条件平台具有长期性、基础性和公益性等特点，因此，评价指标的选择应重点考虑以下几方面因素。

（1）资源整合

优化科技资源是平台科技资源建设与共享服务的基础，平台科技资源共享服务依赖于资源的持续整合和集成，平台科技资源整合主要体现在资源的规模和质量上。科技资源规模反映了山西省科技资源的优化配置，只有提高资源规模，才能保证满足用户的多样化需求；科技资源整合质量决定了平台科技资源共享服务的效率，通过评价、科技资源不断整合汇交，才能提高资源整合与配置优化质量。人力资源整合主要涉及专业人员、高学历人员，合理的人员配制是影响平台科技资源共享服务的关键因素。

（2）环境条件与运行管理

环境条件与运行管理是平台科技资源共享服务的保障，其管理水平决定了平台科技资源共享服务的效率。完善的环境条件是平台资源共享服务的基础，它反映了平台的建设用房、信息网络设施和数据库等；健全的运行管理体系体现了平台管理的现代化水平，它包括保证平台顺利运行的规范、章程和标准等。

（3）服务效益

服务效益反映了平台科技资源共享服务产生的效果，可通过资源共享服务量、用户服务、产出服务和升值服务等几方面反映。资源共享服务量是平台为用户提供服务的资源、信息和技术等的数量，体现了平台科技资源的利用程度和服务深度；用户服务是平台科技资源共享服务的群体目标，主要以平台科技资源共享服务单位的数量、用户数量和用户意见反馈数量来反映服务的范围和广度，这是服务效益的一个重要体现，将其归类到服务效益维度下；产出服务是平台科技资源支撑用户进行科学研究和技术创新取得的成果，以项目、论文、著作、专利、标准和获奖数量来反映平台科技资源共享服务对山西省科学研究产生的影响；将能够促进平台未来服务效率的服务归类为升值服务，包括网站访问量、技术成果转移、共性技术创新、宣传和培训用户数量、定制及专题服务等，体现了平台科技资源共享服务的潜力。

11.3.3　确定分级分类结构和权重

（1）确定分级分类结构

由于山西省科技基础条件平台包括各子平台，子平台类型多、数量多，在进行平台科技资源共享服务评价之前要进行分级分类，以保证服务评价的相对准确和可比性。指标体系的分级应该避免过大或过小。指标体系分级过大、层次过多、指标过细，会使评价的注意力不能体现整体；而指标体系分级过小、指标过粗，又不能反映实际水平。根据不同客体资源共享服务方式的特点，可以将平台归纳为基础资源类平台、技术服务类平台、面向企业创新平台及研究实验基地4种类型。基础资源类平台可以分为大型科学仪器设备领域、科学数据领域、自然科技资源领域、科技图书文献领域等。通过经验和统计相结合的方法，可以从每个一级指标派生出若干个二级指标，再在二级指标的基础上设计更为详细的三级指标体系。

平台的全部服务评价指标构成一个完整的体系（图11-1），每一个指标都从不同的层面和不同的角度对平台的资源共享服务绩效进行评价。由于平台科技资源建设与共享服务类型的不同，在评价过程中，每一个指标在整个评价体系中的重要性往往是不同的，对每一个指标的不同作用可以用权重来表示。评价指标体系中的三级指标是具体操作层面的指标，因此，必须准确确定三级指标中每一个指标的具体含义和评价标准，以便更加准确地判断指标权重。

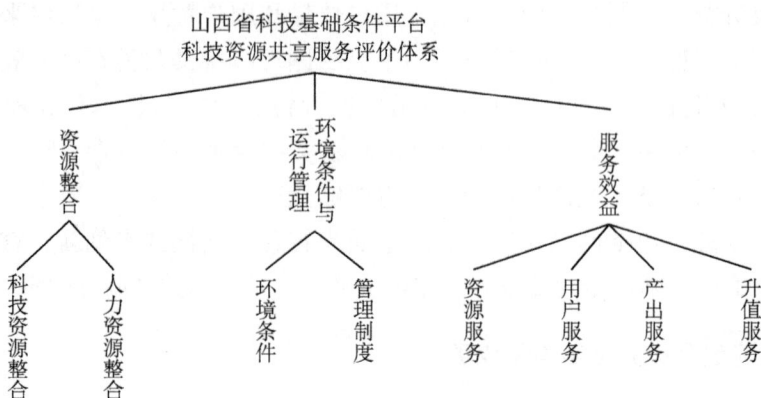

图 11-1　山西省科技基础条件平台科技资源共享服务评价体系

（2）权重的确定

山西省科技基础条件平台科技资源共享服务评价体系围绕整合科技资源、建立共享运行机制、开展科技资源共享服务的核心目标，选取资源整合、环境条件与运行管理、服务效益3个要素作为评价体系的一级评价指标。

每个一级指标由不同的服务要素（二级指标）组成，每个服务要素又有具体的评价指标（三级指标）体现。该评价体系总共由3个一级指标、8个二级指标、28个三级指标组成，反映了平台科技资源共享服务的深度、效率、广度、质量及潜力等，能较科学、系统地评价平台科技资源共享服务效果。评价体系中的所有指标都可量化，因此，该服务评价体系实用、可操作性强。

（3）基于 AHP 的评价指标权重计算

确定评价指标的权重是本评价体系构建的重点，本部分为了改进专家主观意见对指标权重的影响，对经典 AHP 方法做了改进，评价指标权重的计算过程可用图 11-2 表示。

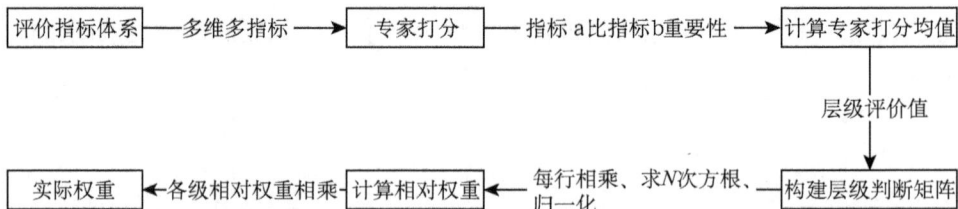

图 11-2　山西省科技基础条件平台科技资源共享服务评价指标权重计算过程

从图 11-2 可见，在确定权重时，首先根据平台运行管理体制，选择平台
专家委员会成员、平台管理人员和子平台代表，对评价指标 a 相对于指标 b
的重要性打分，然后求平均值，得到指标 a 相对指标 b 重要性的平均值。一
级评价指标 H_i 相对于 H_j 重要性的专家打分平均值 v_{ij}，如表 11-1 所示。

表 11-1　一级指标专家打分表

$H_i>H_j$	Ex1	Ex2	Ex3	Ex4	Ex5	Ex6	Ex7	Ex8	Ex9	Ex10	Ex11	Ex12	Ex13	Ex14	Ex15	V_{ij}
$H_1>H_2$	1.32	1.00	1.25	1.30	1.35	1.32	1.45	1.28	0.98	1.25	1.35	1.28	1.22	0.95	1.40	1.25
$H_1>H_3$	0.38	0.44	0.50	0.45	0.45	0.48	0.45	0.38	0.44	0.50	0.45	0.52	0.48	0.46	0.38	0.45
$H_2>H_3$	0.40	0.35	0.32	0.45	0.37	0.33	0.35	0.34	0.45	0.30	0.36	0.42	0.28	0.32	0.36	0.32

表 11-1 中，$H_i>H_j$ 表示指标 H_i 比指标 H_j 重要，专家打分值表明其重要程
度。$H_1>H_2$ 的 Ex1（专家打分）值为 1.32，表明专家 1 认为指标 H_1（资源整合）
比指标 H_2（环境条件与运行管理）重要，H_1 比 H_2 重要 1.32 倍；V_{ij} 代表专家
打分的平均值，V_{12} 的值为 1.25，表明 H_1 比 H_2 的平均重要倍数为 1.25。同理
可得到，H_1 和 H_2 没有评价指标 H_3（服务效益）重要，它们的重要程度都不
足 H_3 的一半。显然，$H_j>H_i$ 的值为 $H_i>H_j$ 值的倒数，$V_{21}=1/V_{12}=1/1.25=0.80$，
$V_{21}=1/V_{13}=1/0.45=2.22$，$V_{32}=1/V_{23}=1/0.36=2.78$。

然后由各层级评价指标重要性平均值组成判断矩阵。先求矩阵中每级评
价指标相对重要性值乘积的 n 次方根，即 $W_i'=\sqrt[n]{\prod_{j-1}^n V_{ij}}$（$i=1$，…，$n$）；再对向
量 W_i' 归一化处理，$W_i=W_i'/\sum_{i=1}^n W_j'$，得到评价指标的相对权重向量 W，使用该
方法得到的一级指标 H_i 相对于 H_j 的判断矩阵与相对权重如表 11-2 所示。

表 11-2　一级指标相对权重表

H_i	H_1	H_2	H_3	W_i'	W_i
H_1	1.00	1.25	0.45	0.83	0.25
H_2	0.80	1.00	0.35	0.66	0.2
H_3	2.22	2.78	1.00	1.84	0.55

表 11-2 中，判断矩阵的每个值为评价指标 H_i 相对于评价指标 H 是重要
性的专家打分平均值 V_{ij}；W_i' 为每行乘积的 n 次方根。此处每行有 3 个因子，

故 n 取 3，表明一级评价指标有 3 个；求得向量 W_i' 后，对其归一化处理，得到每个维度下的相对权重向量 W，表 11-3 中一级指标的相对权重向量 W_1=0.25、W_2=0.20 和 W_3=0.55。同理，可得到其他各级指标下的相对权重向量，其他指标的相对权重见表 11-1（指标后的值即为该指标的相对权重）。

之后根据 AHP 方法，求判断矩阵的最大特征值，$\lambda_{max}=\sum_{i=1}^{n}(HW)_i/(nW_i)$，并对矩阵做一致性检验，$CI=\dfrac{\lambda_{max}-n}{n-1}, CR=CI/RI$。对一级指标的判断矩阵，可求得 $\lambda_{max}=3.01$，$CI=0.005$。由一致性检验表可知，RI=0.52（n=3），CR=0.0096，$CR<0.1$，该判断矩阵有满意的一致性。

最后，将各级评价指标相对权重相乘，可得到每一个评价指标在总服务绩效中的实际权重。例如，评价 H_{312}（信息资源服务量）的实际权重 $A_{312}=W_3\times W_{31}\times W_{312}=0.55\times 0.25\times 0.25=0.0344$，多层的评价指标及其权重构成了多维多指标的服务评价体系，使用该评价指标体系分析平台科技资源共享服务数据，可以对资源共享服务效果定量评价。

表 11-3　山西省科技基础条件平台科技资源共享服务评价指标体系

一级指标	权重	二级指标	权重	三级指标	权重
资源整合	0.25	科技资源整合	0.58	整合实物资源总量	0.32
				整合信息资源总量	0.32
				整合资源质量	0.46
		人力资源整合	0.42	专业人员数量	0.35
				高学历人员数量	0.40
				培训人员数量	0.25
环境条件与运行管理	0.20	环境条件	0.52	建设用房面积	0.25
				信息网络设施	0.40
				数据库数量	0.35
		管理制度	0.48	法规章程数量	0.50
				服务规范数量	0.50
服务效益	0.55	资源服务	0.26	实物资源服务量	0.35
				信息资源服务量	0.25
				共性技术服务次数	0.20
				技术成果推广次数	0.20

续表

一级指标	权重	二级指标	权重	三级指标	权重
服务效益	0.55	用户服务	0.11	服务用户人员数量	0.45
				用户意见反馈数量	0.55
		产出服务	0.48	服务科技项目数量	0.20
				服务支撑发表论文数量	0.22
				服务支撑发表著作数量	0.14
				服务支撑获取专利数量	0.15
				服务支撑标准制定数量	0.13
				服务支撑成果获奖数量	0.16
		升值服务	0.15	网站访问数量	0.12
				技术转移数量	0.24
				共性技术创新数量	0.20
				宣传和培训用户数量	0.22
				定制及专题服务数量	0.22

11.4　实证结果分析

11.4.1　平台整体服务评价和一维指标下绩效服务评价

由于山西省科技基础条件平台科技资源共享服务效果是通过三级服务评价指标数量直接体现的，因此，使用该评价体系可对平台科技资源服务绩效多角度考核，既可以考核某个维度下的资源共享服务效果，又可对资源共享服务效果整体评价。服务评价值可用公式 $Q=\sum(H_{ijk} \times A_{ijk})$ 计算，其中，Q 代表服务评价值，H_{ijk} 代表表 11-2 中该评价指标的服务数量（根据 11.3 节中的数据处理方法，此处 H_{ijk} 取的是归一化后的相对值），A_{ijk} 代表评价指标的实际权重。通过计算，可得到 2011—2015 年整体服务评价趋势和一维评价指标下的服务评价趋势，如图 11-3 所示。

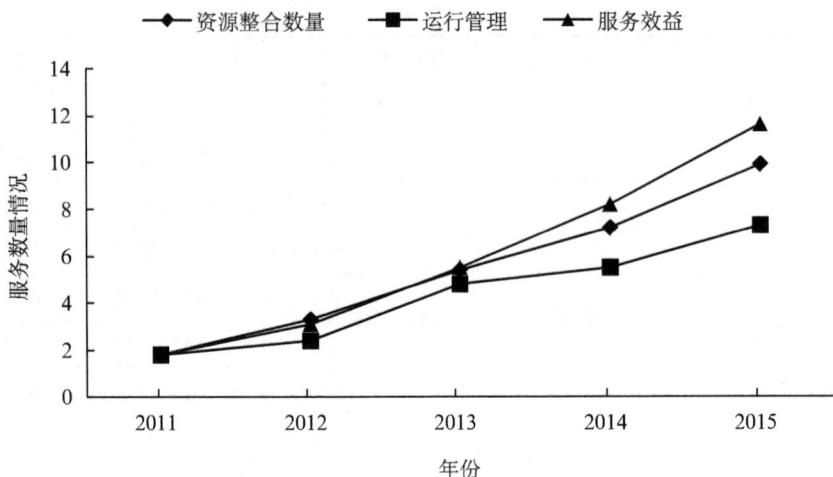

图 11-3　一维指标下绩效服务评价

11.4.2　结果分析

由图 11-3 可以看到，平台在运行期间整体科技资源共享服务效果呈稳定增长趋势；资源整合数量增长、运行管理增长；服务效益快速增长。进一步分析可得到以下结论和建议。

（1）山西省科技基础条件平台科技资源共享服务整体运行效果良好

山西省科技基础条件平台 2005—2010 年科技资源建设与共享服务已步入正轨，到"十二五"期间，平台科技资源共享服务不断细化，协同服务、专题服务、产学研联合体创新服务等更加深入，平台用户增多，服务模式多样，提高了科技资源的利用率。由于快速增长的科技资源共享服务效益的拉动，平台科技资源共享服务效果呈稳定增长趋势。这说明经过几年建设，平台已进入良性服务阶段，平台科技资源共享服务已成为山西省科技创新的重要支撑。

（2）山西省科技基础条件平台科技资源整合完备

经过几年的整合，山西省科技基础条件平台基本将散落在各单位、各层面的科技资源进行集聚与整合，已经达到了一定规模。由于科技资源每年还在不断增加，资源得到及时整合及数据汇交，但与平台资源总量相比，资源整体增长缓慢。这说明，山西省科技资源通过整合得到了优化，今后应进一步整合资源，不断增加新资源、提高资源规模和质量，保持资源活力，使现有资源能充分利用，提高资源多样性、新颖性。

（3）山西省科技基础条件平台运行管理平稳

2005—2010年，政府投入巨资开展网络支撑环境和平台建设、系统研发工作，山西省科技基础条件平台购置了大批的硬件设备及软件，完善平台服务环境条件，增加建设用房，不断更新设备和扩充资源储存。在管理方面，制定了管理与服务规范，平台运行管理平稳。今后应进一步加强平台基础设施和环境条件建设，完善平台运行管理体制，提升平台科技资源共享服务效率。同时，要进一步完善平台管理制度、规范服务流程，尤其要提高平台科技资源共享服务人员的专业素养和责任心，做好平台科技资源共享服务工作，提高服务效率。

（4）山西省科技基础条件平台科技资源共享服务效益显著

服务效益显著说明平台科技资源共享服务更注重科技创新能力的提高。经过"十一五"期间科技资源的整合与运营服务，"十二五"期间平台科技资源共享服务效果凸显，使用同样的计算方法，对服务效益维度下各指标进一步定量分析，可得到2011—2015年服务效益维度下各要素的服务评价趋势，如图11-4所示。

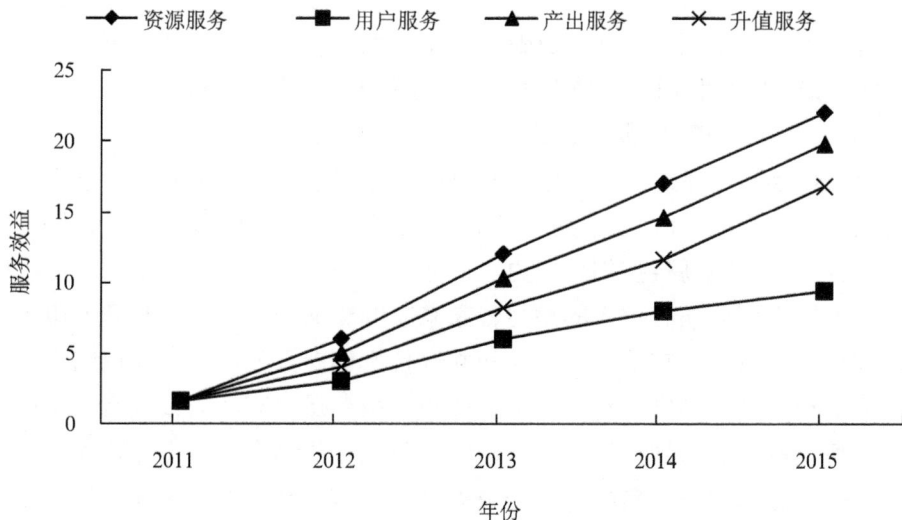

图 11-4　服务效益各要素评价趋势

从图11-4可以看到，平台运行期间，服务效益维度下各要素的评价指标值增长趋势并不完全相同，进一步分析可得到如下结论和建议。

1）科技资源共享服务量整体增幅较大

由于实物资源和信息资源基数较大，每年又有新的资源汇交，丰富的科技资源基本满足了用户的需求。用户登录获取资源，使得资源服务量大幅增长，再加上平台资源的技术服务和成果转移服务也有较大提升，高新企业、中小型企业的利用对资源共享服务量的影响极为明显。因此，未来建议平台在科技资源服务方面更加重视技术创新服务和成果转移服务，重点加强对优质资源的推广服务，专题资源、个性化定制服务，提高科技资源共享服务质量。

2）平台科技资源共享服务的用户群体有所增加

平台科技资源共享服务数据显示，平台服务总人数和用户意见反馈都有所增加，尤其是服务企业用户比率有了很大提高。但也要看到，当今科技创新的大环境下，重视对企业尤其是中小型企业和个人用户的服务，仍然是平台科技资源共享服务的一个重要方面。因此，未来平台应进一步加大对企业的服务力度，提升创新能力、拓宽服务范围、提高服务广度。

3）平台科技资源共享服务潜力平稳增长

近几年，平台在培训、资源多样性展示宣传方面做了很多工作，也更加注重宣传推广和培训，培训人员数量有了很大提高。今后，平台应进一步加大资源的推广宣传和用户培训力度，进一步提升平台服务的潜力

4）产出服务和升值服务数量增速明显

经过几年的发展，产出服务和升值服务增幅很大，这说明平台进入常规运行以后，尤其是"十二五"期间，平台科技资源共享服务更关注产出服务、升值服务，着力提高科技创新能力。但通过进一步分析发现，平台在产出服务和升值服务方面还有很大的潜力，未来应继续加强产出服务和升值服务建设，进一步积极开展技术成果转移和共性技术创新开放服务，加快制定一系列政策法规、规章制度与管理办法，使平台服务运行有法可依、有章可循。平台坚持专业人员培训外出学习与岗位自我成才相结合，提高专业人员的素质，更新他们的知识，提高平台的服务水平。建议平台继续加强科技资源对山西省社会经济发展和科技创新服务的支撑作用。对于产出服务和升值服务，应根据服务需求制定针对性服务策略，规范服务流程，做好跟踪等后续服务工作，全面提升平台科技资源共享服务质量和水平。

参考文献

[1] 武三林，韩雅鸣，等．基于技术融合的图书馆数字资源利用服务机制研究 [M]．北京：科学技术文献出版社，2017：38–39.

[2] 武三林，张玉珠，等．山西科技文献共享与服务平台管理及利用机制研究 [M]．北京：科学技术文献出版社，2014.

[3] 国家科技基础条件平台中心．国家科技基础条件平台发展报告 (2011—2012) [M]．北京：科学技术文献出版社，2013.

[4] 标准文献共享服务网建设项目组．国家标准文献共享服务平台研究与实践 [M]．北京：中国标准出版社，2011：7.

[5] 廉毅敏．科技资源共享服务平台构建技术研究 [M]．北京：中国科学技术出版社，2010.

[6] 陆晓春．激活创新之源　成就创业之梦：上海研发公共服务平台建设纪实 [M]．北京：化学工业出版社，2010：52–53.

[7] 国家科技基础条件平台战略研究组．国家科技基础条件平台建设战略研究报告 [M]．北京：科学技术文献出版社，2006.

[8] 科技部，发展改革委，教育部，财政部．2004—2010 年国家科技基础条件平台建设纲要 [Z]．北京，2004.

[9] 游五洋．信息化与未来中国 [M]．北京：中国社会科学出版社，2003：73.

[10] 国家科技评估中心．科技评估系列丛书：科技评估规范 [M]．北京：中国物价出版社，2001.

[11] 杨启帆，方道元．数学建模 [M]．杭州：浙江大学出版社，1999.

[12] 科技部．国家“十二五”科学和技术发展规划 [Z]．2011.

[13] 国家科技基础条件平台中心．科技基础条件发展“十二五”专项规划 [Z]．2011.

[14] 山西省科技厅．山西省科技基础条件平台建设方案（2006—2010）[Z]．2006.

[15] 山西省科技厅．山西省大型科学仪器资源共享管理办法 [Z]．2008.

[16] 科技部，财政部，发展改革委，教育部．“十一五”国家科技基础条件平台

建设实施意见 [Z]. 2005.

[17] 刘军，等 . 山西省低碳发展情报网建设 [R]. 山西省科技厅，2017：16-19.

[18] 刘军，等 . 产业专题知识服务系统的开发与平台的示范推广研究报告 [R]. 山西省科技厅，2015：3-4.

[19] 山西省农业科学院农业资源与经济研究所 . 山西省自然科技资源共享平台建设技术研究报告 [R]. 山西省科技厅，2014：2-3.

[20] 余建明，等 . 山西省科学数据共享服务平台 [R]. 山西省科技厅，2011：1-4.

[21] 山西省网络科技环境项目组 . 山西省科技基础条件平台总平台暨网络支撑环境建设报告 [R]. 山西省科技厅，2010.

[22] 郭茂林，等 . 山西省科技文献共享与服务平台建设研究报告 [R]. 山西省科技厅，2010.

[23] 山西省科技基础条件平台共享机制研究项目组 . 山西省科技基础条件平台共享机制研究报告 [R]. 山西省科技厅，2009.

[24] 史新珍 . 山西省大型科学仪器共享服务平台Ⅰ期建设项目结题报告 [R]. 山西省科技厅，2008.

[25] 郭春林，张圣恩，刘永泰，等 . 山西省网络科技环境平台建设 [R]. 山西省科技厅，2010.

[26] 山西省分析测试中心 . 山西省大型科学仪器共享服务平台项目研究报告 [R]. 山西省科技厅，2008：4-7.

[27] 王现兵，林翊 . 中小物流企业信息共享平台构建与物流成本优化：以福建省为例 [J]. 福建农林大学学报：哲学社会科学版，2016(1)：53-58.

[28] 支援 . 新型即时通讯软件在高校教学中的应用及改进：以微信为例 [J]. 教育教学论坛，2016(13)：257-258.

[29] 王楠 . 高校辅导员如何利用微信提高学生管理工作效率 [J]. 时代教育，2016(11)：118.

[30] 张素丽 . 产学研联盟知识产权风险评估及适用法律研究 [J]. 佳木斯职业学院学报，2016(4)：120-121.

[31] 吴琴，吴大中，吴昕芸 . 基于科技平台与科技传播推进高校成果转化研究 [J]. 科学管理研究，2016(3)：41-44.

[32] 吴汉华，姚小燕 . 山西省科技基础条件平台建设与社会环境分析 [J]. 晋图学刊，2016(5)：1-6.

[33] 邵舒扬，黄革新，王伟，等 . 山西省科技基础条件平台认定考核指标体系

研究 [J]. 山西科技，2015(6)：10–12.

[34] 范炜玮，赵东升，王松俊.基于云计算的区域医疗信息共享平台的设计与实现 [J]. 军事医学，2015，31(4)：21–24.

[35] 韩晶.微信公众平台在高校图书馆中的应用浅析[J].福建图书馆理论与实践，2015(1)：43–45，50.

[36] 叶玉江.加强平台工作，推进科技资源管理 [J]. 中国科技资源导刊，2015(2)：1–6.

[37] 高健，汤志鹏.微信平台在高校共青团活动资源信息化建设中的应用研究[J].山东省农业管理干部学院学报，2013(6)：96–98.

[38] 山峰，檀晓红，薛可.基于微信公众平台的移动微型学习实证研究：以"数据结构公众平台"为例 [J]. 开放教育研究，2015(1)：97–104.

[39] 胡一波.科技创新平台体系建设与成果转化机制研究 [J].科学管理研究，2015(1)：24–27.

[40] 王栩.浅谈外部环境对科学系统的输出作用：以山西科技创新为例 [J]. 山西经济管理干部学院学报，2015(3)：74–77.

[41] 王伟.山西省科技基础条件平台建设成效浅析 [J].科技情报开发与经济，2015，8(17)：97–99.

[42] 本刊通讯员.2015 年全国科技平台标准化技术委员会工作会议在京召开 [J].内江科技，2015(2)：66.

[43] 岳素芳，肖广岭.公共科技服务平台的内涵、类型及特征探析 [J].自然辩证法研究，2015(8)：60–65.

[44] 张娟娟，程劲，高力，等.四川省科技基础条件平台绩效评价体系初探 [J].技术与市场，2014，21(11)：212–214.

[45] 尤佳.山西"硅谷"谋划创新驱动战略 [J].发展导报，2014(10)：6.

[46] 李俊婷，刘瑞贤，王渊涛.国外产学研合作模式的特点分析 [J].科技和产业，2014(11)：117–121.

[47] 陈静，孙迎，宋健.基于 HL7 标准的心电医疗信息共享平台设计与实现 [J].中国医学物理学杂志，2014(1)：83–88.

[48] 郑传金，王一先，汪建文，等.科研院所科技创新平台构建初探：以贵州科学院为例 [J].贵州科学，2014，32(6)：78–82，87.

[49] 王维斐，李德英，李旭，等.基于政府网站的智能移动客户端设计和分析 [J]. 电子政务，2014(11)：112–118.

[50]　尹丹娜.商贸流通企业信息共享平台服务粒度研究 [J].铁路采购与物流,2014(2):47-49.

[51]　王迎春.国家科技基础条件平台运行服务的市场化研究初探 [J].科学与管理,2013(2):60-63.

[52]　杨爽,贾晓青,周志强."长吉一体化"科技信息共享平台功能设计 [J].情报科学,2013(7):146-151.

[53]　邵珉,梅姝娥.产学研合作科技服务平台的功能需求分析 [J].价值工程,2013(10):14-18.

[54]　郑述招.云计算环境下的区域医疗信息共享平台研究 [J].中国科技信息,2013(6):116-117.

[55]　陈志军,孙亮,马欣,等.我国科技资源共享立法策略研究 [J].中国科技论坛,2013(8):5-8.

[56]　白浩,郝晶晶.微信公众平台在高校教育领域中的应用研究 [J].中国教育信息化,2013(4):78-81.

[57]　武翔宇.基于利用视角的山西科技文献资源共享服务模式构建 [J].晋图学刊,2013(1):27-30.

[58]　黄慧玲.厦门市科技创新平台体系的建设与评估 [J].中国科技论坛,2013(4):5-11.

[59]　黄珍东,吕先志,袁伟,等.国家科技基础条件平台运行和发展的机制分析 [J].中国基础科学,2013(1):44-45.

[60]　黄珍东,吕先志,袁伟,等.国家科技基础条件平台认定指标研究与设计 [J].管理现代化,2013(2):4-6.

[61]　毕红.山西省建设科技信息共享服务平台建设初探 [J].晋图学刊,2012(3):37-40.

[62]　陆勇.江苏中小企业信息化服务平台模式研究 [J].信息化研究,2012(2):5-8.

[63]　董建忠,王伟.山西省科技基础条件平台建设成效与对策 [J].科技情报开发与经济,2012(19):142-144,160.

[64]　谭瑞琮.国家科技基础条件平台建设初探 [J].上海经济,2012(8):42-43.

[65]　张瑾.科技信息资源共建共享平台构建研究 [J].图书馆学研究,2012(13):41-46.

[66]　刘旭东,范松灿,赵娟.构建太原市公共科技服务平台,促进科技型中小企业自主创新的若干思考 [J].科技创新与生产力,2011(3):75-78.

[67]　吴家喜.我国科技资源开放共享公共服务体系的构建 [J].社会科学家，2011(12)：126-129.

[68]　尹超，黄必清，刘飞，等.中小企业云制造服务平台共性关键技术体系 [J].计算机集成制造系统，2011(3)：49-57.

[69]　游达明，朱桂菊.区域性科技金融服务平台构建及运行模式研究 [J].中国科技论坛，2011(1)：42-48.

[70]　邬备民.高校科技创新平台建设若干问题探讨 [J].研究与发展管理，2011(3)：130-133.

[71]　Hidding G J，Williams J，Sviokla J J. How platform leaders win [J]. Journal of Business Strategy，2011，32(2)：29-37.

[72]　方俊.基于校企合作的中小企业服务平台体系研究 [J].科技创新导报，2011(34)：88-90.

[73]　任军.山西省科技基础条件平台特点分析 [J].中国信息界，2011(3)：33-34.

[74]　郭春兰.集成服务引动下的信息资源整合平台架构 [J].图书馆学刊，2011(9)：112-114.

[75]　文静华，陈建中.构建基于网格技术的农业信息共享平台 [J].安徽农业科学，2010(3)：496-498.

[76]　闫丽霞.2009年山西省科学技术机构统计调查报告 [J].科技情报开发与经济，2010(31)：135-136.

[77]　赖炜，辛小霞，吴汝明，等.区域医疗信息共享平台的数据审计研究 [J].医学信息学杂志，2010(12)：20-23.

[78]　金莎.基于 SOA 体系架构的医疗信息共享平台 [J].福建电脑，2010(6)：122-123.

[79]　任军，张圣恩，姬有印.山西省科技基础条件平台建设共享机制研究 [J].中国信息界，2010(5)：32-34.

[80]　任军，姬有印，刘增荣.山西省科技基础条件平台功能体系分析 [J].中国信息界，2010(11)：47-48.

[81]　王瑞敏，章文君，高洁.公共科技服务平台构建和有效运行研究 [J].科研管理，2010(6)：115-119.

[82]　王晴，杭雪花.关于高校科技平台与科技创新团队建设的几点思考 [J].产业与科技论坛，2010，9(1)：118-120.

[83]　孙庆，王宏起.地方科技创新平台体系及运行机制研究 [J].中国科技论坛，

2010(3)：16-19.

[84]　李纪珍，赫运涛.基于国家和地方互动的技术创新服务平台建设 [J].中国科技论坛，2010(9)：5-10.

[85]　姬有印，陈国栋.科技基础条件平台用户特征分析与服务 [J].信息系统工程，2010(11)：127-128.

[86]　姬有印，任军.科技基础条件总平台构建探讨 [J].中国信息界，2010(10)：49-51.

[87]　武琳，陈文婷.基于 Web 搜索引擎的问答服务平台比较与评价 [J].情报理论与实践，2009(3)：93-96.

[88]　李锐，刘旭光，娄智.安徽交通科技信息共享平台数据交换体系设计与实现 [J].安徽农业大学学报，2009，36(3)：170-176.

[89]　王莉，胡高霞.科技基础条件平台中总平台和子平台的角色探讨 [J].电脑开发与应用，2009(1)：20-22.

[90]　周艳明，王秀丽.科技中介机构在产学研结合中的作用研究 [J].科技管理研究，2009(8)：50-55.

[91]　吴守辉.我国科技基础条件平台的系统构建和若干对策 [J].中国科技论坛，2009(10)：3-8.

[92]　袁永旭，贺培风，王秀平，等.山西省医学科技文献信息资源与服务平台建设机制探索与研究 [J].医学信息学杂志，2009，30(11)：50-53.

[93]　徐冠华.加强科技资源研究，促进科技资源共享 [J].中国科技资源导刊，2008(3)：3-5.

[94]　邹艳梅.地方软科学研究信息资源共享平台建设构想 [J].科技情报开发与经济，2008(27)：143-144.

[95]　洪岩.采用数据字典技术构建企业信息共享平台 [J].世界标准信息，2008(6)：113-115.

[96]　时鸿涛.基于 Web 服务的农业信息共享平台设计 [J].电脑知识与技术，2008(3)：82-83，86.

[97]　何正国，黄玲.建设行业信息共享平台设计与实现 [J].测绘通报，2008(8)：63-65.

[98]　史源香，武捷，杨培芬.山西省气象科学数据共享服务平台建设 [J].图书情报导刊，2007，17(26)：210-211.

[99]　于兆波.论"科技资源共享法"的上位法体系与立法路径 [J].科技法制论坛，

2007(5)：10–14.

[100]　赵伟，彭洁，黄鼎成，等.国家科技基础设施运行绩效评价指标体系的构建 [J].科技进步与对策，2007(10)：131–134.

[101]　李庆霞.科技资源共享的文化观念和文化环境 [J].学术交流，2007(3)：181–184.

[102]　谭思明，王淑玲，王春玲.面向政府决策的竞争情报服务平台的构建 [J].现代情报，2007(11)：8–11.

[103]　马东红.新技术环境下的高校校内信息资源共享平台的建设 [J].现代情报，2007(9)：80–81，84.

[104]　国务院.国家中长期科学和技术发展规划纲要（2006—2020 年）[J].经济管理文摘，2006(4)：4–19.

[105]　潘林，余轮，陈金雄.远程医疗信息共享平台网络架构的研究 [J].中国医疗器械杂志，2006，30(4)：71–73.

[106]　卢文.网上咨询服务平台的建设：兼谈上海交通大学网上咨询台 [J].现代情报，2006(10)：53–54.

[107]　王宗彦，陈树晓，水俊峰，等.基于山西省科技基础条件平台的政府决策支持系统 [J].太原科技，2006(4)：29–31.

[108]　王志华，竺亚珍.基于数字媒体资产管理系统的读者网络互动服务平台搭建 [J].现代情报，2006(3)：204–206.

[109]　贺德方，谢科范.国家科技基础条件平台的系统动力学分析 [J].中国软科学，2006(12)：52–57.

[110]　胡兴旺.政府科技基础条件资源和平台委托代理研究 [J].企业活力，2006(7)：74–75.

[111]　蒋坡.论科技公共服务平台 [J].科技与法律，2006(3)：7–10.

[112]　张圣恩.科技基础条件平台建设 [J].太原科技，2005(5)：8–9.

[113]　《“十一五”国家科技基础条件平台建设实施意见》正式发布 [J].图书情报工作动态，2005(8)：12–13.

[114]　刘缨，胡赤弟.高校产学研合作教育模式探究 [J].黑龙江高教研究，2004(8)：52.

[115]　刘闯.“国家科技基础条件平台”英文术语的等效对应研究 [J].中国基础科学，2004，6(2)：32–34.

[116]　杨徽，王汝琳，齐莹素，等.基于实时数据库和 XML 的企业信息共享平

台的研究 [J]. 微计算机信息，2004(9)：101-103.

[117] 刘燕华. 打造"两大平台"全面提升科技竞争力 [J]. 中国科技产业，2003(9)：5-11.

[118] 付力宏. 论国家网络信息政策 [J]. 中国图书馆学报，2001(2)：32-36，81.

[119] 谷建全. 构建区域创新系统的理论思考 [J]. 中州学刊，2003(6)：51-55.

[120] 齐泽坪. 努力打造中国乃至世界的煤基科技高地 [N]. 山西经济日报，2014-02-09(2).

[121] 王雪. 区域科技共享平台服务模式与运行机制研究 [D]. 哈尔滨：哈尔滨理工大学，2015.

[122] 夏文清. 恩施州医疗信息共享平台建设研究 [D]. 武汉：华中师范大学，2015.

[123] 张丹. 科技公共服务平台建设与服务创新研究 [D]. 苏州：苏州大学，2015.

[124] 苏梅青. 基于用户满意的科技创新平台服务质量评价研究 [D]. 泉州：华侨大学，2015.

[125] 张叶. 全国文化信息资源共享工程资源建设模式及其保障机制研究 [D]. 西安：西北大学，2014.

[126] 张贵红. 我国科技创新体系中科技资源服务平台建设研究 [D]. 上海：复旦大学，2013.

[127] 邹佳利. 基于云计算的科技资源共享问题研究 [D]. 西安：西安邮电大学，2013.

[128] 罗永鹏. 山西省科技创新平台运行效率评价研究 [D]. 太原：太原科技大学，2013.

[129] 付俊超. 产学研合作运行机制与绩效评价研究 [D]. 武汉：中国地质大学，2013.

[130] 徐阳. 河北省农业信息共享平台建设研究 [D]. 保定：河北农业大学，2013.

[131] 毛丽娜. 呼叫中心与后台服务部门间知识转移机制研究：社会资本理论视角 [D]. 杭州：浙江工商大学，2013.

[132] 张文强. 我国产业技术创新与产学研结合模式研究 [D]. 武汉：武汉理工大学，2013.

[133] 赵洪亮. 基于资源整合的农业信息服务平台构建与实现 [D]. 沈阳：沈阳农业大学，2012.

[134] 戴丽华. 浙江省科技创新平台运行效率及其影响因素研究 [D]. 杭州：浙江工业大学，2012.

[135] 于忠海. 装备制造业共性技术平台的运行机制与绩效研究 [D]. 秦皇岛：燕山大学，2011.

[136] 王静一. 基于云计算技术的数字图书馆云服务平台架构研究 [D]. 长春：吉

林大学，2011.

[137] 陆晓虎.个性化知识推送系统在企业服务平台中的研究与设计 [D].北京：北京邮电大学，2011.

[138] 方皓.试论网络营销在科技公共服务平台中的应用 [D].上海：华东师范大学，2010.

[139] 易佳丽.基于本体的基础数据资源整合平台个性化服务研究 [D].北京：北京交通大学，2010.

[140] 高丙云.大型仪器设备共享管理系统分析与设计 [D].青岛：中国海洋大学，2009.

[141] 安慧娟.产学研合作模式研究 [D] 天津：天津大学职教学院，2009.

[142] 王维懿.高校科研发展战略规划研究 [D].南京：南京理工大学，2008.

[143] 王晓娟.高校科技成果转化中介的运行机制研究 [D].西安：长安大学，2008.

[144] 岳晓杰.我国科技基础条件平台建设的现状与研究 [D].沈阳：东北大学，2008.

[145] 王婉.基于知识供应链理论的科技信息资源整合模式研究 [D].长春：吉林大学，2008.

[146] 葛丽敏.公共科技服务平台的功能定位与组织模式研究：以浙江省为例 [D].杭州：浙江工业大学，2008.

[147] 李恭伟.远程医疗信息共享平台中接口服务器系统的设计与应用 [D].福州：福州大学，2006.

[148] 马康峰.互联网呼叫中心构建方案及关键技术研究 [D].武汉：华中科技大学，2006.

[149] 俞茜.地理信息共享保障机制的研究 [D].长春：吉林大学，2005.

[150] 张微.东北区域发展中的新经济因素研究 [D].长春：东北师范大学，2005.

[151] 吴超.基于 COM/DCOM 的异构分布式数据互操作技术研究 [D].西北工业大学，2003.

[152] 梁晓霞.山西省科技创新能力评价及提升研究 [D].太原：中北大学，2009.

[153] 身份认证技术 [EB/OL].[2016-09-03].http://epub.cnki.net/kns/brief/result. aspx?dbPrefix=CRPD.

[154] 国家中长期人才发展规划 (2010—2020) [EB/OL].[2016-09-03].http:// jnjd.mca.gov.cn/article/ zyjd/zcwj/ 201102/20110200133509.shtml.

[155] 国务院公报 [EB/OL]. [2016-10-17]. http://www.gov.cn/gongbao /Content/2004/content_

62878.htm.

[156]　国家科技资源共享服务工程技术研究中心 [EB/OL].[2012–12–15]. http://www.nstic.gov.cn/l–side/115_content.jsp?type=3.

[157]　中国科技统计资料汇编（2007）[EB/OL].[2016–09–03].http://www.sts.org.cn/

[158]　纪秀君 . 我国国际科技论文总数跃居世界第二 [N]. 中国教育报，2007–11–16(001).

[159]　周济 .2006—2010 年教育部高等学校教学指导委员会成立大会上的讲话 [R]. 中华人民共和国教育部公报，2006（10）.

[160]　2014 年山西省科技经费投入统计公告 [EB/OL].[2015–12–30].http://www.stats–sx. gov.cn/tjsj/tjgh/ndgh/201512/t20151230_38917.shtml.

[161]　山西省 2015 年国民经济和社会发展统计公告 [EB/OL].[2016–02–29].http://www.stats.gov.cn/tjsj/zxf b/201602/t20160229_1323991.html.

[162]　申江婴 . 信息产业部信息化推进司副司长赵小凡阐述推进我国信息化建设的框架思路 [J]. 人民邮电，1999(5)：20.

[163]　谭文华，郑庆昌 . 论国家与地方科技条件建设的分工和互补关系 [J]. 科学学与科学技术管理，2007(4)：37–39.

[164]　张炳轩，李龙洙，都忠诚 . 供应链的风险及分配模型 [J]. 数量经济技术经济研究，2001(9)：92–95.

[165]　叶怀珍，胡异杰 . 供应链中合作伙伴收益原则研究 [J]. 西南交通大学学报，2004(1)：30–33.

[166]　国家科技基础条件平台建设 [EB/OL].[2016–10–06].http://baike.so.com/doc/6452700–6666385.html.

[167]　中国科学院科学数据库网站 . 科学数据库核心元数据标准 [EB/OL].[2007–10–23].http://www.csdb.cn/prochtml/D.projects.standard/pages/0014.html.

[168]　李涛 . 新竞争下的科技信息发展分析 [A]. 创新：核科学技术发展的不竭源泉，中国核学会 2009 年学术年会，2009.

[169]　赵宁，李莘，宁岩 . 高校图书馆学科服务平台建设的分析研究 [C] // 北京高校网络图书馆 . 北京：图书馆联盟建设与发展，2012：155–156.

[170]　叶玉江 . 加强科技创新基础平台建设 [N]. 学习时报，2015–11–12(7).

[171]　王建廷，查燕荣，韩丽彦 . 创造政策环境　提供资金支持　进行创业培训　提供完善的基础设施建设　建立企业信息共享平台 [N]. 中国县域经济报，2013–12–30(1).